U0383475

城市规划对上海近郊社区空间影响

（1950 年代－2000 年代）

马 鹏 著

中国建筑工业出版社

图书在版编目（CIP）数据

城市规划对上海近郊社区空间影响：1950年代-2000年代 /
马鹏著.—北京：中国建筑工业出版社，2017.10
ISBN 978-7-112-21185-2

Ⅰ.①城… Ⅱ.①马… Ⅲ.①城市规划—影响—郊区—社
区建设—研究—上海—1950-2000 Ⅳ.①TU984.251②D669.3

中国版本图书馆CIP数据核字（2017）第217097号

责任编辑：滕云飞
版式设计：京点制版
责任校对：李欣慰 焦 乐

城市规划对上海近郊社区空间影响（1950年代-2000年代）
马 鹏 著
*
中国建筑工业出版社出版、发行（北京海淀三里河路9号）
各地新华书店、建筑书店经销
北京京点图文设计有限公司制版
廊坊市海涛印刷有限公司印刷
*
开本：787×1092毫米 1/16 印张：13¾ 字数：285千字
2018年2月第一版 2018年2月第一次印刷
定价：50.00元
ISBN 978-7-112-21185-2
（30831）

前　言

　　若以今天的眼光回顾世纪之交上海等大城市近郊地区的发展，必然会与速度过快、追求政绩、侵害居民利益等相对负面的词汇联系在一起，同时还会捎带上对城市规划工作的批判。但凡事必有因果。一旦视野扩展到建国后，将时间段拉伸至半个世纪的长度，或许有利于对城市规划在上海近郊发展，尤其是社区发展中的作用做出更为全面和客观的评价。

　　笔者自 2004 年进入同济大学攻读博士学位开始，就在导师李京生教授的指导下，对上海市嘉定区各地的社区建设进行了大量走访调查。李教授是从日本留学归来，对实地调查有着异乎寻常的严格要求。他本人曾在 1980 年代初对苏南、上海的小城镇和农村建设进行过长期、细致的调查，因此很快就定下了本书的研究方向与基调，笔者也因此受益匪浅。只是本书相关的调查活动，无论是广度还是深度，都很难企及李教授曾经的研究。这也正是本书的浅薄之处。最初制定本书的技术路线时，李教授曾言及，虽然城市规划一向以改善人居环境自居，但是否名副其实，还是有必要以科学的态度加以论证。尤其是社区作为居民自组织的基本单元，城市规划理应给予社区建设和发展更为重视的态度。在本书完成后，李教授曾和笔者回顾研究的全过程，认为若将视野聚焦几个微观的典型社区，其论证的严谨性可能更佳，结论也更具说服力。2010 年后，城市规划行业对社区的关注度有所提升，上海等地已经开始试行"社区规划师"行动，无论是理论研究还是实际操作，都远超出本书的水平。广大读者或许可以期待，社区发展与城市规划双赢时代的到来。

　　谨以此书，献给我永远尊敬的张似赞老师。

目 录

第1章 绪论

1.1 城市化大潮下的上海近郊与社区

1.1.1 特定区位与特定地位

在新中国成立后我国上海、北京等大城市的发展过程中，近郊地区扮演了非常重要的角色。长久以来，近郊作为大城市的腹地，一直承担着为中心城区发展提供支撑的任务，如卫星城建设、疏散中心城区人口、农副产品供应地等。并在接受中心城区辐射效应的同时开始了其城市化进程。不仅在整个大城市产业和人口布局中具有重要的地位，而且其城市化进程具有明显区别于其他地区的特殊性和复杂性。

首先，从1950年代开始，我国就有计划地在一些大城市郊区开辟新的工业、居住区和卫星城。例如北京在郊区开辟的机关事业单位区、高校区、南郊工业区，上海建设的漕河泾、北新泾工业区和闵行、嘉定、吴泾、安亭等卫星城❶。而近郊由于其区位优势，则成为城市空间扩张的主要组成部分。相对于远郊地区，其与中心城区的联系更为紧密，城市化进程的速度更快。在目前我国城市化加速推进的大背景下，近郊区的发展速度尤其显著，成为城市建设的一个突出亮点。主要表现在城市用地的急剧扩张、人口规模的扩大、人口结构的变化等方面。以上海市为例，从人口统计来看，近郊区在人口规模和构成上的变化是近年来在全市范围内最为突出的。1990-2000年，中心城区（共9个区）总人口增长了23.4万人，而近郊区（共4个区，即浦东、嘉定、宝山、闵行）则增长了260.2万人，年均增长6.45%，远郊区（共5区1县，即松江、青浦、南汇、金山、奉贤、崇明）增长了38.07万人。2000-2005年间，中心城区人口减少了38.2万人，近郊区则增长了121.22万人，远郊区增长了56.04万人，近郊区的人口增量占整个上海市全部增量的87.00%，年均增长率达到4.04%（表1.1）。近郊区工业、房地产业的快速发展以及与市区交通联系的优势吸引了大量的外来人口，同时也是中心城区外迁人口最主要的集中区（李健、宁越敏，2007）❷。而从用地增长情况来看，近年来上海市主要表现为中心城区向近郊区的蔓延，近郊区城市用地的增长和开发要明显高于远郊。从1998年和2006年的城市建设用地对比中就可以发现，近郊区用地的急速增长是这一时期全市用地发展的主要特点（图1.1）。

---

❶ 当时国内其他一些大城市也进行了郊区开发工作。如南京的江北重化工基地、栖霞的化学建材工业区建设。

❷ 对北京研究也得出了类似的结论，见王宏远，樊杰.北京的城市发展阶段对新城建设的影响.城市规划，2007（3），20-24。

上海1990–2005年分区人口总量变化对比　　　　　　　　　　　　表1.1

时间	人口总量变化（万人）		
	中心城区	近郊区	远郊区
1990-2000	23.40	260.20	38.07
2000-2005	−38.20	121.22	56.04

资料来源：2000年上海市五普资料，上海市统计年鉴2001-2005。

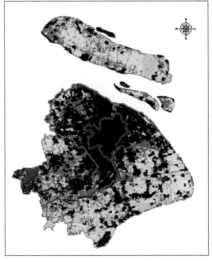

图例
☐ 中心城区
☐ 近郊区

a 1998年用地图　　　　　　　　　　b 2006年用地图

图1.1　上海市1998与2006年城市用地对比

资料来源：上海市卫星遥感与测量中心网站 http://www.rsgps.com.cn/。

　　其次，近郊是一个土地利用方式多样、人口构成复杂和地区差异明显的区域，是兼具城市和农村双重特点的过渡地带。和一般城市与农村地区不同，近郊由于其地理区位、管理体制、发展目标等方面的特殊性，使得其城市化进程需要面对比前者更为复杂的对象和利益关系。一方面该地区正在经历农村—城乡结合地区—城市的转化过程。在现阶段，近郊仍然保留了许多农村地区的特点，同时其远期的终极建设目标则是城市，目前的发展状态是阶段性的、暂时的。而且由于经济社会发展水平的差异，各地区正在经历不同的发展阶段。近郊地区集中体现了我国城乡空间形态、社会结构和组织制度的差别。另一方面，由于行政体制、土地利用制度等原因，近郊不仅在其发展过程中一直存在市政府的干预行为，如从1950年代开始的卫星城建设到当前中心城区产业和人口的迁入、工业区开发、大学园区建设以及相关政策的影响等（特别是1990年代以来，一些城市普遍在郊区主动推动由农村地区向城市的转化，例如上海市的"三集中"政策）。各级地方政府、村委、企业直至居民都曾经在近郊城市化进程中发挥了一定的影响，如1980年代的农业生产改革、乡镇企业发展等。相关利益群体众多，使近郊与普通农村地区的城市化存在很大区别。

新中国成立后城市近郊的城市化发展在本质上是一种现代社会变迁过程，包括工业化、农民市民化、管理体制变迁等诸多内容。随着上海等城市相继步入郊区化发展阶段,郊区也逐步成为下一步发展的重点地区❶。近郊由于其毗邻中心城区的区位优势，也必将在全市整体发展的框架内承担更多的功能。目前的城市建设和产业开发大潮已经开始渗透到近郊区的每一个角落。所有地区、居民、团体和社区都无法将自己隔绝于社会变迁的潮流之外。例如上海市在郊区推行的三集中政策，就涉及工业、农业、居民点布局等多个方面。在快速、全面的社会变迁过程中，由于产业基础和管理体制的变化，和传统模式相比，近郊地区整体社会形态已有很大不同，呈现出某种程度的"断裂性"❷。

近郊城市化进程的特殊性，造成在目前的建设大潮下，因特定的制度、经济及社会环境因素互相交织在一起而引发了诸多矛盾，如外来人口问题、农民动迁问题、土地利用问题、环境保护问题等，成为近年来政府、媒体及公众关注的焦点。由于近郊当前发展状态的暂时性，因此针对相关问题的研究也就非常迫切。因为这一过程是不可逆的，而且将对未来的建设产生深远的影响。学术界都已开展了一系列研究，如郊区社会分层、社会结构转型、社区建设、空间发展等。其根本目的就在于试图确保郊区社会变迁的平稳进行，找到一条高速发展与健康发展并行不悖的道路。

1.1.2 社区发展与郊区转型

近郊在转型期间社会矛盾的相对集中，客观上造成了其对社会发展及社区建设的迫切需求。就全国的整体环境而言，近年来随着经济高速增长带来的种种社会、环境、体制弊端地逐步显现，中央政府已经意识到以往单纯强调物质建设，忽视社会发展的宏观政策取向已经危害到整个社会的稳定及持续发展，因此将后者提升到突出地位，并提出"和谐社会"的理念。而作为微观的基层组织社会单元，社区则在整个社会发展战略中被赋予了重要地位。在政府眼中，社区成为促进社会良性健康发展的关键载体，希望通过社区建设来促进居民和民间团体对社会事务的参与，加强社会保障，维护社会安定，将社区作为创建和谐社会的重要手段。自 2000 年民政部下发《关于在全国推进城市社区建设的意见》以来，至 2005 年，仅民政部颁布的关于社区建设的政策文件就达 10 余项之多，凸显中央政府对社区发展的高度重视。而作为一个处于高速转型期，各类社会问题和矛盾相对集中的区域，近郊对社区建设的需求则更为迫切。

---

❶ 当前我国很多发展较快的特大城市都将建设重点转向郊区。例如上海市曾提出"九五变化看市区,十五变化看郊区",并在 2002 年 4 月召开了第一次郊区工作会议，确定郊区是未来上海市发展的重点。而北京 2004 年修编的总体规划中，也确定了建设重点向郊区转移的大方向。郊区发展重要性的提高，实际上也是特大城市城市化水平提高，由集中型城市化向分散型城市化转变的必然结果。

❷ 吉登斯曾指出，断裂性是现代社会变迁的特征之一，表现为变迁速度快、范围广，以及和前现代社会差别较大等。上述特点在今天的大城市近郊也同样可以看到。

通过基层社区的建设来处理居民日常生活事务，化解社会矛盾，保障普通居民的权益，促进社会与经济的同步协调发展，是目前近郊的重要工作内容，也是实现其可持续发展的必要条件之一。

社区发展实际上是社会变迁的一个方面。作为社会的微观构成单元，社区是宏观社会制度、生活方式、社会关系的一个缩影。社会变迁在某种程度上也可视为众多社区发展过程的累积。在近郊由农村地区向城市转化的过程中，其社区发展的主要特征包括：

①传统社区的衰退。传统社区急速的衰退是当前近郊社区发展最突出的特征。由于大量城市建设活动的介入（如 1990 年代以来的开发区热、工业园区热、新区建设热、大学园区热等），占用了大量农村用地，并迫使当地农民动迁，改变了他们的职业和居住环境。空间的消失和人口的迁移不仅直接造成传统社区数量的减少，同时也使维系原有社区的产业基础、生活方式和社会网络不复存在，客观上加速了传统社区的衰退，而且这一进程是不可逆的。

②新老社区的混合。各类外来力量的涌入（如外来人口、土地开发活动等），以及社区管理体制的变化，短期内形成了诸多新社区，例如由中心城区郊迁居民为主的低价住宅区、以企业职工为主的宿舍区、以外来人口占主导地位的传统村落等。这些新社区设立的时间普遍较短，因此远未形成一种稳定、成熟的发展状态。其实际的居民构成和管理体制都与传统社区大相径庭❶，而且在空间上与传统社区互相混杂。

③社区变迁中矛盾的集中化。传统社区的衰退，不仅仅是一种空间现象，同时也意味着历史上维系着基层社会稳定的控制力量（如各种乡规民约）的消失。同时由于新老社区互相混杂，缺乏能够获得广泛认同的新社区组织和行为规范，因此在当前的转型阶段，近郊基层社会自组织体系处于实际上的崩溃状态。由于宏观层面的产业结构、开发模式和管理体制发生了巨大变化，这一崩溃状态使郊区社会面临着因传统价值观念的解体而引发的动荡局面，即社会学中所谓的"失范"（anomie）❷。缺乏社区在基层社会中的协调作用，转型期间一些特有的矛盾频繁发生。在近郊社区变迁中矛盾与冲突的激化，也从一个侧面反映了社区建设的重要性。

社区发展是近郊社会变迁中的一个重要组成部分。社区建设中的矛盾实际上也是社会变迁的具体表现形式。现实的社区发展状态从一个侧面反映了郊区社会变迁的复杂性。同时也为相关问题的研究提供了一个切入点。

---

❶ 例如很多农民新村内的居民都是几个村的村民共同组成的，其中还有一些外来人口。在管理体制上，原有的村委会制度也逐渐向居委会制度转变。

❷ 失范（Anomie）是社会学家涂尔干使用的一个概念，用以描述由现代社会的变迁所引发的无目标感和绝望，从而使社会规范丧失了对个体行为的控制（吉登斯，2003）。

1.2　问题的提出

　　嘉定是上海西北地区的门户，传统的工业基地，上海市近郊区之一（图 1.2）。无论从地理区位还是发展历程来看，嘉定都具有城市近郊的典型特征。

图 1.2　嘉定区区位图

　　首先是其高速发展态势。嘉定是上海汽车工业的重镇和一系列重大市级建设项目的所在地（如 F1 赛车场、国际汽车城等），区域地位相对突出。2006 年，嘉定区 GDP 总量、工业总产值在上海所有郊县中均列第四位，而在近郊区中则名列前茅。高速的经济增长推动了嘉定城市建设的突飞猛进，其城市化水平从 1995 年的 33.1% 提高到 2004 年的 65.3%，年均增长 3.6%。非农人口总数在 2003 年达到 25.9 万，首次超过农业人口 ❶。而在用地增长上，从 1996 年的 32.5km² 到 2003 年的 125km²，短短 7 年时间就增长了 3 倍多（表 1.2）。

2006 年嘉定主要经济指标在上海郊区中的排名　　　　　　表 1.2

	数值	在所有郊县中排名	在近郊区中排名
GDP（亿元）	410.7	4	3
人均 GDP（万元／人）	7.8	3	2
工业总产值（亿元）	1322.3	4	2
人均工业总产值（万元／人）	25.1	2	1

资料来源：上海市 2007 年统计年鉴。

　　其次，在嘉定的发展历程中，市级政府、区县政府、基层政府、村委、企业等利益群体都扮演了相当重要的角色。嘉定于 1958 年划归上海，其直接起因就是为满足上海市建设郊区卫星城的需要。在并入上海后，嘉定成为科研和工业卫星城，众多市属、部属科研和工业单位在嘉定落户。进入 21 世纪，嘉定又成为郊区制造业基地之一，"173" 计划的重要组成部分。"汽车城" 的建设，F1 赛车场项目的引进，无不和上海市拥有密切的联系。而 1980 年代的乡镇企业发展，1990 年代至今的开发热潮都表明

---

❶　若考虑到嘉定区的外来人口（主要从事二、三产业），则非农人口要远多于农业人口，实际的城市化水平要更高。

嘉定社会经济发展是综合了上海市、区县政府、基层政府、村委、企业等利益群体意志的产物。

作为上海近郊的典型代表，嘉定在由传统农村和小城镇地区向现代城市转化的过程中，也集中体现了前文所述的郊区社区发展中的阶段性特点。以社区数量的变化为例，2000-2005 年，嘉定村委数量从 233 个减少到 167 个，减少了 28.3%；居委从 118 个减少到 92 个，减少了 22.0%。自 2003 年开始，每年因农民集中安置而消失的自然村约为 240 个左右（根据相关规划，2005 年后该数量还要增长）。农村社区空间形态逐步消亡。嘉定近年来村委和居委数量的变化就反映了这一趋势（表 1.3）。社区内部也由于各类建设活动及其相关影响的存在而无法获得相对稳定的发展环境。根据笔者的调查，截至 2004 年，嘉定区 221 个村委和居委中（占社区总数的 86%），其行政界域内正在进行开发建设活动的有 151 个，占总数的 72%；有居民动迁和安置了动迁居民的有 147 个，占总数的 70%；全区 14% 的农民已得到动迁安置。

2000–2005 年嘉定村委和居委数量的变化　　　　　　　　　　　表 1.3

年份	2000	2001	2002	2003	2004	2005
居委数量（个）	118	118	103	93	89	92
村委数量（个）	233	216	176	171	169	167
总量（个）	351	334	279	264	258	259

资料来源：嘉定统计年鉴 2000-2005。

受经济建设推动的嘉定社区变迁，不仅速度快，规模大，而且在变迁过程中引发了一系列的问题与矛盾。根据笔者的实地调查，当前嘉定社区建设中存在的问题主要有：

① 社区空间建设混乱。社区空间建设受工业开发和城镇建成区扩张的影响较大。由个体开发行为引起的侵占社区空间，迫使居民动迁的行为时有发生。原有社区的空间肌理和形态遭到破坏。而新社区建设则因为推动主体的不同而各异，缺乏统一的安排与调控措施。

② 社区公共设施缺乏。在社区空间、人口构成、管理组织较以往有较大区别的情况下，社区公共设施供给的规模、种类、主体都不明确，受现有制度环境及开发模式的限制，政府和开发实体均难以根据居民的实际需求提供相应的设施，造成居民生活的不便，甚至引发居民之间的矛盾❶。

③ 社区建设中的矛盾。在各类社区变迁过程中，各种体制性矛盾和经济性纠纷非常突出地集中到一起。体制性矛盾较为典型的有：村委会的去留、居委会选举制度、

---

❶ 例如部分设施只供当地居民使用，不对外来人口开放。有些设施虽然建成，但开放时间、管理方式都不符合居民需求，造成了居民的不满，也在某种程度上加深了本地居民和外来人口之间的矛盾。

外来人口管理制度等。而经济性纠纷则包括在农民动迁、城市住区拆迁、农民集中动迁居住区建设过程中，由于住房分配、补偿标准等方面引起居民不满，加深了居民与政府的矛盾、居民与开发商的矛盾、居民之间的矛盾等等。居民上访，拒绝搬迁，邻里纷争等事情时有发生。社区变迁中矛盾与冲突的激化，是嘉定目前城市建设中的一个突出问题（如在访谈中就了解到轨道交通 11 号线就因为一些村民反对动迁而被迫改线）❶。

综上所述，嘉定区社区现状发展中的种种阶段性矛盾具有近郊的典型特征，不仅直接影响到居民居住环境的改善和生活质量的提高，造成社会凝聚力的下降，损害了政府形象，也对正常的城市建设带来了干扰和巨大的经济损失，使整个区域的功能发挥和经济发展受到严重制约。

但问题在于，嘉定区现阶段社区建设所遇到的无序和混乱的局面，恰恰是在其拥有长期的城市规划工作历史的情况下发生的。自 1958 年划归上海市开始，嘉定就在卫星城建设的目标下开始了现代城市规划工作，并一直持续下来，甚至在"文革"期间时局混乱的情况下也未间断。从 1980 年开始，嘉定城市规划工作全面恢复，并逐步走向正轨。2000 年后，城市规划更是成为全区的工作重点之一。可以说，城市规划伴随了嘉定由农村社会转变为现代大城市工业型郊区的全过程。其城市规划工作开展之早，体系之完整，不仅在上海市各区县内非常突出，在全国也有一定的地位 ❷（见表 1.4）。特别是进入 21 世纪后，嘉定城市规划工作较以往有了较大发展。编制项目数量比以往有了较大增长（表 1.5），而且规划类型继续拓展，实现了全区覆盖。

嘉定历年规划编制项目统计表（部分）　　　　　　　　　　　表 1.4

编制年份	规划名称
1958	马陆人民公社规划
	南翔卫星城镇规划
	嘉定县（现嘉定区）公社建设二十四条规划
1959	嘉定卫星城总体规划
	嘉定县（现嘉定区）总体规划
	安亭初步规划
	安亭工业区总体规划
	嘉定科学卫星城初步规划
	嘉定城东科学区初步规划

---

❶ 上海市轨道交通 11 号线改线的消息是在对马陆镇陆家村居民的访谈中了解到的。由于 30 多户农民对拆迁条件不满意，坚持留在原地，使 11 号线被迫改线。

❷ 例如在 1984 年，《嘉定城总体建设规划》获城乡建设环境保护部一等一级奖和国家优秀设计奖。

续表

编制年份	规划名称
1960	嘉定城东科学区初步规划
	娄塘镇总体规划
	外冈镇总体规划
1974	嘉定县城厢镇初步规划
	嘉定县 1974～1980 年发展规划（草案）
	嘉定县 1974～1985 年农村社会主义建设规划（草案）
1976	嘉定镇总体规划
1979	嘉定镇建设规划
1981	马陆镇总体规划
1982	嘉定镇总体规划
	安亭镇总体规划
1983	南翔镇村镇总体规划
	安亭乡村镇总体规划
	马陆乡、戬浜乡、徐行乡、曹王乡、华亭乡、娄塘乡、唐行乡、朱桥乡、外冈乡、望新乡、黄渡乡、江桥乡、桃浦乡村镇、集镇总体规划
	长征乡乡域规划
	嘉西乡村镇总体规划
1984	方泰镇近期建设规划
1988	嘉定县县域综合发展规划
1989	嘉定镇总体规划调整
1990	安亭镇总体规划调整
1998	嘉定区区域规划
1999	嘉定新城总体规划
2003	嘉定区战略规划
2004	嘉定区区域总体规划纲要
	嘉定新城主城区总体规划
2005	国际汽车城及周边地区整合结构规划
	嘉定区南部板块整合结构规划
2000-2005	各镇镇域、镇区总体规划

注：本表只统计了嘉定区（县）历史上曾编制过的事关全区和各镇发展定位、空间布局的重要区级和镇级规划。而一些局部地区的详细规划，如居住区规划、公园规划等由于数量众多，重要性相对较低，因此本表并未列入。

资料来源：嘉定区规划局档案室档案。

嘉定区 2000-2005 年城市规划编制项目数量统计 表 1.5

年份	2000	2001	2002	2003	2004	2005
数量（个）	18	29	59	95	88	82

资料来源：嘉定区规划局档案室档案。

　　城市规划的根本任务就在于对地区的发展做出前瞻性和综合性的安排，从而降低市场失效的风险，规划中也不乏对社区空间建设乃至社区发展的完备建议和美好设想，然而现实中嘉定社区建设的种种混乱局面却正是在规划存在（并颇为活跃）的前提下产生的。近年来在一些规划实施后，不仅没有改善业已存在缺陷，反而激化了某些矛盾，引起居民的不满。由此就产生了一个疑问：嘉定的城市规划行为是否对社区建设起到了预先设想的作用？能否规范后者的发展？如果设想并未实现，那么城市规划对社区建设究竟拥有何种影响？现实中社区发展的弊端是否能在城市规划中找到相应的动因？如果这种动因存在，是否表明可以就此针对城市规划进行相应的改进以满足社区发展的需要？

　　社会行动的设想与现实之间的矛盾是一个经久不衰的课题。特别是在社会科学领域，已有很多学者对此进行了探讨。例如吉登斯提出的"有意图举动的未预期后果"（unintended consequences of intended acts）；伯恩斯提出的"社会行动和互动产生的具体后果与效果既可能在行动者意料之内，也有可能在其意料之外"（Burns，2000）；哈耶克"人类行为的结果，但不是人类设计的结果"的观点，以及他对理性主义和建构主义的批判；斯科特对苏联及非洲大规模农村改造行动失败的研究、"囚徒困境"理论等，都或多或少地触及到此类现象产生的原因和机制。而规划成果所描述的美好情景与近郊社区发展现实的反差则表明作为现代理性社会行动典型代表之一的城市规划，其寄予厚望的理性控制能力并不总是能够奏效。如果不是规划理想过于超前，就是现行的机制根本无法满足设想落实的需要。

　　上述疑问构成了本书最初始的研究动力。城市规划对社区发展究竟产生了何种影响是从规划维度着手对社区建设提出建设性意见的先决条件。明确相关影响产生的实效、机制及其后果，不仅有利于近郊社区的发展，也将从社区的角度对城市规划自身的改良提供相应的理论支持。因为任何规划，不论其范围大小和等级的高低，最终目标都是为人服务。对社区发展和居民的关怀理应成为规划的核心目标之一。特别是近年来规划界对郊区与农村地区发展问题更加重视，对社会课题的关注程度也有所提高，相关规划改革也已涉及到上述内容。以即将实施的《城乡规划法》为例，就将城市规划的概念从"城市"扩展到"城乡"，包括镇、乡村等建设地区。而且对公众参与也作了一些规定，例如对公众、专家意见的采纳等，以使规划更能符合社会发展的需要。近郊作为典型的城乡结合地区，在当前城市建设活动急剧增多，传统社区衰落，社会矛盾较为集中的状况下，对以社会健康发展为基础的规划改良理论研究与实际操作的需求无疑更为迫切，也符合我国城市规划工作发展的基本方向。

　　而城市规划行为本身的特点则为研究提供了两点启示。首先，城市规划是特定推动者施加的控制行为，规划对城市发展（包括社区发展）的作用过程是在一定的社会、经济、制度结构下进行的，规划中的相关群体既受社会结构的约束，又通过自己的行动来影响结构。正如吉登斯所指出的，能动者（agent）通过"对行动的反思性监控、理性化及动机激发过程"来实施行动，并有可能"导致意外后果"。因此，对规划作用的研究，必须以其社会结构背景为基础，分析规划中各类参与者的互动行为。这决定了规划作用的目的、方式与结果。具体到近郊，城市规划可被视为由能动者所进行的理性行为，将对社区发展产生一定的作用（当然影响社区发展的因素并不仅仅只有城市规划）。而目前近郊社区发展中的种种矛盾则可以被看作是规划产生的意外后果（规划未解决问题，甚至引发了问题）。特别是近郊的城市规划行为本身也代表了众多利益群体（市政府、区政府、基层政府、企业组织、居民等）的利益需求与取向，非常典型地反映了郊区在城市指导原则和自身实际综合平衡下发展的实际处境。

其次，规划作用的产生是历史的累积。在新中国成立以来的50余年的时间内，近郊经历了不同的发展阶段，决定了各时期规划工作特点的区别及其对社区影响的差异，而影响本身也被下一阶段的发展所直接继承。结构既是行动的条件，又是行动的结果。在社会变迁过程中，规划既是社会结构的产物，也通过其行为影响了前者。前一阶段对社会结构的影响也构成了下一阶段规划作用的条件。因此对规划作用的研究必须贯穿各个历史阶段，即在社会变迁中规划行为的全过程。历史研究及有助于正确分析目前近郊地区社区发展问题中的规划因素，也可以从既往的经验中归纳总结出解决问题的方法。

在2005年，嘉定区由区委组织部、区地区办组织开展《新形势下加强社区党建和社区建设的措施研究》的专题调研，其核心目的是掌握基层社区的发展动态，了解居民的实际需求。嘉定区规划局据此委托同济大学建筑与城市规划学院进行《嘉定社区划分及公共设施配套研究》，笔者也参与其中。也正是因为社区发展的种种矛盾为城市建设管理带来新的难题，而传统的规划工作又难以适应嘉定区社区发展的现实需求，规划局才试图在现有规划体系之外寻求解决之道，以研究而非规划编制的名义开展此项工作，并希望研究结果能作为今后嘉定相关规划编制的依据。在此课题的研究过程中，笔者进行了大量的实地调查，对嘉定区城市规划和社区发展的现实情况有了深入的了解。以此课题为契机，笔者对研究内容进行了有针对性地拓展，试图分析规划行为对社区发展的影响及其成因机制，以及现阶段社区建设中一些问题的内在规划动因，为今后近郊区的城市规划工作提供借鉴和参考。而嘉定区不仅是上海市近郊的典型代表，也拥有完整的城市规划工作历史，是十分适宜的研究对象。这就是本书研究的来源。

1.3 研究对象和范畴

1.3.1 上海近郊

从严格意义上说，近郊首先是一个地理概念而非行政区划概念，是指上海市中心

城区附近的郊区 ❶。当然，由于时代背景的不同，近郊的含义也在发生变化。以上海为例，在 1950 年代，由于中心城区规模小，当时的近郊是指吴淞、蕰藻浜、彭浦、桃浦、北新泾等地，并在规划中将其作为"近郊工业区"。而 1980 年代后，随着城市建成区的扩张，上述近郊工业区和原来的老城区连为一体，成为市区的一部分，因此近郊的概念就向外围扩展，嘉定、宝山等都是上海行政意义上的近郊区。而按照张绍樑的研究，近年来上海市建成区由中心城区向四周推出了 4～10km，达到近郊区范围，但尚未达到远郊（张绍樑，2005），如此则意味着在此距离区间附近属于近郊，更外围的地区属于远郊。而如果按照行政区划的概念，则很难准确地反映出近郊的区位特点。以嘉定为例，虽然其东南地区与中心城区接壤，属于近郊范围，但其东北地区与中心城区的距离已经超过 25km，很难再被视为近郊。

但迄今为止并未有一个公认的距离范围作为近郊和远郊的划分界限，因为不同城市的具体情况存在差异，而且近郊的概念也在随中心城区的扩展而变化。因此仅从地理区位的角度难以合理地确定研究对象。故本文将地理区位与行政区划的概念相结合，以市政府确定的近郊行政单元为对象。一方面既体现了其区位特征，另一方面也能够将研究范围落实在具体的空间界域内。在上海，政府确定的近郊包括浦东、宝山、闵行、嘉定，其区位特征是和中心城区距离较近，且均与市区接壤。嘉定正是具体的考察对象。

1.3.2　社区与社区空间

社区是一个社会学范畴的概念，是指聚居在一定地域中的人群所组成的、具有利益相关性的社会生活共同体。它包括以下几个基本特征（潘小娟，2004）：

①一定的地理区域；②一定数量的人口；③成员之间有共同的意识和利益，并存在密切的交往。

目前在嘉定，得到正式官方认可的社区主要包括居委会、村委会、新社区（将在第二章详细介绍）等，其他尚有一些市场开发的小区和居住区也冠以"社区"的称号。但实际上很多"社区"只是徒有其名，而无社区之实，因为构成社区的首要标准是"居民的共同意识"。传统社区的衰退和社会矛盾的集中等因素造成在很多住区内居民互不相识、邻里关系淡漠，共同意识并不存在，只将住区视为一个居住的场所，而不是自己能够参与其中的社会活动，和他人互相帮助，共同处理生活事务的"社区"。不仅新建小区如此，一些原本居民互动良好，由传统乡规民约维系的农村村落也由于外来人口的大量涌入和居民动迁行为而失去了社区所具有的内涵。在目前的嘉定，真正具有社区本质的可能只有某些在群众中具有较高威望的村委，一个拥有良好运转记录的业

---

❶　参见《现代汉语词典》对"近郊"一词的解释。现代汉语词典 2002 年增补本，商务印书馆，2002，p660。

主委员会的小区，一些传统村落、街巷，一个机关家属大院，甚至一栋住宅。但由于社区定义中"居民共同意识"的概念较为抽象，因此便给实际的社区空间界定带来了困难。现实中的社区范围可能是不规则的，规模不一的，甚至因为居民认同程度的不同而存在彼此包容、交错和融合的现象。社区的形成需要长期的历史积淀，在今天嘉定社会转型较为剧烈的大背景下，完全囿于社区的本质含义去界定社区空间不具备现实的可操作性。因此本书采取现实主义的态度，将社区限定在以住区为基础，并拥有一定正式的社区组织管理体系的空间范围，兼有其他具备社区本质的空间构成，如居委辖区、村委辖区、行政社区、动迁住宅区、传统村落空间等。因为此类社区范围的界定较为明确，能够进行详细的考察。特别是行政划定的社区，虽然目前难以称得上是真正的社区，但由于将在行政指导下进行相应的公共设施建设、居民组织、社会服务等工作，未来仍有形成一个社区的可能。

社区空间即社区所在的地域范围，也是本文的主要考察对象之一。虽然本书研究的目的是希望厘清城市规划行为对社区发展的影响，但由于社区是一个社会学概念，并不属于规划学科的范畴。社区发展的内涵十分宽泛，包括基层民主制度、社区服务、社会保障等多方面内容，涉及到诸多城市规划难以涉足的领域，和城市规划之间不存在严格的对应关系。因此规划中的社区研究不可能包含社区所有的要素。本书将研究的切入点定位于社区空间，原因主要有以下两点：

首先是空间对于社区发展的重要性。空间是社区形成的一个关键因素。从社区基本特征的界定中我们可以看出，"地域"是社区构成的基础。社区与一般的社会群体不同，后者通常都不以一定的地域为特征，而社区则是一个地域性的社会，它首先必须具有一定的地域边界和范围。只有在此范围内，社区成员才能够进行相互的社会交往，形成特定的组织结构和心理认同，从而构成一个社区。社会学意义上的"地域"，在城市规划中对应的概念便是"空间"，即包括边界、设施、布局等元素的物质构成。和社区内在的居民生活及其互动方式相比，空间属于硬体的范畴，是社区活动的物质载体，社区的形成和发展也正是社会活动对空间的适应与使用的过程。一个成熟的社区，必然拥有一个稳定的空间范围，能够为其成员提供生活的保障和心理的佑护。而对社区空间的干预也会影响社区内部软体要素的发展，甚至会决定该社区最终的存亡。传统社区的衰落和新社区的建设，既是一种社会经济现象，同时也表现为一种空间现象。特别是对于正处于城市建设高峰期的嘉定，空间问题是导致社区建设中诸多矛盾的直接起因。而以空间布局为核心任务的城市规划则在"空间"这一概念上与本属社会学的社区形成了交集。规划对其拥有直接的影响力。

其次是空间建设能够反映社区发展和城市规划的其他要素。对于微观社区而言，空间是社会活动的投影。传统社会的自然村落和现代社会的居住小区就呈现出截然不同的面貌。二者的差别反映了其经济基础、建设模式、居民需求、管理体制及社区成员内在联系的不同。对于城市规划，空间并不是作为外在于社会的人类活动的载体，而是作为建构社会的一个积极要素（张兵，1998）。因此，从社区空间的角度出发并非仅仅局限于物质环境建设层面。空间研究本身不是目的，而是希望借此来发现规划对社区发展影响的内在机制，所起到的是媒介作用。

对社区空间构成要素的界定，是对规划影响进行考察的前提。在嘉定全区的视野下，社区空间表现为三个层面的外在表征（图 1.3）：

①个体社区范围：

就单个社区而言，其空间首先表现为一种微观的物质形态，包括空间界域、空间规模、空间形态、设施配置等方面。

②群体社区范围：

当空间范围拓展到多个社区时，空间组织模式就成为社区空间的主要表征，即社区空间由何种空间单元构成、社区空间群体布局手法等。

③全区范围：

在全区范围内，空间分布是社区空间的主要表现形式，即社区空间在嘉定区内分布的区位和特征。

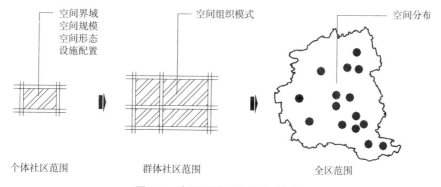

图 1.3　嘉定区社区空间构成要素

1.3.3　城市规划

首先需要指出的是，目前政府制订的许多规划，例如"五年规划"、交通规划等广义上的规划行为都对郊区社区及其空间产生了一定的影响。例如在对嘉定的调查中就发现，重大基础设施规划及其实施活动在一些地区割裂了原有社区空间，并引发了居民动迁行为 ❶。上述规划并不属于我国法定的城市规划范畴，但在某种程度上和城市规划存在一定的联系。不同规划之间通常是互为依据、互相借鉴的。例如城市规划要以

---

❶　例如市外环线 A20、郊区环线 A30、嘉金高速 A5 都造成许多自然村落的动迁行为，规划中尚有轻轨、京沪高速铁路、城际铁路、江南铁路、郊环切向线、沪嘉浏高速 A12 等，其中轻轨已经开始建设。

经济社会发展规划为参考，在编制交通规划时也必须注意线路选择与规划用地布局之间的关系。当然，作为拥有特定法律地位及行业规范的城市规划，其内在构成更为完整（从总体规划到详细规划），而且对其他相关规划也均有所反映。因此城市规划对社区空间的影响能够较为全面地反映各类对城市发展干预行为的特征，更具系统性，能够作为独立的考察对象。

其次，完全意义上的城市规划行为是指从规划决策——实施的全过程，包括方案设计、规划管理等系列环节。但出于资料收集和考察方式的考虑，本书将城市规划界定为以规划编制成果（图纸、文本）为基础，通过笔者对规划背景和过程的考察，综合了城市规划中相关利益群体意图及其行为过程的整体框架。

一方面，在整个规划行为中，规划编制的成果是后续实施和管理行为的基础。规划编制所确定的原则和布局决定了区域发展的基本方向，也决定了城市建设具体的操作方式。如果规划编制偏离了郊区发展的基本规律，势必会造成整个规划行为系统性的失效。虽然最终成果只是以蓝图的形式出现，但在编制过程中要和政府、规划管理部门、开发企业进行交流探讨，融入各级政府的发展理念、管理部门的设想和企业的利益诉求。规划编制在某种程度上综合反映了规划行为的其他组成元素。而其背景和规划过程则体现了当时各类群体利益诉求与协调行为。因此本书将规划的最终成果作为主要考察对象，而忽略背后存在的诸多细节，过于注重此类细节本身也对研究无益。实际上将复杂现象简化往往是科学研究的必要条件。当复杂现象，而不是构成它的要素，能够成为统计集的要素时，统计学才能对我们有所帮助（哈耶克，1964）。

另一方面，城市的发展是动力主体互动的过程，包括政府、企业组织、居民等。在近年来对规划本体理论的研究中，一些学者就提出规划理论的核心就是围绕城市规划过程的有关主体行为规律的研究。城市规划不是城市发展直接的社会动力，而是动力主体利益的协调机制，是城市发展动力的利用机制。城市规划作用的发生不是一种偶然的、孤立的、自我维持的过程，而是全然依托于一个特定的社会系统，它是城市规划产生、存在、发展的环境，动力主体之间互动是影响规划成败的中心因素（张兵，1998）。虽然有关"主体"的概念有待商榷，但城市规划是由多方力量共同参与的社会行动过程却是不争的事实。因此探讨规划对社区空间的影响，必须详细分析在规划实践的全过程中，各类相关者所扮演的角色。而这正是隐藏在规划方案之后的内在成因机制。

1.4 研究现状

1.4.1 国外相关研究成果

虽然本书将研究范围界定为上海近郊发展中的城市规划与社区空间，实际上已经涉及到社会变迁、社会行动、城市空间形态演变等多种因素，包括社会学、城市规划等多个学科。综合来看，国外相关研究主要集中于以下几个方面：

1. 社会变迁理论研究

主要集中于社会学领域。此类研究成果颇丰，名家众多，包括哈贝马斯、福柯、卡斯特尔对西方现代社会发展的研究等，其中以吉登斯的社会变迁和结构化理论比较具有代表性。吉登斯现代社会变迁的研究侧重于制度分析、社会变迁的目标构想和实践途径，并以其结构化理论为基础。认为现代社会变迁以时空分离（separation of time and space）、脱域（disembedding）、现代性的反思性（reflexive of modernity）为主要动力机制。并认为断裂性、自反性、风险性是现代社会变迁的主要特征。个体（individual）不仅仅指一个主体（subject），也是一个能动者（agent）。提出以结构的二重性（duality of structure）的概念代替二元论（dualism），认为结构不仅是对人类能动性的限制，同时也是对人类能动性的促进。吉登斯将关注的焦点集中到能动（agency）和行动（action）上来，强调行动者连续不断地对社会结构地改造，并有可能产生"有意图举动的未预期后果"（unintended consequences of intended acts），认为正是由于这种未预期的后果构成了下一步行动的未被认识到的条件。

而伯恩斯（2004）领导的团队则提出行动者——系统——动态学的理论，即 ASD 理论（Actor-System-Dynamics）。该理论认同吉登斯结构化理论中关于结构既是社会行动的中介又是其结果等核心观点的同时，又指出各种外在的自然因素和社会因素作用也会导致结构化和重构的发生。该理论提出社会系统的 3 个层次，一、行动者及其角色和地位；二、社会行动与互动的场景和过程；三、内生限制因素，包括物质因素、制度因素和文化因素。不同行动者拥有的用以实现其目的与利益的资源与机会不均等。通过行动与互动，社会行动者支配并改变他们周围的物质环境、制度环境和文化环境。

社会变迁及结构化系列理论揭示了社会发展过程中各能动主体的相互关系，强调结合结构的动态演化和能动者在其中扮演的角色，为相关的城市发展和规划研究提供了理论基础，在一定程度上促成了城市政体理论等研究成果的形成。

2. 社会行动实效的研究

此类研究关注一些目标良好的社会行动计划（包括城市规划）最终遭到失败的原因。例如政治和人类学家斯科特（James C. Scott）分析了苏联集体农场、坦桑尼亚、莫桑比克和埃塞俄比亚强制村庄化等项目发起的过程、实施方式及其最终失败的结果，认为其内在的原因主要有：一、简单化的制度；二、极端现代化的意识形态；三、独裁主义国家；四、软弱的公民社会（斯科特，2004）。他同时也对勒·柯布西耶的"阳光城市"，巴西利亚和昌迪加尔的规划实践加以批评，认为多样性是城市存在的基础，而这种多样性不可能从极端现代主义的规划中得出，而只能被后者抹杀。而简·雅各布斯（1961）对现代主义城市建设的批判则更被规划界所熟知。相对而言，规划界在此方面的研究更关注规划对城市现有肌理、社区和生活多样性的破坏，例如城市更新运动、现代主义规划理论及实践等。

总体来看，此类研究注重对社会行动开展过程及其机制的研究，包括其主体、操作方式、制度基础等。认为目标与现实脱节的根本原因在于行动过程忽视了对象的基本状况，而一味追求宏大的理想愿景。指出注重社会现实和可操作性是此类行动得以成功的前提。

3. 郊区化、郊区土地利用及郊区社区生活方式及空间发展的研究

包括对郊区化的动因、机制、过程以及郊区社区中居民的构成和生活方式的研究，以北美地区最具代表性。如1958年威廉·多布林纳主编的论文集《郊区社区》就从社会学的角度对郊区进行了全面的探讨，包括郊区化的动力、社会影响、郊区人口特征、家庭及阶级结构等。1967年甘斯的《莱维敦居民》则详细分析了郊区社区中中产阶级的生活方式。1980年马勒的《当代郊区化的美国》考察了郊区化的动力以及郊区空间布局的变化。此类研究普遍认为，中心城区上层阶级的郊迁是郊区化的主要动因，而城市交通条件的改善和相关法律法规则对此提供了技术及政策保障。而郊区社区则由于特定的居民构成而形成了与中心城区完全不同的生活方式。

哈维和克拉克（Harvey & Clark，1965）对郊区用地蔓延式增长的研究。地理学家戈特曼（Gottman）和格雷戈里（Gregory D.Squires）对城市蔓延式扩张的界定（Gottman，1961；Gregory D.Squires，2002），Practrice Kwame Owiafe（2001）对郊区蔓延式扩张问题的总结。不同专业的学者也对郊区用地低密度蔓延式扩张的测度标准和机制进行了研究，如富尔顿（Fulton，2001）等用人口密度来衡量城市蔓延程度，地理学家加尔斯特（Galster，2002）用居住密度等8项指标来测度城市蔓延，哈维（Harvey，1965）认为郊区蔓延式发展的主要原因包括土地投机行为、公共管制等，而唐斯（Downs）则认为对独立式住宅的偏好、小汽车的普及等原因推动了这一进程。此类研究普遍认为郊区因其居民的生活方式而形成了低密度、以私人独立式住宅为主体的社区整体布局和空间形态。郊区社区的这一基本属性和蔓延式的用地增长相辅相成，互相推动，带来了诸多弊端，如土地资源浪费、生态环境质量下降、交通拥挤、基础设施建设成本上升、种族和社会隔离加剧、传统社区遭到破坏等。

4. 郊区社区空间规划的研究

早在20世纪初，西方国家就普遍开展了郊区卫星城建设行动，从最初的"花园城市"到以"邻里单位"和扩大小区为基础的第二、三代卫星城，试图塑造独特的郊区社区及城市形态。在1960年代之后，以美国为代表的发达国家郊区化达到了前所未有的水平，加之民权运动的兴起，郊区的城市蔓延和过度分散的发展模式引发了学术界对于新型郊区土地利用模式和社区建设方式的研究。针对郊区发展中存在的问题，美国开始加强对土地利用的干预，逐步形成了区域主义（regionalism）、城市增长管理（urban growth management）、精明增长（smart growth）等规划和管治理论。在规划界，在借

鉴其他学科研究成果的同时，以适合郊区土地利用和社区发展的规划方法的研究逐步增多，如根特城市研究小组（1999）对郊区化背景下城市空间和社区发展的研究，凯拉尔·伊斯特林（Kailer Easterlin，1993）详细考察了美国城市规划的历史演进，就规划对郊区化和郊区社区相关设计手法的演变及其影响进行了详细的分析，强调基于邻里生活的社区建设和规划的重要性。1990年代后，新城市主义（new urbanism）在美国逐步兴起，强调基于社区的住区布局和人性化的设计，以此推动郊区空间环境的良性发展。在1993年新城市主义协会的首次大会上通过的《新城市主义宪章》认为都市郊区应以邻里和地区的形式加以开发。达顿（Dutton，2000）作为新城市主义的代表人物，指出城市蔓延造成了社区活力和个性的丧失，主张建立紧凑、功能混合、步行化、人性化的社区，并提出了系列的设计布局方法。

总体来看，西方国家由于社会发展相对成熟，社会学研究水平较高，建立在社会学研究基础之上的规划控制与社区建设研究已经有了较为系统的成果，并在一些地区付诸实施。学术界普遍重视城市规划行为内在的政策与制度基础的分析，及其利益主体互动机制的研究，认为上述因素决定了规划的科学性及实效。而且由于社区在西方国家政治体制和居民日常组织和生活中的重要地位，研究人员均强调社区宏观布局和微观的空间规划对区域整体发展的重要性，重视社区在郊区空间规划中的作用，并认为必须基于郊区社区居民构成和邻里生活的实际改革规划体制和规划师的工作方式。

1.4.2　国内相关研究成果

在国内，由于社会转型的加速推进和城市建设大潮的兴起，针对社会变迁背景下的城市及郊区发展、城市规划改革及社区研究日益增多，涉及到社会学、城市规划、经济地理等多个学科。特别是1990年代之后，随着部分城市郊区发展速度加快，相关研究逐渐成为学术界的焦点。国内研究主要包括以下几个方面：

1. 社会变迁及转型研究

主要集中于社会学界。研究重点包括我国社会变迁的特点、动力机制、社会分层、转型期间的社会问题等。例如李培林（2005）对社会结构转型和社会分层的研究，认为国家干预、市场调节和社会结构转型是影响中国资源配置和经济发展的主要力量。社会结构转型是一种潜在的推动力，在新旧体制的转换过程中，其作用愈发明显。王义祥（2006）研究了当代中国社会变迁的特点，将人口变迁、婚姻家庭变迁、社会阶层变迁、农村社会变迁、城市社会变迁等11个方面作为当前社会变迁主要代表，并认为环境、贫困、医疗和犯罪是转型期主要的社会问题。孙立平（2003）对1990年代以来中国社会生活发生的一系列变化进行了系统的分析，认为"断裂"是中国当前社会发展的主要特征，表现为：一、大量产业工人被排除在社会结构之外；二、城市化推进过程中的障碍。中国社会不同的部分几乎处于完全不同时代的发展水平，无法形成一个整体，造成社会意义上的分裂。李路路（2003）对社会分层结构及其变迁的研究，认为市场机制的引入和发展，在很大程度上改变了社会分层结构的结构化机制，改变了阶级阶层地位获得的机制。但是社会分层的秩序、相对位置和相对关系在这一制度转型过程中被持续地再生产出来，原有社会分层秩序和社会分层的相对位置的再生产构成了变化的主导特征。

总体来看，社会学界在关注我国当前社会变迁特点和问题的同时，更加注重对其内在成因机制的探讨。例如政府的作用、市场机制的引入、产业结构变化等，并着重分析了各项政策的影响。值得注意的是，此类研究非常重视我国农村社会转型和城市化进程，将农村地区（包括城市郊区）农民生产生活方式的变化、空间结构的转变等视为我国社会变迁和转型的一个关键组成部分，并认为当前的城市化进程（包括农民市民化、农民工进城、城市空间向农村扩张等）在社会转型过程中扮演了重要角色，将成为我国改革推进和现代化建设的重要内容。社会学界的研究不仅为我国政府的决策提供了参考，也成为规划学界的相关研究的理论依据。

2. 社会转型背景下的城市空间演化及规划改革研究

由于社会经济和制度条件的变化，在转型期我国城市建设和规划工作都表现出与以往不同的趋势，从而成为规划研究的重点。此类研究一般以相关社会学理论为基础，将社会空间结构、城市空间发展、城市和规划管理体制、规划编制创新作为主要研究对象。例如张京祥等（张京祥，罗震东，何建颐，2007）研究了体制转型对城市空间发展的影响，认为地方政府角色的变化、经济结构变迁、社会结构变迁是我国当前城市空间结构重组的三个主要影响因素。地方政府企业化主导下的城市空间发展、演化是我国深层次社会、经济体制转型的必然产物。陈峰（2004），柳意云、闫小培（2004），洪再生、杨玲（2006）探讨了转型期间我国城市规划编制改革思路与实践，提出总体规划改革、建立城乡协调型规划和出台城市建设规划标准的意见。栾峰（2004）分析了深圳和厦门设立经济特区以来的城市空间形态演变特征，以及其中的结构性因素和主要能动者的互动行为，认为"政府—居民"的二元结构到"上层政府、地方政府、市场资本、城市居民"的复杂构成的演变深刻影响了城市空间形态的发展。施源、陈贞（2005），唐燕（2005）分析了经济体制改革对地方政府城市规划决策的影响，认为随着市场经济体制的建立，地方政府的行为具有"政府"和"经济人"双重特征，地方政府的规划价值取向是经济增长和城市形象改善的最大化，不仅与维护社会公众的价值理性存在一定偏差，而且造成规划决策与管理的失效。李伟国、王艳玲（2005），刘佳燕（2006），唐文跃（2002）研究了在新的社会需求和城市与市民关系的环境下城市规划的改革，认为规划应关注社会需求的复杂性，注重面向不同需求组合，对不同层级的规划进行相应的改革，完善规划公众参与及决策机制。张庭伟（2001），何丹（2003）等以西方城市政体理论为基础，从经济、政治和社会的角度来分析1990年代以来中国城市空间形态的演变机制，将政府视为城市发展问题上的主导力量，而弱势阶层则被边缘化。

总体来看，此类研究就转型期间我国经济、政治和管理体制改革对城市和规划的影响进行了深入的分析，重视转型过程中各利益主体的行为特征及其互动，对我国城市规划研究视野的开拓和相关规划方法的革新起到了推动作用，例如对城市经营（赵燕菁，2002；徐巨洲，2002；张京祥等，2002）、城市管治（何兴华，2001；顾朝林，2001；沈建法，2001）的研究也以相关理论背景为基础。

3. 城市规划实效的研究

主要针对城市规划与现实脱节的反思及其内在机制分析，一般以前文的相关研究为基础。例如张兵（1998）借用结构主义和西方政体理论中关于政府、经济组织和居民作为推动城市发展动力主体的思想，主张规划理论的重点应转向研究与城市土地使用相关的城市规划主体行为规律，以及城市规划与城市发展主客体的互动关系。强调规划不是城市发展的直接动力，而是动力的利用机制。有效作用的城市规划需要具备四个条件：合理的理论技术，灵活的政治运作，广泛地社会基础和严格的职业自治。孙施文等（孙施文、邓永成，1998）通过对上海城市规划实践的考察，认为法定规划在上海的城市建设过程中只起到了部分作用。既有社会、政治制度方面的原因，也有规划技术方面的原因，更有法定规划本身的原因。城市规划实施过程中更为重要的问题可能是如何强化法定规划的引导和控制的力度。陶松龄等（陶松龄、陈有川，2003）通过对上海、珠海、绍兴等城市跨越式发展结果的比较，指出发展机遇、政府推动和创新支撑是城市跨越式发展得以实现的必要条件，而研究者则必须为政府提供动态、方向性的咨询，使其了解城市的发展水平、阶段及其面临的选择。赵燕菁（2004）通过对深圳历轮总体规划的回顾和城市空间发展的对比，认为应建立应对高速成长的空间结构的动态模型。吴之凌（2004）通过对武汉市总体规划被城市发展现实突破的分析，认为总体规划的弊端应从规划管理体制、财政体制和政治体制加以研究，同时建立一套可不断调整、自我完善的总体规划工作体系。

总体来看，此类研究针对当前我国规划与现实发展差距较大的现实，一方面分析其内在的经济、制度动因，不再将规划视为一个单向的由上而下的过程，而是关注在整个规划行为过程中所包含的各种复杂的利益需求与冲突，认为规划是各利益主体博弈与妥协的结果；另一方面也在寻求规划的改革之道。对战略规划的讨论（赵燕菁，2001；张兵，2001）、对近期建设规划及总体规划改革的分析（王富海，2002；陈宏军，2002；邹兵，2002；张兵 2003；杨保军，2003；邹兵，2003）实际上都包含有上述研究中的部分内容，其逻辑出发点也都是面对新时期城市社会转型的现实进行规划创新。

4. 郊区发展研究

① 郊区化的研究。主要集中在地理学界，包括对城市产业、人口郊区化的研究，

研究对象包括北京、上海、广州等特大城市（周一星，孟延春，1997，1998，2000；张文新，2003；冯健，2002；阎小培，2005）。研究普遍认为我国一些大城市（北京、上海、广州、杭州等）已开始进入郊区化阶段，成为中心城区人口和功能扩散的接收地，并比较了中外郊区化在内在机制和外在表象上的不同，认为中心城区工业的郊迁和低收入居民因中心城区住宅价格的上升而被迫郊迁是我国郊区化的主要特点，整体上处于初级阶段，扩散幅度小，主要集中于近郊区。而且由于郊区化机制的差异，郊区农民的城市化呈现出被动城市化的典型特征。

② 对郊区社会空间结构发展的研究。主要集中于城市地理和社会学界。例如梁进社、楚波（2005）对北京城市空间拓展的研究，认为由于北京政治和文化中心功能被规划在城市中心和近郊，使这两个地区形成了强大的就业和居住力量，对北京"摊大饼"式的扩张起到了重要的推动作用。顾朝林等（顾朝林，丁金宏等，1995）通过对北京、上海、南京、广州等大城市的调查，对城市边缘区的人口、社会、土地利用特征进行了研究。此类研究普遍认为郊区在总体上已经成为各类社会群体互相混杂的区域，而在微观层面社会空间的分异程度却很高。传统社区在社会空间集中—分异的背景下不断消亡。

③ 对郊区居住区开发模式的研究。主要集中于城市规划学界。从郊区化和郊区城市化的角度出发，探讨郊区居住区的开发、空间结构、规划方法等。如周婕、罗巧灵（2007）对郊区化过程中城市郊区居住区开发模式的探讨，提出郊区居住区建设应注重对物质环境的塑造和邻里关系的复苏，建构以社区为基础的"中心网络型"住区。卢为民（2002）针对上海郊区居住区的组织与发展，围绕住区建设中的经济效益、设施配套、市民与农民混居等问题提出了制度保证和创新思路。此类研究以郊区居住区物质环境建设为主，但在研究中也开始涉及邻里关系、社区组织等软体层面的问题，并部分借鉴了社会学中社区的相关概念和研究成果。普遍认为郊区居住区受其居民构成、土地利用制度、城乡二元体制、开发活动频繁等因素的影响，其建设模式应与一般城市地区有所区别，也要特别注重因地制宜地考虑设施配套和住区形态等方面。

5. 社区规划研究

此类研究是我国城市规划界进行社区研究与实践的主流方向。徐一大（2004）、应联行（2004）、刘君德（2002）、姜劲松等（姜劲松，林炳耀，2004）、赵民等（赵民，赵蔚，2003）分别对我国社区规划的现状、方法以及与现行城市规划编制体系的关系进行了探讨。研究借鉴了国外社区发展规划的理论和实践，普遍主张社区规划应包括硬件和软件两个层面，即物质环境规划和社区产业发展、文化建设、管理组织等相结合，强调多学科的融合和公众参与，并希望将社区规划纳入到法定规划体系中，依次推进规划编制和管理的改革。

而上海作为我国城市化水平较高的特大城市，针对郊区发展和社区建设为对象的研究数量较多，开展时间也较早。除上述国内各研究方向外，还针对上海地区的实际情况进行了多项研究，主要包括：

①郊区社会变迁研究。例如复旦大学范伟达（2004）主导的"浦东社会变迁研究"是我国大陆地区首例十年社会跟踪调查，时间跨度为1993-2003年。通过调查，研究认为全球化进程对浦东的社会变迁产生了深远影响，体现在经济、文化和消费等多个方面，推动了浦东的城市化和城乡一体化进程。此项研究对于同样卷入了全球化产业分工体系的上海郊区其他地区有重要的参考价值。

②早期郊区卫星城和小城镇建设研究。研究的重点在于卫星城和小城镇的规划布局、产业发展、规模界定，以及农村居民点的建设方式、住宅设计等（张世明，1982；郑正，宋小冬，宗林，1983；朱保良，1982；何尧振，1985；褚军，1988）。也有一些研究专门以嘉定城市规划和住宅建设为对象（陈贵铺，徐彩峰，徐雅珍，1983；陈贵铺，1990）。

③郊区城镇建设及空间发展的研究。例如陈秉钊等（2001）主编的《上海郊区小城镇人居环境可持续发展研究》较为系统地阐述了上海郊区小城镇建设所面临的问题，提出了人居环境建构的原则、评价体系和保障体系，并针对郊区社区建设、产业、空间发展进行了专项研究。石忆邵、胡建民（2006）研究了上海郊区建设中的若干问题，如人口向城镇集中、经济与就业发展失衡等，并提出了相应的建议措施。张绍樑（2005，2006）通过对上海城市空间发展的系列研究，提出未来上海郊区与市区发展的整体战略。李志宏（2005）根据奉贤区"三集中"工作推进的经验，认为"科学规划，区划对接，视点突破"是其操作模式的主要特点，城市规划与行政区划等行为的互动是"三集中"有效实施的必要保证。此类研究大多将郊区视为未来大城市发展的重点，以城市化地区空间建设和发展的理论与经验为基础（如聚集效益、规模效益等）来考虑郊区城镇空间体系的建构。

④郊区社区规划研究。针对郊区个体社区的规划编制，多强调城市规划、社会学等学科的融合以及与社区管理层及居民的互动。如宝山区通河社区发展规划等（同济大学等单位，2000）。

嘉定区则在2005年由区委组织部、区地区办组织开展《新形势下加强社区党建和社区建设的措施研究》的专题调研。嘉定区民政局针对农村社区向城市社区转化过程中所面临的问题进行了专项研究，例如《嘉定城市化和农村社区管理模式变迁》就系统地探讨了目前嘉定盛行的农民集中动迁的城市化模式之利弊，提出在该过程中产生了农民城市化的"路径依赖"现象，即在错综复杂的利益关系的制约下，居民和政府对旧有社区管理模式的沿袭。嘉定区规划局则委托同济大学建筑与城市规划学院进行《嘉定社区划分及公共设施配套研究》。以此课题为契机，同济大学建筑与城市规划学院"住宅与社区发展"学术梯队对嘉定社区发展进行了系列研究，包括最终的研究报告、硕士论文《大城市郊区社区划分研究——以上海嘉定区为例》（王学兰，2006）和《上海嘉定区马陆镇社区公共服务设施配套规划研究》（张彤燕，2006），分别对嘉定社区划分、公共设施配套及相关规划问题进行了专项研究，提出嘉定社区空间划分的方式和公共设施配套的方法及原则（图 1.4）。

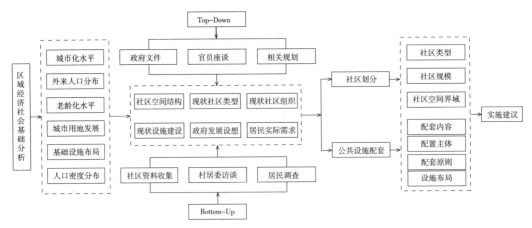

图 1.4 《嘉定社区划分及公共设施配套研究》的研究方法

在上述几项研究中，采取的是和传统的城市规划完全不同的研究方法，即在掌握嘉定全区发展基本态势的基础上，以对嘉定区社区社会调查为基础，了解居民生活和社区发展的实际需求，再和现行的规划编制规范与方法进行对比，指出目前规划编制中存在的不符合嘉定区实际的问题，最后提出相应的社区空间划分和公共设施配套方法。因此其最终的结果也不同于现行的规划编制规范的要求。例如在社区公共设施配套研究中，无论是服务对象还是配置内容都与城市地区通行的居住区公共服务设施配置标准有很大区别❶。该研究体现了传统规划编制由上至下的思维与建立在社会调查的由下至上的理念的结合。

以《嘉定社区划分及公共设施配套研究》为主的系列研究，实际上体现了以下的内在逻辑：近郊快速的社会转型过程迫切需要相关的城市管理与规划模式的变革与之相适应，而由于近郊的发展规律存在特殊性，因此不能照搬现行的完全以城市化地区为主要对象的方式方法（如规划编制体系、管理方法等），否则必然会因为社会基础的差异而产生很多的现实问题。这种要求是地方规划管理部门推动规划改革的动力，也是今后学术界所面临的一大课题。

综上所述，国内相关研究以社会学界为先导，城市规划及相关学科以社会学研究

---

❶ 例如在《嘉定社区划分及公共设施配套研究》中，针对社区划分问题，提出综合社区——基层社区的两级体系，综合社区规模不宜超过 2 万人；针对公共设施配置问题，提出按照综合社区——基层社区两级体系配置，以社区总人口（含外来人口）计算配置数量，并根据社区实际的人口构成来确定配置设施。

为基础，针对城市和规划发展进行理论阐述与分析。研究普遍以社会变迁和转型作为背景条件，重点探讨经济基础、制度条件、社会结构的改变对城市社会和城市规划所造成的影响，特别是各类利益主体角色与需求的变化对规划目标、体系和行为方式的冲击。并由此提出规划改革的方向与设想，最终落实到各种具体的规划门类之中（如总体规划、近期规划、战略规划、社区规划等）。但在研究中也存在两个主要缺点：

一是多数研究虽然意识到由于城市规划忽视社区发展问题而造成对后者的负面影响，但仅仅指明了其后果，如"对传统社区的破坏"等结论，但却并未说明城市规划行为在这些问题的产生中所扮演的角色及具体原因，将一些源于规划之外的体制性与结构性矛盾统统归结于规划本身加以批判（如对形象工程、政绩工程的批评等），对价值观的表述较多，而对技术问题的探究较少。研究并未在"规划"与"社区"之间建立明确的联系，结论也没有反映在具体的规划过程之中。以理论演绎为主，基于特定案例的实证研究较少。因而提出的解决方法过于原则化而不具备可操作性。

二是多数研究并未意识到城市规划本身也是由宏观的战略性规划和微观的实施性规划所组成的。当触及到社区问题时，往往先入为主地集中到单个"社区规划"层面，而很少注意宏观层面的规划部署，最终也将影响到微观的社区。因为社区是组成区域的基本单位。规划对社区的影响是由宏观和微观层面的规划行为共同组成的。缺乏统一综合的视野，使得针对微观单元的改良不可能触及到问题的核心。

1.5　研究目的与意义

1950 年代–2000 年代是我国城市化发生"千年之变局"的历史性时期。在这逾 50 年的时间内，近郊经历农村—半农村半城市化地区—城市化地区的转变，同时也对基层社区的组织产生了颠覆性的影响。当然，这种影响是毁誉参半。历史无法改变，只能总结，以史为鉴。

本书作为以嘉定区为对象的实证研究，其根本目的是通过对嘉定区城市规划工作和社区空间演化历程进行系统的整理，从社区空间的角度着手，分析在嘉定城市化发展过程中，不同时期城市规划对社区空间所产生的影响及其内在的成因机制，以此为基础探讨目前嘉定在社区空间建设中所面临实际问题的规划动因，最终从社区发展的角度为今后近郊城市规划行为的改进提供参考。

上海近郊是发展速度快，社会变迁较为剧烈的地区，社区建设对于维护社会稳定，促进社会发展具有十分重要的意义。近郊在由农村地域向城市转化的过程中，由于城市建设和开发活动的急剧增加，已经成为规划行为较为集中的地区。城市规划作为对区域发展的主动干预手段之一，既是社会变迁对综合调控需求的结果，同时也对社会变迁产生了影响。而社区发展作为社会变迁的具体表现形式之一，城市规划在其中所扮演的角色无疑不可忽视。但近郊地区社区建设的混乱状况却表明，城市规划行为的实施不仅没有实现其所设想的美好目标，甚至造成了某些意料之外的后果。随着和谐社会理念的提出，以及对经济发展目标从"又快又好"到"又好又快"的调整，可以看出在今后的中国，以人为本的原则将得到逐步贯彻，围绕居民日常生活需求的社会公共事业及民主制度将得到更多扶持，这也是我国开始重视社区建设的背景条件。国家与城市发展目标的调整也意味着城市规划在整个改革过程中也将经历同样的观念和手段的改变。规划由专注于土地使用和空间布局到关注社区发展以及社区中的人，就不仅仅是一种政治姿态，而更是和新的发展模式息息相关的专业改进。而若希望在规划维度推动社区的良性发展，避免规划行为对社区发展的负面效应，就必须首先厘清规划行为对社区发展究竟产生了何种影响及其内在机制，才能有针对性地提出改进设想。

因此，本书研究的创新点在于以具体的案例为支撑，通过对特定地区城市规划工作和社区空间发展历程的回顾，分析不同时期规划行为对社区空间的影响，并在整个规划行为过程中的各个环节寻找影响产生的具体原因，由此便在城市规划与社区空间建设之间建立了确定的联系，通过历史经验为今天存在的问题提供解决的思路，最后切实地反映在对规划行为过程的改进之中。其意义一方面在于为当前学术界非常关注，而且各种论点层出不穷的城市规划改革之路提供一种思路与方案，而且其立足点是强调规划对社区与居民的关怀，是与我国城市规划发展的根本理念相一致的。另一方面也可以为当前嘉定城市规划工作的实际工作提供理论参考，也可以为其他具有类似发展状态的城市近郊地区提供借鉴。

1.6 研究内容

根据研究目标的要求，研究内容包括描述性研究和解释性研究两大部分。前者关注"是什么"，即规划对社区空间产生了何种影响以及引发了什么问题。而后者关注"为什么"和"如何"，即产生影响的内在机制及其改进之策。当然，在社会科学中描述性研究和解释性研究存在密不可分的关系。后者的建构依赖于前者，因为理论的发现与形成来自对客观世界的观察、归纳和证实。而前者则依赖于后者提供的框架和指导。而且如果没有后者，描述性研究也就失去了意义，因为它只能提供现象的累积，但因果关系本身无法从现象中得来。具体内容包括：

1.6.1 嘉定社区空间演化历程的研究

空间是时间的切面（卡斯特尔，2001）。社区是嘉定既有的社会构成单元，是嘉定长期的社会发展和变迁累积的结果。其空间形态特征是区域特定的社会、经济和空间发展的外在反映。不同历史时期社区空间的差别都有其深刻的时代背景，社区空间发展的现状是一种历史的累积。因此，对嘉定社区空间的考察必须从其发展历程开始，才能准确地把握当前社区空间形成的原因和机制。该研究是从宏观层面把握嘉定社区空间演化的历史阶段及其特点，分析不同时期社区空间发展的特点及其内在机制。

1.6.2　嘉定规划工作发展历程研究

嘉定开展城市规划工作已有近 50 年的历史。从最初的卫星城规划到今天规划蓬勃发展的局面，其间也经历了一个不断成熟的过程。作为政府的一项工作内容和公共政策，城市规划反映了当时的社会背景条件，如国家宏观政策的取向、产业基础、地方政府的目标等。特别是作为上海市近郊，嘉定城市规划综合了上海市在不同时期对它的总体定位和发展设想，上述因素都直接决定了各阶段城市规划的目的、内容、操作方式及其对区域发展的影响。同时，规划对社区空间的影响也是一个渐进与累积的过程。自从嘉定于 1959 年开始城市规划的编制和实施工作后，每一项城市规划的编制都并非在一张白纸上开展的，而是在上一轮规划的基础上进行的修正和提升。因此，割裂了与历史的联系，而仅仅从当前的规划着手则注定将是一种片断式的描述，而难以形成符合逻辑的系统性的见解。因此，规划对社区空间的影响要从其发展历史开始，包括不同时期规划工作的历史背景、决策过程、实施方式等进行相应的分析。历史上城市规划工作的成功与失败也为目前嘉定规划在面对社区空间的具体问题时提供了可供借鉴的经验与教训，这也是研究的主要目的。以上均属于描述性研究部分。

1.6.3　规划对社区空间影响的研究

在描述性研究的基础上，通过案例研究的方式，分别选取不同时期具有代表性的各类规划及其所针对的规划对象，分析不同规划对社区空间所产生的影响，包括影响的内容、方式及其实效，以此为基础研究城市规划在嘉定社区空间发展的历程中所产生的作用及其内在机制。并通过实地社会调查的方式，分析规划影响所引发的问题。该研究属于解释性研究部分。

1.6.4　研究难点

本书的研究难点主要有两个方面：

1. 理论体系的建构

本书研究的最大难点在于由于主要研究对象分属不同学科，加之涉及到众多社会经济因素，因此难以寻找到十分契合本文主题的理论框架。虽然国内外社会与规划学界在相关领域已经进行了大量研究，但无论是对社区概念及范围的界定，还是城市规划中社会及社区研究的重点、方法，以及规划理论研究的核心等，都没有确定的答案。特别是在我国目前所处的、特定的、高速经济发展和社会转型背景下，由于城市发展的矛盾与问题不断涌现，规划界虽然开展了大量研究，并不断引入国外相关理论，但由于基础工作的相对薄弱，使得规划界在相关领域的研究仍处于起步阶段，远未形成成熟的范式。这就给本书相关概念的界定和研究方法的选择带来了很大的困难，笔者不得不时常根据国家的行政界定而非学术原则来选择研究案例（例如社区的界定），并只能在现有研究的基础上，以部分得到学术界普遍赞同的理论学说为依据来确定研究方法。例如对规划相关利益群体的界定，对规划过程的划分等（将在后文详细叙述）。

2. 近郊发展的快速性

快速城市化是近郊发展的首要特征。其直接后果就是城市建设活动频繁进行，社区发展变化较快，例如居民动迁、行政区划调整等行为时有发生。在这种动态、非稳定的发展状态下，增大了本书资料收集和社区调查的难度。

首先是历史图纸资料的收集十分困难。由于多种原因，2000年之前各时期的地形图和规划编制方案图能够保存至今的已十分稀少。笔者对历史资料的收集主要来源于嘉定区规划局档案馆，该馆是收录嘉定土地利用和规划历史资料最全面，也是最权威的机构。在该馆保存的2000年前规划及土地利用图纸和2000年后的规划编制方案中，前者笔者全部收录，后者则选取了部分重大的规划方案。但其中，1980年代初编制的各镇规划，除嘉定、南翔、娄塘等镇尚有部分保留外，其余的规划已全部遗失。1983-1999年规划局成立前由建委主管的规划编制资料也均未保存下来。部分时期的土地利用图纸也已散佚不存。而通过其他途径获得的资料则相当零散，远不及正式档案完整。虽然本书已将所有保存至今的历史资料尽可能地收集完全，但不可避免尚有部分缺口。而且管理体制历史变化较大，不同时期城市规划的性质、内容等方面存在较大差异，规划对象的延续性较差。

其次是针对社区的调查难度较大。目前嘉定区各类城市开发活动直接引发了社区居民的迁移活动和行政区划的调整，统计资料缺失现象较为普遍，调查对象的延续性也较差。很多基层社区在居民搬迁或行政撤并后，原有统计资料均不知去向，社区调查只能反映当前的状态，而无法得知其历史变迁过程。一些社区虽然名称未变，但实际上是由几个居委或村委合并而成，难以进行不同时期的对比。

同时由于专业的局限，笔者所进行的社会调查相比于社会学科的相关调查研究在深度和广度上都有所欠缺。例如调查样本的选取、分布，调查规模，数据统计与分析等。所以笔者在研究中也借鉴了嘉定民政部门委托社会学研究人员进行的相关研究的成果。而且在社会调查中，由于随机发放的问卷回收率极低 ❶，因此本书的调查主要分两种方式：一是由社区管理部门，即居委和村委干部配合进行的问卷和访谈调查，由社区干部负责发放和回收问卷，并组织部分居民接受访谈；二是由笔者和其他研究人员随机

---

❶ 随机发放的问卷回收率不足2%，共发放500份，回收9份。

进行居民访谈的实地调查。这两种调查方式存在的局限主要是调查的广度不足，而且其真实性存在一定疑问，因为社区干部可能在调查过程中施加了一定的影响❶，从而回避了社区建设中的一些问题。

上述研究难点是本书研究中先天存在的局限，难以通过主观努力加以解决。因此本书只能做到在现有资料和调查的基础上进行相关分析，努力实现研究的合理性与准确性。

1.7　研究方法

1.7.1　方法论基础

根据对国内外研究现状的梳理，吉登斯的社会变迁和结构化理论、Burns 的 ASD 理论、西方城市政体理论对城市发展动力主体的分析、国内学者对影响城市发展和社会变迁机制的研究为本书提供了方法论上的启示，促使笔者更加关注城市规划作为能动者在社会变迁中的主动行为，各类利益群体在其中的角色、地位，以及它们社会行动与互动的场景和过程。在这些主要能动者的层面上，不仅需要考察它们在城市规划中的角色，还要研究它们在规划和社区发展过程中的地位及变迁，以及由此产生的对社区空间的影响。

当然，由于中外社会的巨大差异及社会科学理论由于其认知背景的有限性而造成其适用范围的局限性❷，因此本书并未完全照搬上述社会学理论，而是从城市规划的视角出发，实用性地借用与本书相联系的研究方法，避免上述理论的内在缺陷，坚持从客观角度和嘉定的现实出发来进行解释性研究。

1.7.2　具体方法与技术路线

抽象的方法论并不能直接作为研究的依据，规划影响分析必须依赖于更为简明直观的现实手段。因此本书主要通过案例研究的方式，以第一手资料来描述规划影响的结果与过程。根据研究目标和内容的要求，具体方法包括以下几个方面：

1. 社区空间发展与规划布局的对比

在把握嘉定区域及社区空间发展的基本规律及规划工作历史进程的基础上，通过不同时期、不同层级的规划布局方案与规划期限时规划对象的土地利用及社区空间的实际状况对比，分析城市规划对社区空间的实际影响及其演进。这是总结规划影响最

---

❶ 首先，在对社区干部的访谈中，一般所谈的成绩较多，而问题较少，对调查人员存在一定的提防心理。其次，社区干部在挑选居民接受调查人员的访谈和问卷调查时，通常只安排一些关系较好，意见较少的群众。在调查人员之前参加的一些上海市区内社区调查中也发生过类似情况。

❷ 吉登斯的社会变迁和结构化理论是以西方世界的社会背景为基础的，因此不可能完全契合于中国社会的实际。特别是在社区层面，中西方国家的法律制度、管理体系及社区运作模式都存在巨大的差异，决定了相关研究只能是基于地方的实证性研究，否则根本无法获取科学的事实。

直观，也是最可行的方法。因为社区空间的区域分布、组织、形态等要素的具体特征都可以用图示的方式加以描述，而规划编制在现阶段也主要是以图纸的方式出现，通过图纸的对比可以很准确地反映出规划对社区空间所产生的影响。这一方法将复杂的规划行为简化为可供描述的状态，并通过多个案例的统计来说明其实际影响。虽然规划方案只是规划编制行为的成果，掩盖了其背后管理、实施等一系列复杂的因素，但这是进行案例统计研究的必要条件。因为统计学是通过消除复杂性来处理大量数据的（哈耶克，1964）。

比较研究的具体方法如图1.5。通过规划图与开始编制时现状的对比，可以发现规划对社区空间改造的设想与方式。而通过规划与规划期限时现状的对比，则可以明确设想是否实现。

研究的依据主要是对嘉定区域和社区空间的历史资料、图纸和各类规划编制档案，主要来自嘉定区规划局档案室，部分来自公开发表的论文及规划设计单位。具体包括：

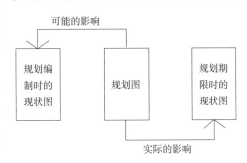

图1.5　比较研究的具体方法

①各时期嘉定全区的地形图和土地利用图，时间跨度为1930-2004年。

②各时期嘉定重点地区的地形图和土地利用图，时间跨度为1930-2004年。

③嘉定区各轮区域总体规划，时间跨度为1959-2004年。

④嘉定区重点镇各轮镇级总体规划，以嘉定、安亭为主，时间跨度为1959-2004年，另外包括其他镇部分时期的镇级总体规划，如南翔、娄塘、外冈等镇。

⑤嘉定区2000年后重要地区编制的详细规划，包括F1赛车场动迁基地、工业区农民住房置换基地的部分规划以及南翔镇2000-2005年编制的全部规划。

2. 基层社区实地调查

通过对基层社区空间及居民的实地调查，掌握规划的实际操作情况及其所产生的问题。因为规划对社区空间影响的优劣并不能从规划方案本身得到，而必须通过自下而上的社会调查，即对个体社区空间的实地勘查和对社区居民及管理人员的访问，掌握居民在社区空间变迁中的意见以及对社区空间建设的期望，发现规划行为引发的问题。调查包括两个部分：

首先，作为社区空间研究的基础资料，针对嘉定基层社区——村委和居委的人口、设施、管理情况的调查。共计收集到221个村委和居委的资料（截至2004年），占当时嘉定村委和居委总数的86%。

其次是对不同类型的个体社区空间进行实际勘查，观察发展现状，并对社区居民进行访谈和问卷调查，了解社区空间变化对居民日常生活的影响及居民的主观感受。

共发放居民问卷 1000 份，有效回收 402 份。访谈 114 人，包括动迁农民、未动迁农民、普通市民、外来民工、政府工作人员、规划管理部门、开发商、私人企业主等。走访的社区 21 个（图 1.6），其类型和分布有以下几个特点：

①涵盖了目前嘉定区所有的社区类型，包括 6 个居委、4 个村委、2 个小区、2 个行政社区、5 个农民动迁住宅区、2 个自然村（部分社区属性重叠）。

②位于嘉定发展水平不同的地区，既有完全城市化地区，也有城乡接合部和农村地区。

③以嘉定新城主城区地区、南翔、安亭等地的社区为主，一方面该地区突出地表现了嘉定由农村地区向城市转化的特征，另一方面也和所收集规划所在地区基本吻合。并着重调查体现嘉定目前社区空间发展特点的农民集中动迁住宅区。

所走访的社区包括

嘉定镇：嘉源小区

江桥镇：幸福村

菊园：嘉宁居委、嘉富居委

马陆镇：樊家村、包桥村、印村、天马社区、马陆新村、胜辛居委

南翔镇：翔华居委、红翔新村、汤湾里村、桃源池村

工业区：海伦社区、建国村、娄塘居委、汇朱居委

安亭镇：玉兰二村社区、安亭新镇、翔方公路农民动迁住宅区

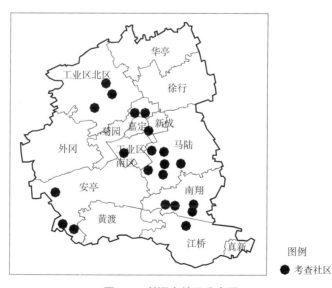

图 1.6　所调查社区分布图

上述具体方法是本书描述性研究的主要组成部分，以将规划对社区空间的影响及其产生的问题进行全面详细的阐述，并作为解释性研究的基础。

3. 规划相关利益群体的互动分析

是解释性研究的主要组成部分。重点分析嘉定城市规划工作中涉及到的各类利益群体在规划和社区发展过程中的地位变迁，以及围绕规划所进行的互动。结合描述性研究阐述规划影响的内在成因机制，以此出发寻求对规划进行深层次的改进。在此，以相关方法论为理论基础，将规划中所涉及的利益群体分为四类：

①政府：有市级政府、区（县）政府、基层政府（镇、乡）。上海市政府的介入是嘉定作为近郊的一个基本特征。区政府则是嘉定地区最高的行政机构，对区域发展和部分规划工作有直接的领导责任。而具体的规划和社区建设工作则又是由各镇（乡）政府负责开展的。因此在政府范围内就包含3个等级。

②企业：主要是各类开发实体。企业是城市中从事生产经营活动的基本组织单位，它是城市发挥经济功能的主体，奠定了城市发展的经济基础。从1980年代乡镇企业发展开始，企业就开始影响嘉定的社区发展和规划工作。而这一进程则在2000年后进一步加强。因为在市场经济体制下，政府要从经营性领域退出，实际的城市建设和开发过程必须由企业来完成。

③社区：社区本身也是嘉定城市发展中的利益群体之一。包括村委、居委等。特别是村委社区，由于拥有集体资产，因此在1980年代以来的乡镇企业建设和2000年后的社区改革中发挥了重要作用。

④居民：居民在其日常工作与生活中基本物质与精神需要的充分满足，是城市发展的最高目标。虽然居民对城市发展的动力作用市场被异化和支配，但其基本的物质需要和精神需要仍然是根本的原动力。特别是在嘉定目前外来人口众多、人口老龄化趋势突出、农民（包括刚刚转化为市民的农民）数量大的情况下，各类人群的需求就成为规划和社区建设中必须要考虑的问题。

具体分析内容包括规划的决策过程、规划权限的分配、各群体在规划编制和实施中的作用及在规划实施后所得到的最终结果（具体见第2章）。

第2章 嘉定社区空间和城市规划工作的基本状况

　　嘉定是传统的江南水乡地区，社区发展具有悠久的历史。在不同时期，由于产业基础和管理体制的差异，社区空间表现出不同的形态，非常典型地反映出当时的时代背景。同时，自1958年划归上海市以来，嘉定就在上海整体发展战略的指导下开始了现代城市规划工作，迄今已近50年。规划因为所处时代的不同，在其类型、目标、内容上存在相应的差别，对社区的关注程度也各异。本章将详细考察嘉定社区空间和规划工作的发展历程，并确定规划影响的考察方式。

2.1 上海地区发展背景及其对嘉定区的定位

　　作为上海市的近郊区，嘉定实际上是在1958年划归上海市以后才真正开始由传统农业社会向现代工业社会的转型过程。以服务于上海市工业发展为目标的工业和科研项目成为推动嘉定城市建设最初始的动力。而在随后的发展阶段中，来自上海市的影响始终扮演了重要角色。从行政手段到经济、社会活动，都在某种程度上介入到嘉定的社会变迁进程之中。因此，对嘉定社区发展及规划演化的考察必须首先回到上海市层面，分析上海地区的发展背景及不同时期对嘉定的定位，才能对嘉定自身的发展轨迹有更清晰准确的把握。

2.1.1 新中国成立后上海市城市性质的演化过程

　　新中国成立前，上海是我国最重要的经济都市，长期以来作为工商业中心、金融中心、对外贸易中心以及交通运输枢纽，发挥着举足轻重的作用。而新中国成立后，随着国内经济政治形势的变化，上海在全国的地位及其自身的发展定位也经历了几个不同的阶段，具体历程如下：

　　1. 全国工业中心（1950年代 - 改革开放前）

　　新中国成立后，上海成为全国工业中心。1956年，在毛泽东《论十大关系》发表以后，上海社会经济发展发生了重大的战略转变，工业建设成为核心任务。从1956年到1965年的10年间，上海工业经历了三次大的改组。到1965年，除采掘、采伐工业外，上海已经拥有当时中国所有的工业门类，出现了一些全新的工业部门，如精密合金、机电工业、石油化工等。初步建成了门类齐全，综合配套的工业基地，对我国建立独立完整的工业体系做出了贡献。在工业建设的同时，上海也成为全国的科技中心城市和最重要的对外贸易口岸和对外交流城市。

2.地位下降的重要工业城市（1978-1990年代）

1978年改革开放后，上海开始进入新的发展时期。但在当时，上海工业逐步衰退，与外省市产品的差距日益缩小。由于工业优势地位的丧失，上海揭开了经济发展战略讨论的序幕。理论界对优先发展工业的城市建设方向提出质疑，比较有代表性的是《新技术革命与上海经济结构调整》的报告❶。1984年，中央委派上海经济发展调查组，进行了为期半个月的调查研究，在此基础上召开了"上海经济发展战略讨论会"。之后，上海市政府向中央提交了《关于上海经济发展战略汇报提纲》，经国务院批复后指出：上海要发挥经济中心的作用，大力发展第三产业，成为利用外资、引进技术的主要门户，成为全国的商品集散地，最重要的外贸口岸、金融中心和经济技术中心以及高级人才的培训中心。

但由于体制和观念的严重束缚，上述战略设想并未得到很好的贯彻实施。1978-1990年，上海GDP从272.8亿元增长到744.6亿元，年均增幅仅为7.45%，比全国同期水平低1.27个百分点。在全国的经济比重下降（表2.1）。财政收入长期停滞不前。1978年上海地方财政收入是169.2亿元，到1990年仍维持在170亿元。外贸出口年均增幅仅为2.2%，比全国平均水平低10.9个百分点。而住房紧张、交通拥挤、公共事业落后、环境污染严重已成为困扰城市发展的顽疾。而这一切都和上海长期以来城市功能单一，片面发展工业的定位有关。相对于南方的粤、闽二省和周边江、浙、鲁三省，上海的综合经济实力明显下降❷。在整个80年代，上海成为中国沿海经济发展的"谷区"（熊月之，周武，2007）。

1978、1990年上海市重要经济指标占全国比重的变化　　　　　　表2.1

占全国比重（%）	国内生产总值	社会总产值	国民收入	工业总产值
1978	7.60	8.65	8.16	13.00
1990	4.21	5.37	4.29	4.85

资料来源：熊月之，周武.上海：一座现代化都市的编年史.上海书店出版社，2007。

3.金融、贸易、航运中心，长三角中心城市（1990年代至今）

1990年代之前，在全国改革开放的格局中，上海作为计划经济的大本营，中央财政重要来源地，国有企业的集中地，实际上充当了全国改革开放的后卫。这一状态维

---

❶ 该报告由以姚锡棠为首的4位学者提交，在当时引起了政府部门和学术界的高度重视和强烈反响。报告提出上海要调整产业结构，改变过度依赖物质资源的局面，加速交通运输、邮电通讯、建筑、商业和其他服务业的发展，重心要转向第三产业。

❷ 1978年广东省GDP占全国比重为5.15%，1990年已经上升到8.32%，年均增长率比上海高出5.12个百分点。江、浙、鲁三省的比重也由1978年的6.95%、3.42%、6.38%上升到10.28%、11.79%、9.76%，年均增长率分别比上海高出2.83、4.34、2.31个百分点。

持到 1990 年代初，已是积重难返：工业和财政收入滑到谷底，城市建设欠账过多，对外开放困难重重（熊月之，周武，2007）。

1990 年开始的浦东开发是上海现代化建设的一个转折点。当年 4 月，中央同意上海市加快浦东地区开发，在浦东实行经济技术开发区和某些经济特区的政策，并作为今后 10 年中国开发开放的重点，给予浦东开发 10 项优惠政策。1992 年，"十四大"决定"以上海浦东开发开放为龙头，进一步开放长江沿岸城市，尽快把上海建成国际经济、金融、贸易中心，带动长江三角洲和整个长江流域地区经济的新飞跃"。这是首次宣布上海市在全国的新定位。1993 年，又给予浦东新区扩大 5 类项目审批权限，增加 5 个方面资金筹措渠道的优惠政策。经济的飞速发展也带动了城市化水平的提高。从 1988 年开始上海将周边郊县"撤县设区"，城市建设向郊区扩散，2006 年上海城市化水平达到 86%。在宏观定位的指导下，上海经济结构迅速转型，商品市场化程度达到 95%，拥有证券、外汇、期货、人才等一批国家级要素市场，以及 18 个区域性市场和 180 个地方市场。第三产业比重上升到 50% 以上，信息产业已经成为工业的第一支柱（图 2.1）。

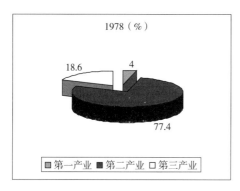
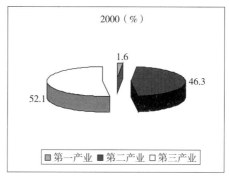

图 2.1　上海 1978、2000 年的产业结构对比

通过不同历史时期上海在全国的地位及其自身发展定位的比较，可以看出其发展重心的转移，即从工业中心转变为金融、贸易、航运中心。这一变化不仅促使了城市产业结构的调整，也对城市空间发展和规划工作产生了深远的影响。而且上海整体发展战略的演变也影响到其对郊区的功能布局。

2.1.2　上海市域规划空间布局及嘉定功能定位的变化

上海市每一次发展战略转变的同时，都在以总体规划为主的系列规划中得以反映，包括城市性质、规模、空间布局等，并直接指导具体项目的建设。从 1958 年开始，规划布局就不再局限于上海市中心城区，而是在整个市域内进行的（包括郊县）。而且由于不同时期城市性质和产业发展需求的差异，规划布局对郊区的安排方式和重视程度也有所区别。嘉定自身在全市中的功能定位演化也是市域规划空间布局及市郊关系变化的一个具体反映。上海市的历次重大规划中对嘉定都进行了相应的定位和功能安排，成为嘉定建设的直接依据，也是其发展轨迹中非常重要的推进力量。

1. 中心城区工业和人口的接收地（1950年代—1978年）

在1956年，随着工业建设成为上海市的中心任务，市规划局编制了《上海市1956～1967年近期规划草案》，以适应上海工业按照"充分利用、合理发展"的方针及对工业布局和结构进行调整、改组的需要。彭浦机电工业区和漕河泾仪表工业区就是据此规划开辟的。1957年12月，上海市作出"在上海周围建立卫星城镇，分散一部分工业企业，减少市区人口过分集中"的决定。1958年，国务院先后决定将嘉定、宝山、川沙、松江等10个县划归上海。上海市规划院根据国民经济"第二个五年计划"编制城市建设初步规划，开展对上海郊县发展卫星城镇设厂条件的调查研究，编制闵行总体规划。由此，上海开始第一个卫星城——闵行的建设，引导城市布局和发展方向的重大调整。1959年6月，上海市邀请建筑工程部规划工作组帮助编制城市总体规划。10月，完成《关于上海城市总体规划的初步意见》。该规划提出逐步改造旧市区，严格控制近郊工业区的发展规模，有计划地建设卫星城的城市建设和发展方针。对旧市区工业调整与人口规模问题、外围地区（含近郊工业区和卫星城镇）工业与人口分布等问题作了专题调查研究和综合分析，提出了规划意见和方案（图2.2）。在1959年总体规划编制后，上海市又以此为基础为郊县卫星城编制了卫星城总体规划，并相继建设了吴泾、嘉定、安亭和松江等卫星城。

图2.2　上海市1959年总体规划城镇体系布局

该阶段上海市规划布局中最重大的事件就是将郊县纳入全市范围内，根据上海市工业发展和中心城区改造的需要对各卫星城进行性质界定和功能安排，并开始实质性的建设。当然，总体规划对郊区的空间布局是概念性的，而且集中于少数建设地区。具体指导郊区建设的是后来编制的卫星城规划。

在这一时期，郊区主要是接受市区疏散的工业和人口，根据上海市工业发展的要求建设相关工业区，同时也是市区农副产品的供应基地❶。市郊关系成为当时城乡关系的典型写照。1955年起，国家逐步形成了高度计划的经济体制，将全部工业（包括农副产品加工业）安排在城市，否定农村非农产业的发展；在城乡关系上，通过对农产工业原料和粮食及副食品实行统

❶　1953年起，根据中共中央、中共上海市委提出的"郊区农业生产为城市服务"的方针，上海郊区蔬菜面积发展到20万亩左右。1958年9月1日，郊县组建上海、嘉定、宝山、浦东（后改川沙）4个县蔬菜经理部。

购和派购政策，对城市工业品进行计划调拨，人为地阻断了城乡联系，形成了城市—工业、农村—农业的二元经济结构和二元地域结构（侯学钢，1999）。在当时严格的计划经济体制和行政隶属关系下，为市区服务成为郊区的重要职能，一些不便在市区布局的项目（如重工业、垃圾场等）被安置在郊区，而市区则依赖于郊区的食品供应。从 1958 年开始，一批工业和科研项目在嘉定落户，如上海科技大学、原子能研究所等。

2. 相对独立的功能区（1978 年—1990 年代初）

1978 年，国务院召开第三次全国城市工作会议，强调"认真抓好城市规划工作"，提出"控制大城市规模，多搞小城镇"的城市发展方针。随后，中共中央批转国务院《关于加强城市建设工作的意见》，规定全国各城市在二三年内认真编制和修订城市总体规划。上海市于 1983 年 9 月完成《上海市城市总体规划方案（送审稿）》，1984 年上报国务院审批。1986 年批复同意（图2.3）。该规划明确城市发展方向为：建设和改造中心城，重点开发浦东地区；充实和发展卫星城，有步骤地开发长江南岸和杭州湾北岸两翼，有计划地建设郊县小城镇，使上海成为以中心城为主体，市郊城镇相对独立，中心城与市郊城镇有机联系的社会主义现代化城市。在该规划编制完成后，郊县部分卫星城规划也根据其原则进行了调整。这一时期是上海市城市规划工作的

图 2.3　上海市 1986 年总体规划
城镇体系布局

恢复阶段，规划对整个市域的布局和 1950 年代相比没有本质上的变化，仍然集中于重点卫星城镇，并以项目安排为主。

1978 年后，由于农村生产体制改革早于城市，加上国家对小城镇发展的鼓励，因此郊区从 1950 年代以来在严格计划指令下从单纯服务于中心城区转变为根据自身优势发展相关产业。农业生产力水平提高、乡镇企业发展、小城镇建设等成为推动郊区发展的内在动力。商品经济模式得到推广，来自上海市的指令性计划逐渐减少，产业发展逐渐开始以市场机制为基础进行优化组合。而与此同时，上海市中心城区正处于产业结构调整前较为困难的发展时期。工业发展滞后，效益下降，环境恶化成为困扰上海市建设的顽疾。相对于郊区蓬勃发展的建设局面，中心城区显得发展动力不足，无暇他顾，对郊区的控制力度也不强。虽然 1986 年上海提出了"城郊一体化发展"的目标，但由于中心城区发展水平的限制，城郊联动既缺乏现实的经济基础，计划经济条件下的条块分割也无法提供其制度基础。因此这一目标基本上只停留在口号阶段。郊区大多按照自身条件自主的进行开发建设，成为相对独立的功能区，嘉定同样如此。

3. 市郊联动的制造业基地（1990年代中期至今）

进入1990年代以来，上海的战略地位发生了巨大的变化。浦东的开发开放增强了上海城市的综合功能，带动了长江三角洲和长江流域地区经济的发展。1999年上海开展了新一轮总体规划的编制工作。该规划空间布局提出"城郊并进"，将全市6340km²的地区均纳入产业和空间布局体系，形成中心城、新城、中心镇、一般镇构成的市域城镇体系。城郊协调发展，合理利用土地资源，积极建设郊区城镇，形成现代化国际大都市城乡一体化的发展格局；完善中心城的综合功能，控制中心城人口和用地规模，有序引导中心城的人口和产业向郊区疏解。规划确定宝山、嘉定、松江、金山等11个新城。在1999年总体规划编制后，上海市又相继编制了各新城规划，并通过"一城九镇"等

图2.4　上海2004年总体规划城镇体系布局

项目直接推动郊区新城建设，并配合"三集中"、"1966"城镇体系等政策，积极引导郊区空间发展和产业建设。1990年代以后，上海市级规划更加注重全市域的整体框架，郊区在规划中的地位提高，并且第一次实现了上海市域规划的全覆盖（姚凯，2007）。规划对郊区空间的布局更为细致，城郊一体化发展已真正成为规划的主导思想（图2.4）。

规划对郊区定位变化的宏观背景是自1991年浦东开发和1992年市场经济体制改革以来上海地区的高速经济增长。由于地价上升、主城过度集聚等因素造成了中心城区退二进三的进程，促使郊区工业的大发展。加上上海市整体上仍处于从以第二产业为主向第三产业为主的产业结构转化阶段，而受各方面因素限制，在短期内上海不可能依靠高等级的第三产业为支撑，因此上海将制造业作为重点发展方向，并将郊区作为发展制造业的重点地区❶。"173计划"、"一城九镇"等战略和口号的提出就是上述背景的具体反映。嘉定正是郊区制造业基地之一。

就嘉定自身而言，1992年撤县设区成为嘉定发展的一个重要转折点。行政建制的变化使嘉定与中心城区的联系更加紧密，独立性则相对降低。而在上海新一轮的产业布局结构调整中，嘉定自身的产业优势和资源条件（主要是用地）则被上海市利用，通过高端项目的引进而成为新一轮的经济增长点（如上海汽车城、F1赛车场、安亭新镇等）。嘉定和中心城区构成了决策—生产的关系，即中心城区成为决策管理中心，而嘉定则成为生产基地。实际上中心城区与郊区功能安排上的分野也是上海市产业结构和布局调整的必然方向。在某种程度上使嘉定与中心城区更加密不可分，也加强了其在全市中的地位。

---

❶ 当然中心城区已经无地可用也是促使上海市政府将目光投向郊区的原因之一。例如在2003年上半年，静安区已经率先将区内土地批租完毕。相对于产业结构等"软约束"，土地资源的稀缺性是郊区成为发展重点的"硬约束"。

上海市对嘉定发展定位的变化体现了前文所述的在不同发展阶段，全市对郊区建设实际需求的变化，也反映了不同时期市郊经济、社会联系方式的不同。但总体而言，嘉定发展定位是在市政府的主导下安排的，上海市级部门是这一转变过程的主要决策者，其目的在本质上是为上海市发展服务的。表 2.2 中列举了自划归上海以来与嘉定建设相关的政策、规划要求及其他重大事件。

嘉定区城市建设和发展定位的演化　　　　　　　　　　　　　　　　　　　　表 2.2

时间	城市建设及规划重要事件	上海总体规划及相关政策对嘉定的定位
1949	嘉定解放，属苏南行政区（1952 年改为江苏省）松江专区，同年 10 月设区	—
1956	撤区并乡，全县划为 11 个大乡和 2 个直属镇	
	上海市编制《上海市（1956～1967 年）近期规划草案》	
1958	划归上海市，接收原上海市西郊区 5 个乡，成立人民公社	
	上海市编制《上海市 1958 年城市建设初步规划总图》	
	市规划勘测设计院编报《安亭工业区选址和轮廓规划》，10 月，市建委批复原则同意	
1959	编制完成《关于上海城市总体规划的初步意见》，10 月上海市委原则同意	确定嘉定、安亭二镇为上海市的卫星城，其中嘉定以科研功能为主，安亭以机电工业为主
	市规划院向市建委报《安亭初步规划》，同月，批复同意	—
	嘉定编制《1959 年嘉定县（现嘉定区）总体规划》	
	嘉定陆续迁入和新建一批市属、中央部属的科研和教学单位、工厂企业	
1960	市规划院编制《嘉定卫星城规划》	—
	市规划院编制《安亭卫星城初步规划》	
1978	改革开放，嘉定乡镇工业迅速发展，集镇壮大	—
1982–1983	嘉定各镇总体规划陆续恢复编制	
1984	上海市完成《上海城市总体规划方案（送审稿）》，上报国务院审批	—
1986	上海市上报《上海市城市总体规划方案（修改稿）》。10 月国务院批复原则同意	嘉定是主要发展电子、机械、仪表工业的卫星城，汽车工业主要在安亭地区发展
1988	沪嘉高速公路通车，为中国大陆第一条标准高速公路	—
	嘉定编制《嘉定县（现嘉定区）县域综合发展规划》	—
1991	浦东开发开始	
1992	市场经济体制开始建立	
	嘉定撤县设区	
1993–1998	上海市经济开始高速发展，出现了 1993～1995 年三年大变样的新局面	
	"三集中"政策提出	—
	上海大众工业园区在安亭成立	
	嘉定编制区域规划	

续表

时间	城市建设及规划重要事件	上海总体规划及相关政策对嘉定的定位
1999	上海市编制《上海市城市总体规划1999-2020》	嘉定新城是以科技产业为主体，形成科研、生产、教育、旅游及居住相结合的具有综合功能的中等规模城市，安亭为中心镇
	嘉定编制嘉定新城总体规划	—
2001	上海市人代会决定在安亭建设国际汽车城，同年开始全面建设	—
	上海市政府印发了《关于上海市促进卫星城镇发展的试点意见》，明确提出十五期间重点发展"一城九镇"	安亭新镇为九镇之一
2003	嘉定编制《嘉定区发展战略规划》	—
	上海市提出"173"计划	嘉定是郊区制造业三大基地之一
	嘉定工业区北区成立	
2004	F1比赛首次在安亭国际赛车场举行	—
	嘉定编制《嘉定区区域总体规划纲要2004-2020》	
	嘉定编制《嘉定新城主城区总体规划2004-2020》	
	嘉定新城建设开始启动	
2006	上海市编制"1966"城镇体系规划	嘉定确定有1个新城，6个新市镇，20个中心村

2.1.3 市郊规划关系的变化

在市郊关系和嘉定发展定位的演化过程中，城市规划是重要的组成部分之一。规划是市政府对郊区乃至嘉定的发展进行控制的具体手段。市郊规划关系从一个侧面反映了郊区在整个市域中地位的变化。集中与分权是这一过程中时常发生的调整行为，并对郊区的发展产生了重要的影响。

1. 集权阶段：1950年代—1980年初

在1950年代，城市规划工作尚处于起步阶段，对规划工作的认识尚有诸多不足，城市规划的开展尚未普及，在郊区尤为明显。当时郊区最重要的规划就是卫星城规划，少数地区也编制了县总体规划（如松江、嘉定等）和其他一些工程建设规划。规划的依据也是上海市国民经济计划和总体规划。所有重大规划的审批权均集中在上海市，而且其编制单位也多为市规划院。规划权力的高度集中是这一时期的主要特征，并一直持续到1980年代初。从客观角度来看，规划项目少，与卫星城建设的紧密结合以及郊县规划专业力量的严重缺乏使这一安排具有可行性和必然性。

2. 分权阶段：1980年代初—1990年代中期

1980年代初是城市规划工作的恢复阶段。但当时对于郊县规划的编制与审批权并没有具体的规定。从已有的规划实践来看，郊县全县和重要卫星城镇的总体规划仍需市审批，但其编制则多由各县自己负责。1980年代末至1990年代初，为了加快上海市的经济发展，迅速改变城市的落后面貌，上海市政府则向区、县政府下放管理权限，调动基层政府的积极性，提高工作效率。首先是给区（县）政府计划、财政的自主权，如区（县）级政府可审批 3000 万元人民币以下的内资项目和 1000 万元美元以下的外资项目。为了适应计划、财政权限的下放，包括城市规划管理在内的城市建设管理权限也跟着下放，比较重要的规划放权发生在 1988 年 6 月和 1992 年 5 月，以市政府文件的方式阐明向区（县）政府"简政放权"的做法。到 1995 年，经市人大批准，颁布了修订后的《上海市城市规划条例》，以地方法律的方式进一步明确了分级管理体制。一是大部分的土地开发、房屋建设的申请许可（即"一书二证"）由区级规划机构批准（大约占 85%）；二是一般地区的详细规划也由区级机构组织编制，报市规划局批准；三是区（县）级规划机构的人事任免完全由区（县）政府决定。市规划局对区（县）规划部门没有人事干预权，对区（县）批准的"一书二证"也不具体干预，只有在特殊情况下经行政复议程序行使否决，市对区（县）的干预主要通过法规、条例、总体规划、交通和市政设施的规划以及详细规划的审批。但总体规划、分区规划、重要地段的详细规划、全市性的道路、交通、市政设施规划的编制和审批仍集中在市规划局管理。县建设局负责编制县域总体规划，以及城厢镇、县属镇、县的开发小区、工业小区总体规划和详细规划，乡域、村镇规划；审批县属单位和乡镇的建设项目，由县批准立项的外资和中外合资建设项目，中央各部门和外省在沪单位及市属单位原址建筑面积在 1000m² 以下的建设项目，居民、农民私房修建。可以看出，从 1980 年代初开始至 1995 年《上海市规划条例》实施后，郊县开始拥有一定规划自主权。

3. 再集权阶段—2000 年后

2000 年后，随着郊区在全市中的地位愈发重要，上海市又回收了部分规划权限，其标志是 2003 年《上海市城市规划条例》修订版的实施。该条例重新规定了郊县规划权限，其与 1995 年条例的区别见表 2.3。

1995 和 2003 年《上海市城市规划条例》中市郊规划权限的对比　　　　表 2.3

规划类型	编制权		审批权	
	1995 年	2003 年	1995 年	2003 年
区、县域总体规划	区县政府	区县政府、市规划局	市政府（市局平衡）	市政府（市局平衡）
新城（重点镇）、国家级产业园区总体规划	县建设局	同上	市政府	市政府
市级产业园区、中心镇总体规划	区县政府	区县政府	市规划局	市规划局
控制性编制单元规划	无	市规划局	无	同上
一般乡镇总体规划	乡镇政府	区、县政府	区县政府	区、县政府（市局备案）
市级产业园区、中心镇控制性详细规划	区县政府	同上	市规划局	同上
修建性详细规划	区县局	市、区、县规划管理部门或其他	区县政府	区县局

2003年与1995年规划条例的对比显示出郊区的规划权力实际上较以往缩小，而市级管理部门的权限则相对扩大。例如市规划局要参与郊区新城和国家级产业园区总体规划的编制，一般乡镇的总体规划要报市规划局备案。特别是在总体规划和控制性规划之间加入了控制性编制单元规划。郊区新城均要编制此类规划，其编制权和审批权均在市规划局，而且规划中的指标未经市局同意不得修改。鉴于新城在市郊各区中的重要地位，可以认为郊区未来建设的重点都在市级规划管理部门的掌控之中。不仅区政府的规划权力缩小，而且镇级政府也丧失了辖区内总体规划的编制权。

从本节的论述中可以看出，郊区的发展一直是服务于上海市整体目标的。从最初的卫星城到今天的新城，上海市核心功能和布局的转化对郊区发展的定位起到了决定性的作用。而市郊规划关系的变化也是这一宏观背景的产物。当上海市需要郊区承担一定功能时，就会利用规划等手段予以具体部署。随着新时期郊区在全市中的地位愈发突出，上海市级部门对郊区规划的控制力度也随之加强。嘉定行政建制上由县—区，在功能上由卫星城—独立功能区—新城和制造业基地的转变都是上述行为的具体结果。这也对嘉定划归上海后的发展产生了深远的影响。

2.2 嘉定社区与城市规划工作的发展历程

2.2.1 社区发展的主要阶段

根据类型及其管理体制的不同，嘉定社区的发展大体可分为以下几个阶段：

1. 新中国成立前

新中国成立前，嘉定是以农业生产为主的乡村地区，逐步形成了两类社区：以农产品交换为主的集镇和以家庭生产为主的自然村社区（李京生，杨贵庆，2001）。集镇如南翔、安亭、黄渡等，是土布贸易集散中心。集镇以便利的水路为条件，镇中心依河道而建。而自然村则是一个或数个家庭滨水而筑的村落以及围绕村落的水系内的农田构成的基本家族领地。领地成为家族自给自足的生产、分配和消费的基本单位。这一时期的社区具有人口密度低、经济结构单一、职业构成简单、社会分工不明确、社会成员价值取向接近、社会组织以家庭和家族为中心、社会联系为初级的血缘和地缘关系等基本特征。

2. 新中国成立后至1983年行政体制改革前

新中国成立后，出于发展生产、强化城乡管理等目的，我国出台了一系列的政策来对生产方式和社区组织进行调整，比较突出的就是各种生产合作组织的建立及其后人民公社制度的实行。1957年，嘉定全县共11乡2镇，下辖241个高级农业生产合作社。1958年9月，嘉定马陆人民公社成立，成为当时嘉定县（现嘉定区）第一个人民公社，后来相继成立了6个公社。城镇地区以镇为单位，下辖分社。农村地区则以公社为单位，下辖生产大队和生产队。

1958 年开始推行的人民公社制度，是建立在农村合作化运动基础上的一种"政社合一"的农村行政建制和生产管理制度。将农村地区划分为公社、生产大队、生产队 3 个层次。生产队相当于自然村的规模，而公社则是众多自然村的集合。设立公社的目的在于消灭小农经济，在农业生产中推行集体化和合作化，将小农私有制经济改造为社会主义公有制经济。主张通过强制性手段合并原有小型村庄，以公社为单位配置集中型的食堂、幼儿园、集体宿舍等生活服务设施，同时公社内部实施严格的近乎军事化的管理，包括严禁农民流动的口粮、工分制等制度。在这种组织体制下，公社成为农村社区的主要单位，社区建设的重点在于农业生产环境和迁并较小的村庄。无论城镇地区还是农村地区均纳入人民公社的管理体制之中。加之 1958 年开始泛滥的"大跃进"思潮，对公有制的片面强调也推动了人民公社制度的建立。

由于生产力水平的局限，缺少必要的工业支撑和集体农业生产水平的不足，人民公社制度最终遭到失败。在十一届三中全会上确立"以生产队为基本核算单位"，也就是回到了以自然村为基础的时代。总体来看，在人民公社制度实行期间，农村地区社区经历了一个扩大再缩小的过程，从以公社为单位又回到以自然村为单位。1958 年，嘉定有 7 个人民公社，1959 年就调整为 14 个，1961 年又扩大为 19 个，同时生产大队由 219 个调整为 324 个，生产队由 1630 个调整为 2381 个，直至 1983 年开始改变人民公社政社合一的体制，建立行政乡，以公社为基础的农村社区组织模式才得以终结。

3.1983 年至 2000 年前

1983 年，嘉定开始进行基层行政管理的改革，政社分设，建立乡人民政府，实行镇管村新体制，人民公社制度终结。在农村地区，生产大队改建行政村，设立村民委员会，下辖村民小组（主要以自然村为单位）。而在城镇地区，则设立居委会。至 1984 年底，全县置 3 镇、18 乡、辖 42 个居民委员会、266 个村民委员会。根据我国法律，居委会和村委会是我国城市和农村按照居民、村民居住地区建立起来的基层群众自治组织，在其框架内，居民可以选举管理人员，处理相关事务❶。居委会和村委会是国家认可的城市与农村社区的雏形。

4. 2000 年后

2000 年，民政部下发了《关于在全国推进城市社区建设的意见》，社区逐渐成为政府工作的重点之一。嘉定也开始在原有居委会制度基础上进行了相应的社区管理改革，以居委会为基础设立新社区❷。与此同时，在"三集中"政策和大规模工业化

❶　根据 1989 年 12 月《中华人民共和国城市居民委员会组织法》和 1998 年《村民委员会组织法（试行）》的规定，居民委员会和村民委员会是我国城市和农村按照居民、村民居住地区建立起来的基层群众性自治组织，是居民自我管理、自我教育、自我服务的基层群众性自治组织。
❷　新社区是以原居委为基础，通过与其他组织的联合、行政界域的调整等措施形成的。

的影响下，政府开始有计划地进行全区范围内的农民集中安置工作，传统的农村社区——自然村落大量消亡，大型农民集中动迁居住区开始出现，并主要采用居委会和新社区管理的模式❶。此项工作在嘉定各地均已开展。新型社区均冠以"社区"的正式称号，由居委会和社工站❷共同管理，由一个或数个小区共同构成。其典型的组织架构见图 2.5。

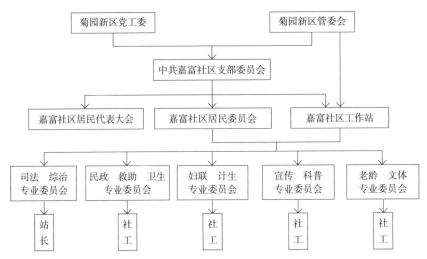

图 2.5　嘉定典型的新社区组织架构

上述各阶段实际上反映了嘉定社区两个层面的演化历程。一是行政管理体制的变化，即从自然村、集镇—人民公社—居委会、村委会—居委、村委、新社区并存。另一个是社区内部产业和社会基础的变化。以农业生产和商品交易为基础的集镇与自然村在区域产业结构改变之后，逐渐被新的社区形态所取代。后者是社区发展的内在动力，前者则属于社区的一种外在表征。当然，社区管理体制也在主观上试图适应（甚至推动）社区产业和社会基础的变化。例如人民公社运动，就力图以大规模集中生产和集体生活取代独户的农业经营和生活方式。在我国行政主导的体制下，行政化的社区建制和政策导向在新中国成立后的社区发展中扮演了相当重要的角色。尤其是上海市的相关决策在近年来成为嘉定社区管理改革的依据之一，如"三集中"政策等。这一倾向在2000 年后表现得尤为明显。

2.2.2　城市规划工作的主要阶段

自从 1958 年嘉定和安亭等镇开始编制卫星城规划后，嘉定便开始了借助城市规划

---

❶ 目前嘉定城镇地区新建设的居住区，包括城镇地区的小区和农村地区的动迁居住区，都相应地设立了新的社区管理机构。例如截至 2005 年 5 月，在嘉定区 38 个农民集中居住小区中，有 8 个小区设立了居委会，11 个设立了小区管委会。

❷ 社工站是嘉定区在新成立的社区中设置的一级管理机构，属于政府在社区内的派驻机构，和居委会共同管理社区。

指导城市建设的发展阶段。城市规划在嘉定社会经济生活中扮演着越来越重要的角色，在诸如区域发展方向、空间结构、人口分布等方面发挥的指导作用愈发明显。据统计，在近 50 年的历史中，嘉定各时期规划编制的数量如图 2.6。

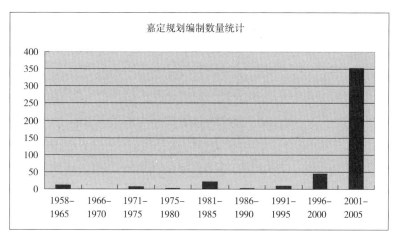

图 2.6　嘉定各时期规划数量统计表
资料来源：根据嘉定区规划局档案室档案资料整理。

从图中可以明显看出，在 1990 年代之前，1950 年代末至 1960 年代初、1980 年代初规划编制的数量较多。而 1990 年代后规划编制数量则相比之前有了大幅增长。规划数量的变化反映了我国城镇建设的兴衰。1958 年正值各类建设活动大大增加。其后则由于经济调整，城市建设陷于停滞。而 1980 年代初则是我国农村体制改革，乡镇企业和小城镇建设取得突飞猛进的时期。1990 年代后，经济高速发展所推动的建设活动的增长是引发规划活动增加的直接动力。在近 50 年的历史中，嘉定规划编制的总体分布及相关政策制度的演进关系见图 2.7。

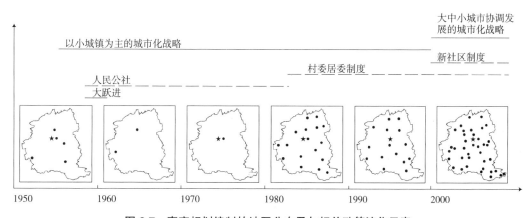

图 2.7　嘉定规划编制的地区分布及与相关政策演化示意
注：带 ★ 号代表区（县）级规划。本图只反映规划对象的地区分布，并不表示规划编制的实际数量。

如图所示，根据规划所处的时代背景的不同，以及规划在指导思想、法律规范等方面的区别，嘉定城市规划工作可分为以下几个主要阶段：

1. 阶段1：1950年代末至1960年代初

该阶段规划的主要特征是：

① 以"大跃进"为指导思想。当时正处于"二五"计划时期（1958-1962），"大跃进"思潮开始泛滥，各地均提出了众多不切实际的发展目标，成为各规划的思想基础。例如1959年嘉定县（现嘉定区）总体规划就曾经说"我们伟大的祖国正在欣欣向荣，一日千里地发展着"，要"考虑到群众的冲天干劲"来制定规划指标。

② 以上海市总体规划为指导的卫星城规划为主。这是当时嘉定开展城市规划工作的直接动因，也是最主要的目的。郊区卫星城建设是在上海市域内合理调控空间、产业和人口布局的重要手段之一。1957年12月，在中共上海市代表大会上做出"在上海周围建立卫星城镇，分散一部分工业企业，减少市区人口过分集中"的决定后，翌年国务院就决定将嘉定、宝山、松江等10个县划归上海。因此，嘉定等地划归上海的目的就是服务于卫星城建设这一总体战略，其规划自然也体现了这一特点。在上海市总体规划的统一安排下，郊区卫星城按照总体规划开始编制相应的规划。规划对象集中于少数几个重点卫星城镇，在上海市总体规划的要求下对卫星城的产业和用地布局进行安排。相对于其他规划，卫星城规划的编制更为正规和完善。

③ 以实际建设项目安排为主要内容。因此规划以指导具体建设，特别是工业为主要目的，主要内容包括用地条件勘查、工业和科研项目选址、工程设施配套等，偏重于物质环境设计，以满足当时上海市经济计划的要求和居民生活的迫切需求。特别是与卫星城建设密切相关的建设项目安排在规划中具有突出的地位，不仅其规模、布局的安排较为详细，而且一般还专门为此类建设开展了适建性调查。随后大批科研院校、工厂开始迁入嘉定，掀起了一个建设高潮。

主要规划有《嘉定卫星城总体规划》、《安亭初步规划》、《南翔卫星城镇规划》、《嘉定县总体规划》、《安亭工业区总体规划》等。

2. 1980年代

该阶段规划的主要特点是：

① 以小城镇战略为主导，农村生产力发展为支撑。1978年后，随着改革开放政策的逐步落实，经济建设成为政府工作的重点。中央政府在城市化战略中对小城镇的重视，使小城镇的发展得到了政策上的支持。农村地区以小城镇为核心带动周边村庄发生的人口和产业结构的变化事实上构成了1978-2000年间中国城市化的主要组成部分（邹兵，2002）。在此背景下，作为以农村地区为主体，拥有众多小城镇的嘉定，为了适应行政体制改革和城镇经济建设发展的需求，各镇均在很短的时间内编制了各自的集镇、村镇总体规划，主要集中在1982、1983年内完成，突出地反映了当时农村经济和乡镇

企业的发展对规划的需求。

②以地方产业建设和居民点布局为主要内容。规划以各镇（乡）自身的需求为牵引，集镇总体规划针对镇区，村镇总体规划则针对镇域，包括城镇居住用地布置和农村自然村的迁并等。由于家庭联产承包责任制的实行和乡镇企业的异军突起，使得农村经济实力大为提升，推动了农村工业化的进程，实现了小城镇由传统型向现代型的转化（邹兵，2002），对城镇物质空间建设进行规范的需求十分迫切。例如在南翔镇1983年村镇总体规划中，就提出"由于社员建房、社队工副业的发展需要大量土地，造成耕地被占用"，为合理利用土地而编制规划。经过"文化大革命"的长期停滞后，城镇建设欠账过多，难以满足居民的需求，住房紧张、设施落后等成为当时城镇发展中较为迫切的问题，因此大部分地区将解决上述现实问题放在首位，城市规划也就成为处理相关矛盾的技术手段。在一般集镇和村镇规划中，都附有一些小区规划、中心片区规划等详细规划的内容。

③规划实现全县覆盖。1983年3月，嘉定县（现嘉定区）进行政社分设试点，改变人民公社政社合一的体制，建立乡人民政府，保留公社管理委员会建制，乡以下设村。并试行镇管村新体制。至7月，全县政社分设工作结束。在基层行政体制改革后，全县各乡镇都以其辖区为范围编制了集镇（即镇区）和村镇（即镇域）规划，比1950年代只集中于嘉定、安亭等少数卫星城镇有了很大的进步。城市规划开始全面介入嘉定各地的建设工作（至少在形式上是如此），并在1988年编制了《嘉定县县域综合发展规划》，关注区域发展的整体地位以及相应的宏观空间和产业布局的调整，确定了规划对象的发展方向。从县—镇（乡）两级层面对区域发展进行调控。

主要规划有《嘉定镇总体规划（1982-2000）》《安亭镇总体规划（1982-2000）》、《嘉定县县域综合发展规划（1988-2000）》及各乡镇村镇和集镇总体规划等。

3. 1990年代

该阶段规划的主要特点是：

①拥有明确的法律地位和行业规范。随着《城市规划法》和《城市规划编制办法》的颁布实施，城市规划开始拥有明确的法律地位和行业规范，规划的类型、层面、内容、编制审批主体等都有了详细的界定，城市规划开始走向正规化的轨道。

②规划工作的深入。嘉定区开始按照规划法规的要求，建立全区完整的规划体系，在区—镇—详细规划三个层面进行规划编制，上一级规划的原则开始真正发挥对下一级规划的指导作用，实现了各级规划在战略指导思想上的统一。

主要规划有《嘉定区区域规划（1998-2020）》和《嘉定新城总体规划（1999-2020）》等。

4. 2000年后

该阶段规划的主要特点是：

① 以新的城市化战略为主导。2001年颁布的《国民经济和社会发展第十一个五年

规划纲要》明确提出要"积极稳妥地推进城镇化"，表明推进城市化已经成为我国的核心发展战略之一。同时还提出"坚持大中小城市和小城镇协调发展"，标志着新中国成立后实行了30年的"严格控制大城市规模，积极发展小城镇"的城乡隔离的城市化方针的终结，为我国大城市的进一步发展解开了枷锁，同时也为嘉定之类的经济较为发达的大城市近郊将大城市作为发展目标开了绿灯。因此，在2000年后，新的城市化战略普遍成为嘉定各级规划所依据的原则。规划重点由小城镇发展转向综合性的大型郊区新城和区域城镇体系的建设。

②与上海市相关政策、规划的紧密结合。随着上海市建设重心向郊区转移，相关政策与规划对郊区的重视程度也日益提高。一些在1990年代提出的指导郊区的发展政策，如"三集中"等开始真正得以大力推行。同时也针对郊区空间发展和布局提出系列具体的规划设想，如"一城九镇"、"1966"城镇体系等。上述政策和指导原则被这一时期嘉定的规划直接继承，成为后者的主要的思想基础，并已在局部地区付诸实施。

③高速经济发展的推动。2000年后，随着工业化的进一步推进和一些重大项目的引进，嘉定经济发展的势头更为迅猛，2000-2005年，GDP增幅一直保持在15%左右，高于上海市的同期水平（见图2.8）。受经济发展的推动，2000年后嘉定规划编制的数量大大增加，2000-2005年间达到353项，超过过去40余年的总和。规划覆盖嘉定各地，其广度和深度也较之前有了较大提高。

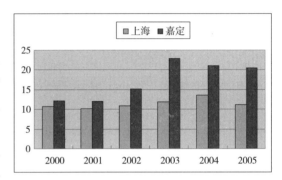

图2.8　2000-2005年嘉定与上海GDP增长率比较（单位%）

主要规划有2003年《嘉定区战略规划》《嘉定区区域总体规划纲要（2004-2020）》、《嘉定新城主城区总体规划（2004-2020）》、《嘉定区南部板块整合结构规划（2004-2020）》、《上海国际汽车城结构规划》及各镇镇区和镇域总体规划等。

从上文的论述中可以看出，嘉定区的社区发展和城市规划工作在新中国成立后半个世纪的历史中都经历了几个重要的转折点，如大跃进和人民公社制度的推行、1980年代生产行政体制改革、新城市化战略的实行等。不仅反映了不同时期的政治、经济和社会现实，也包含了上海市的总体战略需求与嘉定自身实际的互动。如果我们将社区和规划的发展历程综合起来，就会发现两者之间存在一定的内在联系。如图2.9所示，1950年代（准确地说，是1950年代末至60年代初）、1980年代、2000年后是嘉定城市规划与社区发展政策和管理体制具有典型时代特征的三个时期。国家与上海市关于规划与社区的相关政策频繁出台，嘉定当地的规划编制和社区建设活动也比较频繁，规划与社区建设的互动非常明显。例如行政体制改革引发的规划编制高峰、以农民集中动迁为对象的规划编制等。反映出某一方改革的开展对另一方造成了直接的影响。更为重要的是，从前文的论述可以看出，在这三个时期，推动规划和社区建设活动的利益群体因政策差异而存在明显区别，各群体所扮演的角色也不尽相同。

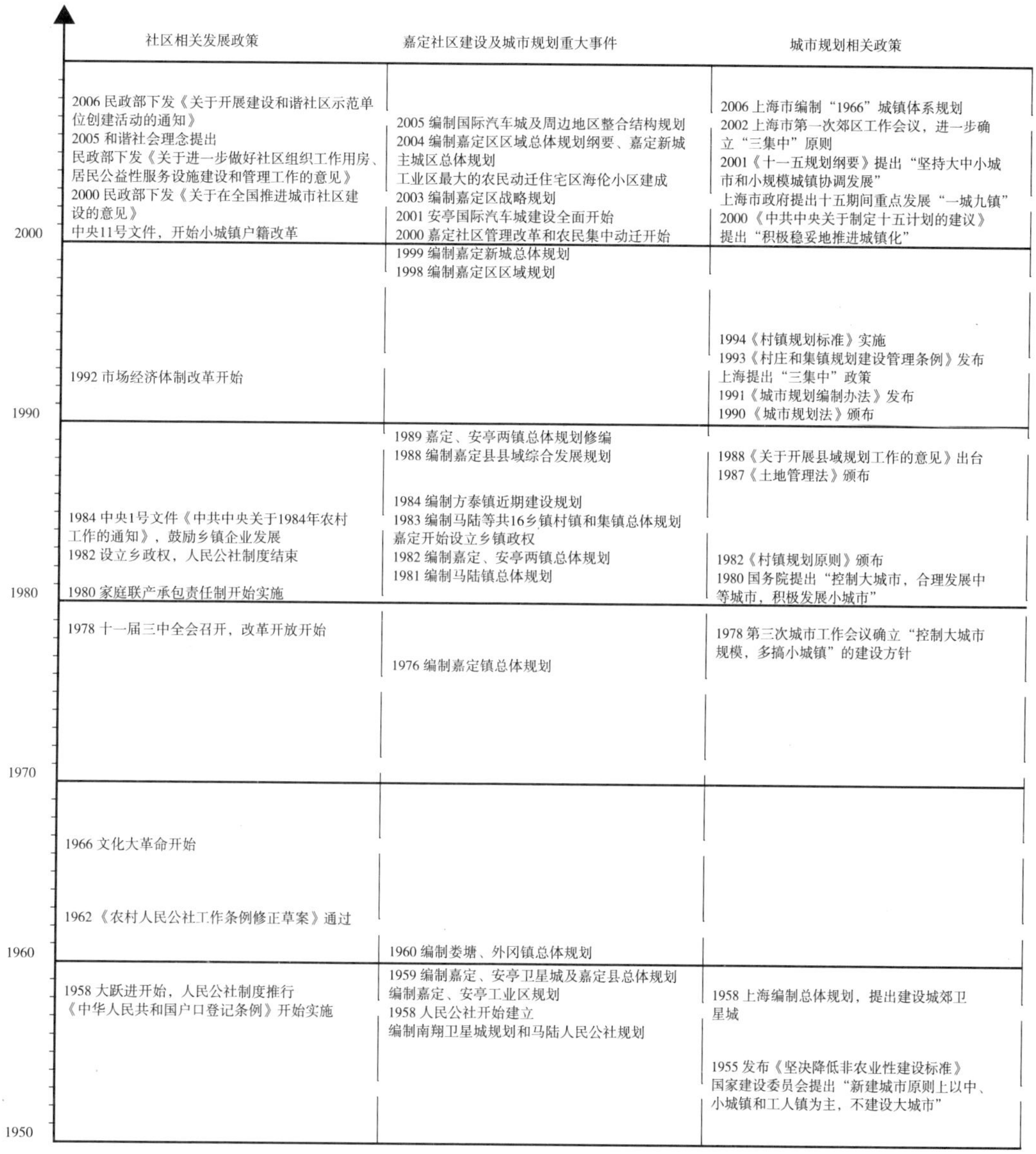

社区相关发展政策	嘉定社区建设及城市规划重大事件	城市规划相关政策
2006 民政部下发《关于开展建设和谐社区示范单位创建活动的通知》 2005 和谐社会理念提出 民政部下发《关于进一步做好社区组织工作用房、居民公益性服务设施建设和管理工作的意见》 2000 民政部下发《关于在全国推进城市社区建设的意见》 中央11号文件，开始小城镇户籍改革	2005 编制国际汽车城及周边地区整合结构规划 2004 编制嘉定区区域总体规划纲要、嘉定新城主城区总体规划 工业区最大的农民动迁住宅区海伦小区建成 2003 编制嘉定区战略规划 2001 安亭国际汽车城建设全面开始 2000 嘉定社区管理改革和农民集中动迁开始 1999 编制嘉定新城总体规划 1998 编制嘉定区区域规划	2006 上海市编制"1966"城镇体系规划 2002 上海市第一次郊区工作会议，进一步确立"三集中"原则 2001 《十一五规划纲要》提出"坚持大中小城市和小城镇协调发展" 上海市政府提出十五期间重点发展"一城九镇" 2000 《中共中央关于制定十五计划的建议》提出"积极稳妥地推进城镇化"
1992 市场经济体制改革开始		1994 《村镇规划标准》实施 1993 《村庄和集镇规划建设管理条例》发布 上海提出"三集中"政策 1991 《城市规划编制办法》发布 1990 《城市规划法》颁布
1984 中央1号文件《中共中央关于1984年农村工作的通知》，鼓励乡镇企业发展 1982 设立乡政权，人民公社制度结束 1980 家庭联产承包责任制开始实施	1989 嘉定、安亭两镇总体规划修编 1988 编制嘉定县县域综合发展规划 1984 编制方泰镇近期建设规划 1983 编制马陆等共16乡镇村镇和集镇总体规划 嘉定开始设立乡政权 1982 编制嘉定、安亭两镇总体规划 1981 编制马陆镇总体规划	1988 《关于开展县域规划工作的意见》出台 1987 《土地管理法》颁布 1982 《村镇规划原则》颁布 1980 国务院提出"控制大城市，合理发展中等城市，积极发展小城市"
1978 十一届三中全会召开，改革开放开始	1976 编制嘉定镇总体规划	1978 第三次城市工作会议确立"控制大城市规模，多搞小城镇"的建设方针
1966 文化大革命开始 1962 《农村人民公社工作条例修正草案》通过	1960 编制娄塘、外冈镇总体规划	
1958 大跃进开始，人民公社制度推行 《中华人民共和国户口登记条例》开始实施	1959 编制嘉定、安亭星城及嘉定县总体规划 编制嘉定、安亭工业区规划 1958 人民公社开始建立 编制南翔卫星城规划和马陆人民公社规划	1958 上海编制总体规划，提出建设城郊卫星城 1955 发布《坚决降低非农业性建设标准》 国家建设委员会提出"新建城市原则上以中、小城镇和工人镇为主，不建设大城市"

图 2.9　嘉定社区与规划发展历程的内在联系

2.3　嘉定社区空间的基本类型及其演化

随着嘉定产业结构的变化和社区管理体制的不断调整，其社区空间在各历史阶段也具有不同的形态特征。特别是在 1950 年代后，规划逐渐介入到社区空间的建设过程之中。社区是区域的微观构成单位，社区空间的演化是区域空间发展态势的具体体现。本节以前文的论述为基础，从嘉定宏观区域空间着手，结合个体社区的具体情况和各时期嘉定社区发展的历史背景来详细分析嘉定社区空间的基本类型及其演化过程。

2.3.1 嘉定区区域空间发展的历程

从新中国成立前的农村地区到今天的工业化郊区，嘉定区域空间经历了一个从量变到质变的过程。在此过程中，城镇的数量、建成区规模都得到了较大的增长，空间组织的模式也发生了根本的变化。在此，笔者选取 1930、1959、1972、1978、1986、1996、2003 共 7 个不同时期的嘉定区地形图，涵盖了从新中国成立前到改革开放后的经济高速增长期等不同历史阶段的嘉定建设用地状况，见图 2.10。

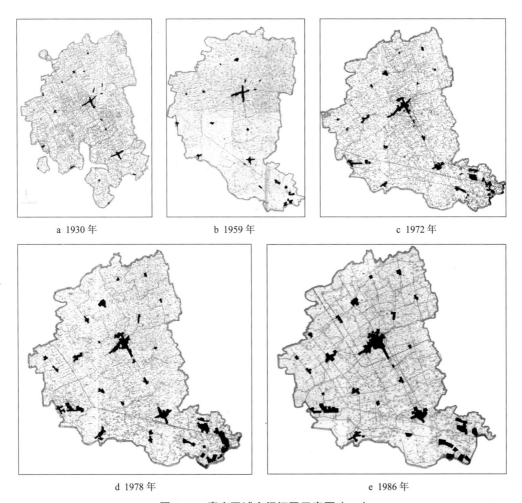

a 1930 年　　　　　　b 1959 年　　　　　　c 1972 年

d 1978 年　　　　　　　　　　e 1986 年

图 2.10　嘉定区域空间拓展示意图（一）

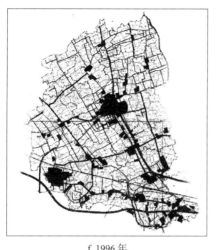
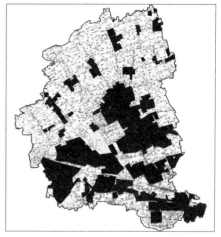

f 1996 年　　　　　　　　　　　　g 2003 年

图 2.10　嘉定区域空间拓展示意图（二）

资料来源：根据嘉定区规划局档案室提供图纸整理。

1. 1930 年

农村居民点数量多、规模小、分布均匀，是主要的人口聚居方式。城镇规模小，只有嘉定镇城厢和南翔镇较大，其他地区则为零散分布的小型乡镇。区域空间布局反映了当时的社会经济发展的特点。小农经济生产力的局限使得人口聚居区的规模不可能太大。城镇由于不具备生产功能，只能依附于农村地区而存在。而以水网稻田为基础的生产模式决定了其人口聚居点必然是伴随着水域均匀布局在区域内。

2. 1959 年

和 1930 年相比，各城镇规模明显扩大，除嘉定、南翔外，安亭、马陆等地的城镇也初具规模。此时真新街道也已划归嘉定，由于靠近上海市，真新的城镇点数量多，而且分布比较密集。在农村地区，居民点的布局与分布与 1930 年并无太大区别，只是由于人口的增长，个别居民点的规模有所增长。

嘉定于 1958 年划归上海，1959 年是嘉定在上海整体发展计划的指导下开始现代城市建设的第一年，嘉定和安亭二镇被列为上海市郊县的卫星城，大量的工业和科研项目开始建设，直接促成了嘉定城镇建成区规模的增长。同时，在当时的计划经济体系下，嘉定划归上海，则意味着与上海市中心城区的社会、经济联系将占据主导地位，这是真新地区城镇发展相对于嘉定纵深地带更为成熟的直接动因。从 1959 年开始，嘉定开始确定工业化的发展目标，也是嘉定城市化发展的起点。

3. 1972-1978 年

在此期间，各城镇的规模继续扩张。嘉定、南翔、安亭、马陆、黄渡、娄塘等地的城镇规模较 1959 年有较大增长。同时，真新街道各城镇逐步呈现连片发展的趋势，反映了嘉定经济的进一步发展以及城镇生产功能的深化。而且由于地理区位的不同，各地区发展的优劣差别开始凸显。农村居民点的规模和布局没有明显变化，嘉定大部分地区仍然属于农村。

4. 1986年

和1978年相比，各较大城镇规模的增长比较缓慢，但小城镇的规模明显扩大，人口迅速集中。同时农村居民点的规模也有显著的增长。大城镇发展的相对停滞和农村地区的快速发展反映了当时的社会背景。在农村生产承包责任制推广之后，农村地区生产力得到了极大的解放，农业生产和乡镇工业的高速发展，为农村建设的扩张提供了经济支撑。而相形之下，城市地区的改革却相对滞后，城镇内的国有企业在长年计划经济体制的束缚下，其竞争力和正处于蓬勃发展的乡镇企业相比，优势地位正逐步丧失，客观上造成了城镇发展步伐的缓慢。

与此同时，在当时"严格控制大城市规模，积极发展小城镇"政策的影响下，集镇发展成为当时嘉定城镇化的主流现象，一批以乡镇企业为中心，配以文教、商业设施的集镇迅速成长。至1987年,除4个县属镇外，全县还有集镇21个。在小城镇飞速发展的同时，也带来了生产力布局分散，城市化落后于工业化的弊端。从图2.11中可看出，在1986年，嘉定的工业用地散布于全区各地，遍地开花，非常突出地反映了当时生产力布局分散的程度。

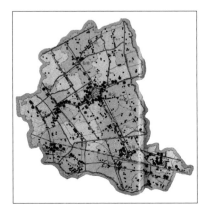

图例
● 工业点

图2.11　1986年嘉定工业点分布图
资料来源：1988年《嘉定县县域综合发展规划》。

5. 1996年

和1986年相比，嘉定、南翔等各个城镇稳步发展，规模持续增长，安亭镇迅速成长为人口集中的大型城镇。工业用地开始快速增长,主要集中于嘉定、南翔、马陆、安亭、真新等地区。小城镇规模也有所增长,数量增多。嘉定全区发展的南北差异已较为明显，东南地区的发展速度要明显快于西北地区。

自1991年浦东开发和1992年市场经济改革后，上海开始进入了一个持续十余年的高速发展期，城市开发的速度逐渐加快。作为上海市的郊区，嘉定成为众多企业的投资地，城镇建成区和工业园区逐步向农村地区扩展。现代工业取得了相对于乡镇企业的比较优势，成为今后的主要发展方向，农业则持续萎缩。经济结构和主导产业的转型，促使嘉定区域空间发展态势的转化，城镇地区成为区域发展的主导。

6. 2003年

和1996年相比，城市建设用地持续扩张，比1996年增长了两倍多，各城镇规模明显扩大。同时，在上海市"三集中"政策的影响下，嘉定开始主动摆脱过去城市建设小而散的局面，推动各类用地的集聚。嘉定工业区北区成立，大型工业园区成为工业开发的主导模式，工业发展呈现规模化趋势。在农村地区，大型农民集中居住区开始出现，直接影响了农村地区的空间结构和布局模式。真新、江桥两地的城镇地区已连片发展，完全成为城市地区，嘉定、安亭、南翔等地的城镇也已具备相当的规模。北部地区的发展相对南部地区较为缓慢，城镇规模有小幅增长，区域发展的南北差异更为加剧。

通过不同时期嘉定区域空间发展状况的对比，可以清晰地看到一个典型的农村地区向现代化的工业性郊区演化的过程。在此过程中，嘉定区域空间的规模、构成乃至组织模式都发生了巨大的变化。主要反映在：

①城市建设用地规模的持续增长。从图 2.10 中我们可以看到，从 1959 年开始，嘉定城市建设用地就一直处于不断增长的过程中，居住、科研和工业用地的增加是城市向周边农村地区扩散的主要动因。根据笔者的测算，在 1930 年，嘉定城镇建设用地约为 2.5km^2，1959 年约为 4.8km^2，而到了 2003 年，则达到 125km^2，是 1959 年的 26 倍，是 1930 年的 50 倍。在整个嘉定行政区面积中的比例也由 0.5% 提高到 27%（按嘉定辖区面积为 463.9km^2 计）。从增长的速度来看，嘉定区域空间的发展并非一个匀速的过程。改革开放以后用地增长的速度要明显快于之前近 30 年的时间。1930-1986 年间，嘉定区城市建设用地年均增长 0.3km^2，1986-2003 年间，年均增长 6.3km^2，后者是前者的 21 倍（表 2.4）。

嘉定区历年城镇建设用地规模统计表   表 2.4

年份	城镇建设用地面积（km^2）	占全区比例（%）
1930	2.5	0.5
1959	4.8	0.8
1972	9.0	1.9
1978	16.1	3.5
1986	17.8	3.8
1996	32.5	7.0
2003	125	27.0

注：1930-1978 年相关数据由笔者根据嘉定区历年土地利用测算得出，1986、1996、2003 年数据引自相关区域规划，占全区面积比例以嘉定辖区面积为 463.9km^2 计。

②用地结构发生转变，城镇用地由以居住为主转为以工业用地为主。在 1930 年，嘉定只是一个拥有少量小规模集镇的农村地区，集镇内除居住用地和一些行政办公、商铺外，几乎没有任何现代意义上的服务设施和工业企业。1959 年，大量科研单位、工业企业开始进驻嘉定、安亭等地，如上海科技大学、电子学研究所、计算技术研究所等，致使工业用地用地大量增加，占总用地的 8.5%。这一基本格局一直持续到 1980 年代末，1988 年，工业工地为 9.5km^2，占总用地的 11%。1990 年代后，由于工业化

速度加快，工业用地的增长速度超过了其他任何类型的土地。至2003年，工业用地的一枝独秀达到了极致，仅工业园区的面积就达到了45.6km²，已经超过了城镇用地42.9km²的规模。图2.12就反映了嘉定工业用地在城镇总用地中比例不断升高的趋势。

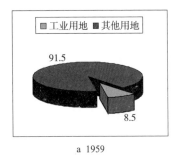
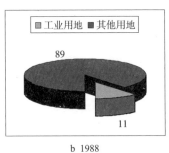
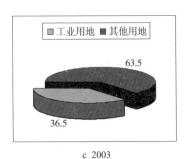

a 1959   b 1988   c 2003

图2.12　嘉定区工业用地比例的变化

③空间发展方向发生变化，从以嘉定、南翔等传统集镇为中心转向集中于区域东南部，城市建设的规模与质量由南向北呈递减趋势，突出地反映了嘉定作为大城市近郊的区位特点。在新中国成立前，嘉定是以农业为主导产业的农村地区。传统的小农经济具有封闭性和自给自足的特点，对外向的经济联系依赖较少。全区以嘉定城厢为主，南翔、安亭等集镇为辅。集镇的布局是以水运交通为基础，以满足周边地区农民的物资交换为目的，均匀地分布在区域内，地区差异极小。而在1958年后，随着嘉定划归上海市，与上海市的经济联系对嘉定的区域发展产生了极大的影响。来自上海中心城区的溢出效应成为嘉定区发展的主要动力之一。因此就产生了靠近上海市的东南地区发展较为成熟，而距离较远的西北地区相对落后的状况。加之中心城区人口和产业的扩散距离不远，使得嘉定区域发展的非均质性非常突出，不仅反映在建设用地的分布上，其他一系列相关指标也表现出明显的南北差异，如人口密度、城市化水平等，位于东南的安亭、马陆、南翔、嘉定镇等地都要明显高于西北的外冈、华亭、徐行等地（图2.13）。

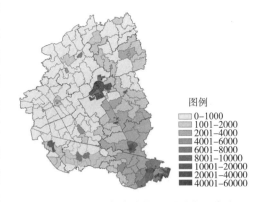

图例
0–1000
1001–2000
2001–4000
4001–6000
6001–8000
8001–10000
10001–20000
20001–40000
40001–60000

图2.13　2004年嘉定村、居委人口密度
资料来源：根据嘉定社区2004年调查资料绘制。

2.3.2　嘉定社区空间的基本类型

在1950年代之前，依水路形成的自然村落和集镇是嘉定社区空间的两种基本形式，也构成了其后社区空间形态演化的基础。正如图2.14所示，在1930年，集镇数量少，全县以均匀分布的自然村为主。集镇社区空间在整体上以便利的水路为条件，均匀地分布在整个区域内，如图 2.15。在微观布局上，社区空间大多沿河展开，依水而建。沿街为民居和各种商铺，具有典型的江南水乡特色。

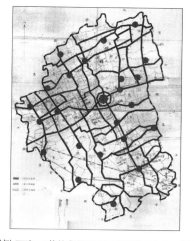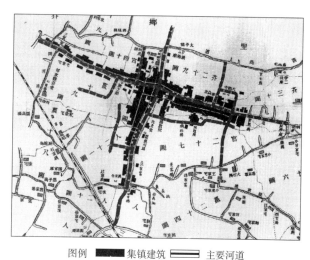

图例 ● 传统集镇 ━━━ 河道 ┅┅┅ 县界　　　图例 ■ 集镇建筑 ━━━ 主要河道

图 2.14　1951 年嘉定集镇分布　　**图 2.15　传统集镇社区空间**

资料来源：根据嘉定区 1951 年 1：2500 地形图，南翔镇 1930 年地形图绘制。

自然村社区空间的分布表现出明显的均匀状态，空间规模小，围绕水塘或河流布局，社区内建筑傍水而建，布局自由灵活。水路不仅是社区生产生活和对外交流的物质要素，也是社区空间的分界线。图 2.16 为典型的嘉定在解放初的农村社区分布图。从图中可以看出，农村地区的社区绝大部分都是同姓氏以血缘为基础的社区，几乎占全部社区的 99% 以上。社区散落在主要水域两侧，并从主要水域中引入水塘，作为本社区的中心。社区规模均在 1hm² 以下。小型河道将社区建筑包容在内，形成了一个个自然的社区边界。

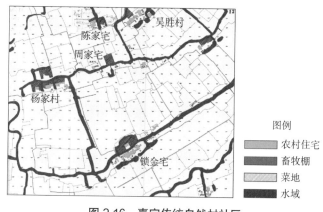

图例
农村住宅
畜牧棚
菜地
水域

图 2.16　嘉定传统自然村社区

资料来源：根据嘉定县（现嘉定区）1951 年 1：2500 地形图绘制。

2.3.3 嘉定社区空间的演化

在1950年代嘉定开始卫星城建设后，由于产业基础和社会管理制度的变化，社区空间形态开始在原有集镇和自然村社区的基础上逐步演化，主要有以下几个阶段：

1. 1958-1983年

这一时期嘉定社区建设最主要的特征是人民公社的建立。人民公社是以嘉定各乡镇为基础，根据"一乡一社"甚至更大的原则设立的，其界域至少相当于原有的乡域，是一级行政单元，界域内包括镇区、自然村、农民新村等最基层的社区单元。图2.17所示的是1969年的江桥公社和长征公社。人民公社建立的时期也恰恰是嘉定城镇发展较为缓慢的时期（1960-1980年代），城镇规模小，自然村落仍占主导地位。

图2.17　人民公社示意图
资料来源：根据嘉定区1969年1∶2500地形图绘制。

但实际上人民公社制是一种行政建制单位，该制度的建立由于缺乏经济基础，因此只是从行政层面改变了社区的称谓，而并未改变嘉定社区空间的基本形态与结构。从图2.10所示的嘉定1950-1970年代的区域空间发展状态来看，在整个人民公社制度实行的时期，除了部分农民新村和城镇居住小区的建设外❶，嘉定无论宏观的空间结构还是微观的社区空间都未发生大的变化。在本质上嘉定社区仍然延续了长久以来以均匀分布的集镇和自然村为主的基本特征。

2. 1983-2000年

在农村地区工业化和城镇迅速发展的背景下，加之行政管理体制改革，1980年代

---

❶ 1959年，第一个农民新村在长征公社开始建设，包括2层的住房30幢，100多农户。从1953年开始，嘉定城镇开始建造职工住宅。至1961年，先后在城厢镇辟建城中路、温宿路住宅区及"六一"新村，在安亭镇辟建昌吉路住宅区。

后嘉定社区从管理体制到空间形态发生了显著的变化。在城镇地区主要表现为以居住小区为主体的居委辖区的建立。在农村地区主要表现为居民点的改建。

1983 年，嘉定开始行政管理体制改革，城镇地区设立居委，农村地区设立村委。居委会的辖区一般以城市道路为边界，包括居住小区、公共设施和其他城市建设用地（工厂、市政设施等），如图 2.18 可以看出，居委会辖区不仅仅局限于居住区，实际上是一级行政单元，单元内所有的用地都是其组成部分。不仅社区名称发生了改变，城镇地区实际的居住形态也不同于以往的传统集镇。1980 年代后，居住小区成为城镇居住区的主要形式。全县各集镇兴建了一批多层住宅小区，如嘉定镇梅园新村、桃园新村等（图 2.19）。结合了居委会、服务站、活动室、幼儿园、托儿所、小学等公共建筑，成为居委辖区的主体。

图例　□城市住宅　□社区服务设施　■工厂　■农村住宅　■公共服务设施　┅┅社区边界

图 2.18　居委辖区示意图

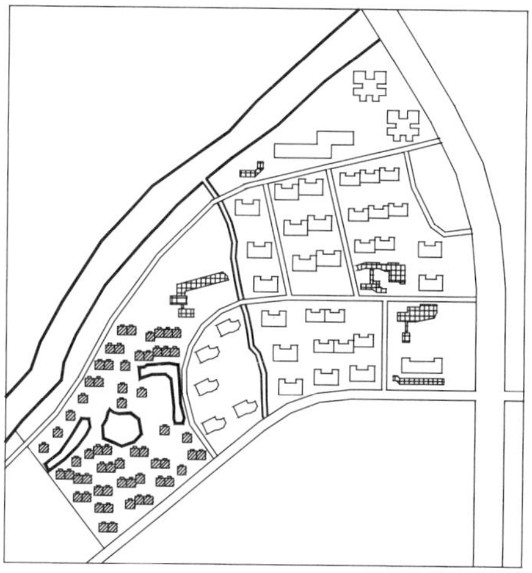

图例　□城镇住宅　▨公共设施　▨农村住宅　■水域

图 2.19　梅园新村平面图

资料来源：根据嘉定区 2002 年 1：2000 地形图绘制。陈贵铺. 嘉定城乡建设. 上海市嘉定县建筑设计公司，1983。

在农村地区村委会成为法定的社区组织，是镇下一级的行政管理单位。村委辖区是由若干自然村构成的，有明确行政边界的空间单元。在其辖区范围内包括自然村落、周边的农田、水域、道路、工厂等其他开发用地。实际上从图 2.20 中可以看出，村委辖区和 1980 年代之前的人民公社在总体上并无太大差别。两者都由若干自然村落构成，只是管理体制发生了变化而已。

但从微观的农村居民点来看，1980 年代后，由于农村工业化的发展和居民建房的需要，自然村落的形态发生了比较大的变化。在一些经济较为发达的地区，地方政府和居民开始有计划的对农村居民点进行专业化的设计，统一进行居住环境布局

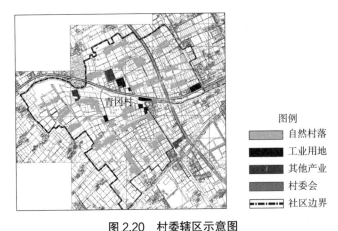

图 2.20　村委辖区示意图

资料来源：根据嘉定区 2002 年 1：2000 地形图绘制。

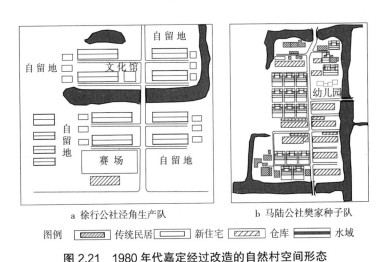

a 徐行公社泾角生产队　　　　　b 马陆公社樊家种子队

图例 ▨ 传统民居 ▭ 新住宅 ▨ 仓库 ▬ 水域

图 2.21　1980 年代嘉定经过改造的自然村空间形态

资料来源：朱保良.上海农村居民点规划与农民住宅设计概说.城市规划汇刊，1983，（2）：37-41。

（图 2.21）。和传统自然村落相比，经过规划布局的农村居民点更接近于现代居住小区，居民点规模更大。但总体上仍呈均匀分布的模式。

3. 2000 年后

2000 年后嘉定社区空间的发展主要体现在两个方面：一是随着社区管理改革，城镇地区普遍在居委的基础上成立了新社区。新社区主要位于居住区，社区空间以居住和公共设施用地为主，以若干居住小区和附属公共设施组成。其空间构成形态和居委辖区基本一致，只是一般情况下规模更大（图 2.22）。二是农村地区大型农民集中居住区的出现。通过统一的集中动迁，大量农村自然村落消亡，居民集中到规模更大的动迁住宅区中，成立居委会和社区加以管理。例如工业区北区的海伦小区，其规模远超过原有自然村和村委规模，占地 235hm²，截至 2006 年末，常住人口已经达到 5000 人（图 2.23）。

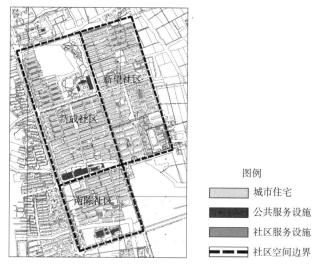

图例

　　城市住宅

　　公共服务设施

　　社区服务设施

- - - 社区空间边界

图 2.22　新社区示意图

图 2.23　海伦小区景观

　　2000 年后嘉定社区空间的发展体现了区域空间演化的基本趋势，即空间规模的扩大和集中程度的提高。新的社区形态也多出现在经济较为发达的嘉定镇、马陆镇、安亭镇和工业开发较多的工业区等地，嘉定北部仍然保留了大量的传统集镇和自然村落。社区空间的南北差异也愈发明显。

2.4　嘉定规划编制的类型

　　由于时间跨度大，时代背景各异，因此总体上嘉定的规划种类较多，规划的对象、性质各异，根据不同的分类标准，对规划类型的界定也有不同的结果。笔者在众多标准中，选取三种较为明确的划分方法来对嘉定历史上编制的所有规划进行分类，为研究对象的确立和研究方法的选择提供依据。

2.4.1　按规划对象空间范围划分

　　由于嘉定地域范围辽阔，本身也包括众多行政单元，因此嘉定的规划也逐渐形成了一个从宏观到微观，从区域到局部的体系，可以对嘉定全区的城市建设与开发活动进行引导与调控。根据规划对象空间范围的不同，包括以下三个等级：

①区级。以嘉定全区（县）为对象，从宏观层面提出嘉定区域发展定位、产业发展战略、总体空间布局。属于这一层级的规划包括1959年《嘉定县总体规划》、1988年《嘉定县县域综合发展规划》、2004年《嘉定区区域总体规划纲要》等。

②镇级。以镇级行政单位（镇、乡、街道、区）或非行政单位的重点地区（如产业园区、国际汽车城）为对象的规划，在规划编制中以区域层级的规划为依据，规划内容包括城镇性质界定、规模预测、产业和空间布局等，如1950年代编制的卫星城规划、1980年代编制的各镇村镇和集镇总体规划、2004年《嘉定新城主城区总体规划》等。

③详细规划。以特定的规划地段为对象（包括工业园区、街区、主要道路沿线、小区、历史保护区）的规划。包括1990年代之前的公园规划、小区规划和《城市规划法》实施之后编制的控制性详细规划、修建性详细规划，以及城市设计、景观规划等，涉及地块的开发强度、密度、外部环境设计、建筑改造等具体的规定。详细规划必须以上两个层级的规划为依据，不能违反相关的原则和规定。如《嘉定区西门历史文化风貌区保护规划》等。

事实上，嘉定区—镇—详细规划的三级规划编制体系并非自城市规划工作开展时就存在。它的形成是一个历史的过程。在1950年代开始编制规划时，以重点镇为对象的卫星城规划和市政、工业区规划占主导地位。虽然在1959年也编制了《嘉定县总体规划》，但与卫星城规划之间并不存在约束和继承关系。到了1980年代，受行政体制改革和农村生产力发展的推动，各乡镇普遍开展了集镇和村镇规划，构成了当时规划工作的主体，但以全区为对象的《嘉定县县域综合发展规划》则迟至1988年才编制，比各乡镇规划晚了近6年的时间。因此区域—镇规划之间的等级体系事实上并不存在。直至1990年《城市规划法》和《城市规划编制办法》颁布后，结合嘉定撤县设区及《上海市城市规划条例》的实施，区—镇—详细规划的体系才得以真正建立，各类规划的编制和审批主体才得到明确，上一级规划对下一级规划的指导和控制作用才受到切实的法律保障，并在实际的规划工作中得以实现。

2.4.2 按法律地位划分

可分为法定规划和非法定规划。

法定规划即我国《城市规划法》和《上海市城市规划条例》所规定的各类规划，具备法律效力，有明确的编制要求，如规划年限、审批程序、设计单位资质等。如区域总体规划、镇区总体规划、详细规划等。

非法定规划即我国《城市规划法》和《上海市城市规划条例》规定的总体规划和

详细规划之外的规划门类。由于没有具体的法律规定,此类规划的编制和审批较为自由,也不具备法律效力。如战略规划、结构规划等。

从严格意义上说,在 1990 年《城市规划法》实施之前,嘉定编制的各项规划都属于非法定规划,均不具备成熟的编制规范和确定的法律效力。但事实上以政府为编制主体的一些规划包含了目前法定规划中所拥有的空间规划和土地使用的内容,并在实际中指导了当地的生产建设活动,因此一般也被认为是法定规划,包括卫星城规划、1980 年代的镇级规划等。例如 1998 年《嘉定区区域规划》属于法定规划,在其文本中就将 1988 年《嘉定县县域综合发展规划》视为上一轮的嘉定区区域总体规划。故本文也将《城市规划法》实施之前由嘉定各级政府主持编制的规划视为法定规划。

2.4.3　按规划层面划分

可分为战略性规划和实施性规划 ❶。

战略性规划主要研究确定城市发展目标、原则、战略部署等重大问题,表达的是城市政府对城市空间发展战略方向的意志。实施性规划是对具体地块未来开发利用做出法律规定,包括开发指标的确定和空间设计。

一般而言,总体规划属于战略性规划,而详细规划则属于实施性规划。但就嘉定城市规划编制的实际情况来看,在不同的历史时期,相同对象和名称的规划却时常属于不同的规划层面,难以加以严格区分。如 1950 年代编制的嘉定、安亭、南翔三镇的卫星城规划,虽均为总体规划,但却是以工厂、科研单位的选址、规模界定、空间建设为主要目的,更接近于实施性规划。1980 年代各乡镇编制的总体规划中,嘉定、安亭两镇更接近于战略性规划,而南翔、娄塘等地的规划仍偏向于实施性规划。直至 1990 年代后嘉定法定的规划体系建立后,才真正根据规划层面的不同制订与之相符的内容与要求。

2.5　规划影响的解释框架

2.5.1　考察方式

综合前文的分析,笔者认为,探讨嘉定城市规划行为对社区空间的影响应根据以下原则进行:

以城市规划和社区发展的历史阶段划分为主线,以法定的区、镇战略性规划为主,分析不同阶段由不同利益群体推动的城市规划行为对社区空间的影响。

1. 以历史发展阶段划分为主线

城市规划和社区发展都是时代的产物,深刻地反映了当时的社会、经济背景。不

---

❶ 参见《城市规划原理》(第三版)中的定义。城市规划原理．中国建筑工业出版社,2001,48-49。

同历史阶段的城市规划和社区发展在其思想、政策基础上存在较大的差别。而从前文的分析中可以看出，在各时期特定宏观政策的指导下，规划与社区建设之间存在一定程度的互动。因此按照历史发展阶段划分的考察方式最能够反映出在嘉定城市化的历史进程中城市规划对社区空间所产生的影响及规划行为在社区发展中所扮演的角色。

2. 以法定规划为主

法定规划是各级政府和开发实体进行城市建设和管理工作的法定依据，在规划方案通过之后，相关部门必须依法实施，对城市建设拥有明确的约束力。而非法定规划在目前更多的是起到拓宽发展思路，开展规划研究的作用，并不能直接指导城市建设，因此主要作为法定规划的背景予以介绍，而不直接作为研究对象。

3. 以战略性和区（县）、镇级规划为主

战略性规划是以规划对象发展目标、原则、战略部署等重大问题为主要内容，主要包括区级、镇级的总体规划。相对于实施性规划，它对社区发展影响的深度和广度都要更进一步。区级、镇级的战略性规划直接决定了社区空间的布局结构与其他关键要素，而实施性规划（例如居住小区规划）只不过是在局部地段将上一级的规划意图予以具体落实而已。在实施性规划编制之前，实际上社区空间建设的基本原则已经确定。因此，以战略性和区级、镇级规划为主进行分析更能把握问题的实质。当然，正如前文所述，由于历史上嘉定规划在名称、性质、内容上存在一定程度的混乱局面，特别是1990年代之前，如1950年代的县、镇总体规划均为实施性规划。因此本文中案例的选取时历史阶段的不同，综合规划层面和对象两种因素，以各时期的重大规划，特别是区级、镇级规划（1950、1980年代，此类规划多为实施性规划，2000年后多为战略性规划）为主，同时也选取一些能够反映当前嘉定城市规划主导原则和城市化特点的局部地区实施性规划（主要是2000年后的以农民集中动迁为对象的规划）。

综上所述，本文将根据嘉定城市规划和社区发展的历史阶段，分别分析1950年代、1980年代、2000年后三个主要时期城市规划编制对嘉定社区空间的影响。主要结构如图2.24所示。

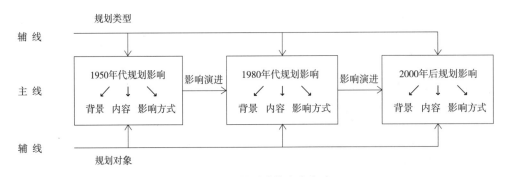

图2.24 规划影响的考察方式

2.5.2　解释方法

在绪论中已经指出，本书的研究包括两个方面，一是描述性研究，即通过对比的方式来分析规划对社区空间产生的实际影响；二是解释性研究，即从规划中主体互动的角度入手来分析规划影响产生的内在成因机制。而后者则是研究的核心。因为市级政府、嘉定各级政府、社区、企业、居民等相关利益群体众多是嘉定城市规划和社区发展的基本特点。因此本书一开始就确定必须在规划影响描述的基础上，分析其中蕴含的各利益群体的互动机制。嘉定规划工作与社区发展的推进实际上是在国家宏观社会经济背景下，上述各群体的互动过程。当然，针对此过程的解释，必须首先对"互动"的内涵有所界定。

城市规划是在特定框架下对城市发展过程控制目标偏离的一种作用机制（张兵，1998）。因此规划行为不可避免地带有其制度特征，例如计划经济和市场经济体制，法律和政治制度等。而无论何种体制都包含有四种基本要素特征：一，决策的组织；二，提供信息及调节的机制；三，财产的所有权；四，激励机制（Gregory, P.R. & Stuart, R.C., 1985，转引自张兵，1998）。实际上这些特征说明了在特定的制度条件下，某项社会行动中所谓的主体"互动"最关键的要素：

①决策权。它决定了行动的价值取向，即行动反映了谁的目标，为谁服务。决策包括行动的组织、规则和计划的制定等。

②实施权。即行动的实施由谁掌握。当然，在很多情况下，实施并非一种权力，而更多的是一种能力（经济实力、组织能力、动员能力等），特别是在市场经济条件下。行动的实施是将行动目标具体实现的过程。不同主体参与实施都是为其自身利益服务的。实施过程也将决定主体的目标能否最终实现。

③利益分配。即行动结束后，各方的实际收益与付出，行动最终实现了谁的目标，并最终产生了何种后果。利益分配是整个行动最核心的环节，当然它由决策及实施过程决定，但并非完全取决于后者。因为围绕最终的利益分配上有一系列的协商过程。尽管一些群体并未参与前两个过程，但并不意味着它不能要求获得相应的利益。

因此，决策权、实施权、利益分配是特定制度条件下社会行动中各主体互动的主要内容。而具体到城市规划，除了明确应予以解释的内容外，还要明确解释的方法，因为规划有其独特的行为方式。

规划是从决策—实施的连续统一体。规划不仅制定目标，更包括在后续的过程中各主体为实现自身利益而进行的对该目标的推动或反对的行为。选择理性不是一个"目标理性"，而是一个过程理性（Burns，2004）。规划在实施过程中被修改甚至放弃的例子屡见不鲜，并引发了有关规划实效性的讨论，实际上也正是这一内在过程的表现。张兵曾提出城市规划实践的四个要素：规划环境、规划编制、规划实施工具、规划组织

（张兵，1998），就是对这一过程的阐述。在该过程中，城市规划的价值理性和工具理性都将得到检验。

因此，本书认为，对各利益群体在城市规划中"互动"行为的考察应置于整个规划过程之中，即从规划的发起、组织，到编制、实施的全部环节。在每个环节中各相关群体扮演了怎样的角色，采取了何种行动。规划各环节反映了哪些群体的利益。通过对规划中各环节群体互动的分析，结合规划对社区空间实际影响的描述，进而研究规划对社区空间作用的内在机制。综合已有的研究成果，本文认为具体的环节应包括：

①规划组织。即规划行为由谁发起，其主导权力（编制权、审批权等）由谁掌握。规划组织是规划行为的起始阶段，它决定了后续行为的根本目标及各群体在规划决策过程中的参与程度。

②规划编制。规划编制曾一度被认为是城市规划工作的全部。该过程试图体现纯粹客观的理性，强调综合、长远、价值中立等原则和标准，用空间布局的手段来实现对城市发展确定性和公平性的追求，而排除人格化的因素。当然现在这种思想已经受到批判。规划编制是联系组织与实施的中间环节。由于规划组织是特定群体推动的，因此规划编制就绝非是"客观主义"的，而是将在规划中占主导地位的群体的价值取向和利益追求通过规划技术手段予以反映和固定的过程，是规划实施政策目标的工具系统。因此规划编制是典型的群体互动行为，也是后者实现其目标的关键步骤。

③规划实施。规划实施是运用法定的技术和法律工具来将规划设想（通常是规划编制的成果）付诸实现的过程，例如用地管理、"一书两证"、房产开发等都是规划实施的具体手段。由于规划实施所具有的专业性和对资源的依赖，因此它也是特定群体进行的，但该群体和前两个环节的主导者并不一定相同。规划实施是整个规划行为的最后环节，因此在其中突出体现了各群体利益差别所带来的冲突以及规划理想与现实之间的距离。在规划实施后，各群体的实际收益与付出能够清晰地反映出其在规划中的地位，而且其后果构成了今后规划行为中群体互动的基础。

在整个规划过程中分析其背后所隐含的利益群体互动行为，并以此作为规划对社区空间影响现象的内在成因机制解释是本书研究的重点，也是针对大城市近郊城市规划和社区发展中参与者较多、利益协调行为频繁的特点所采用的特定方法。虽然上述三个阶段并不能完全包括规划行为的全部，但它们都是当前我国城市规划工作的核心内容。根据不同时期规划组织、编制、实施行为特点的分析，能够有效厘清社区空间在规划中地位的变化及规划行为对社区空间干预的根本目的及其最终实效。

第3章　1950年代规划对社区空间的影响

1950年代规划工作的大体时间为20世纪50年代末至60年代初的"二五"时期（1958-1962），是嘉定城市规划的开端，也是其历史上的第一个高潮期。其直接起因是上海市建设郊区卫星城，大批科研院校和工业企业进入嘉定，加之当时"大跃进"思潮的泛滥及人民公社运动的开展，全县都进行了如火如荼的建设活动，从而引发了对规划工作的需求。嘉定的现代城市规划开始步入历史舞台。由于当时尚处于摸索起步阶段，缺少经验，加之特定的时代环境，因此无论是其指导思想还是开展过程都与后期的规划存在较大差异。作为嘉定城市规划工作的初始阶段，1950年代规划对社区空间的影响也是本书研究的起点。

3.1　1950年代规划工作的基本状况

在1958-1962年期间，嘉定编制的主要规划及其基本情况见表3.1。

1958-1962年嘉定编制的主要规划统计　　　　　　　　　表3.1

规划名称	规划内容	编制单位	编制主体	审批主体	规划性质
■嘉定县总体规划 1959-1962	农林牧副渔发展规划、工业生产规划、居民点布局等	上海市城市规划勘测设计院、华东师大、同济大学	嘉定县委	上海市政府	实施性规划
■嘉定卫星城总体规划 1959-1962	人口、用地规模预测，工商业发展，建筑工程规划等	上海市城市规划勘测设计院	上海市建设委员会、嘉定县委	同上	同上
■嘉定城东科学区初步规划 1960-1967	科研单位建设用地安排	华东工业建筑设计院	同上	同上	同上
■安亭初步规划 1959-1962	工业用地、居住用地布局	上海市城市规划勘测设计院	同上	同上	同上
■南翔卫星城镇规划 1958-1962	同上	同上	同上	同上	同上
娄塘镇总体规划 1960-1962	同上	同上	同上	同上	同上
外冈镇总体规划 1960-1962	同上	同上	同上	同上	同上

规划名称	规划内容	编制单位	编制主体	审批主体	规划性质
■安亭工业区初步规划 1959-1962	工业厂址选择，用地条件分析	同上	同上	同上	同上
■马陆人民公社规划 1958-1960	工农业生产，用地规划，建设项目安排		马陆人民公社	嘉定县委	同上

注：带 ■ 号的为笔者收集到的规划。

资料来源：根据嘉定区规划局档案室档案整理。

1950 年代规划以卫星城规划为主。其中嘉定、安亭两镇的总体规划是在上海市总体规划的统一安排下，按照卫星城的性质界定和任务分派编制的，也是当时嘉定最重要的规划。其他工业区规划和总体规划也是以布置上海市相关工业产业为主要任务的。嘉定县总体规划则是在上海市相关技术部门的帮助下，出于地方建设的需要编制的。上海市建设委员会和嘉定县委是最主要的主管部门，而规划的审批权则主要集中于上海市，编制单位也多为上海市的技术部门。初步形成了县—重点镇的两级体系。嘉定县总体规划和卫星城规划成为后来区域总体规划和镇区总体规划的雏形。虽然当时两者之间缺少相应的联系，但都在某种程度上成为嘉定地方政府规范城镇建设的依据。

综上所述，在 1950 年代规划案例的选取中，根据规划类型及其推动者的不同，以卫星城规划为主，涵盖县—镇两级规划，综合考察当时各类规划对社区空间的影响。所选案例包括：

① 1959 年嘉定县（现嘉定区）总体规划

② 1959 年嘉定卫星城总体规划

③ 1959 年安亭初步规划

④ 1958 年南翔镇卫星城镇总体规划。

规划地区如图 3.1 所示。

图 3.1　所选规划地区分布

注：带 ★ 号代表县级规划，在本图即为
1959 年嘉定县（现嘉定区）总体规划。

3.2　嘉定县（现嘉定区）总体规划的影响

3.2.1　规划编制过程

1959 年，嘉定已经被确定为上海周边的卫星城镇，大批工业和科研项目已经开始建设。加上当时各级政府和普通群众都对经济发展和区域建设拥有充足的热情。在此背景下，由嘉定县委直接领导上海市设计院、华东师大和同济大学三个单位 60 位师生于当年 6-7 月在嘉定进行了 1 个多月的工作，完成了嘉定县的现状分析和总体规划的编制。

　　《嘉定县总体规划》是嘉定历史上第一个县域总体规划，于 1959 年在嘉定编制完成，以松江县（现松江区）总体规划为参考，以"第二个五年计划"为期，近期（1959-1962 年）为主，适当考虑远景。调查内容主要包括全县的资源利用、工业布局、农业发展、交通运输状况、居民点分布、生活福利设施建设等。1959 年总体规划总体上以经济、产业发展规划为主。建设规划中也多为各类工程性规划，如水利、交通、运输、仓库、码头和居民点布局等。这些内容的共同特点是实用性强，能够立即指导各类生产实践。规划的直接依据是"二五"时期的国民经济计划，将工农业大生产、大发展作为主要指导思想。

　　在此将 1959 年规划与嘉定县 1959、1972 年用地现状进行对比，来分析其对社区空间的影响。见图 3.2。

a 1959 年现状图　　　　　　　　　　b 规划图

c 1972 年现状图

图例

▨ 居住用地

▦ 工业用地

图 3.2　1959 年嘉定县（现嘉定区）总体规划与现状和规划期限土地利用状况的对比

注：1959 年嘉定县总体规划以近期，即 1959-1962 年为主，对远景未有明确的时间规定。但 1962 年嘉定土地利用图缺失，
　　现有资料中 1972 年土地利用图与 1962 年最为接近，因此本文以 1972 年用地现状与 1959 年规划进行对比。
　　资料来源：1959 年嘉定县（现嘉定区）总体规划，1972 年嘉定县（现嘉定区）地形图。

3.2.2　规划布局特点

从图中可以看出，用地布局呈现出以下特点：

①以嘉定、南翔、外冈三镇为主体，形成全区的主要中心。用地布局是彼此独立、分散的，以行政单元为单位。

②用地类型仅限于居住、工业两大类用地。工业用地（限于县办工业和社队工业）以嘉定、南翔、外冈三镇为主，其余各小型集镇都有布局。集镇主要包括居住和工业用地，形成对等布局。工业用地比重相当突出，占总用地的54%。居住用地更多的是为工业从业人员提供就近的生活场所，因此就会出现集镇中工业和居住用地临近布局的模式。

③只针对城镇用地进行布局，而对占嘉定县域用地绝大部分的农村用地则未提出具体措施，只有农业发展指标的界定，乡镇以下的用地在规划图中没有标示（图3.3）。

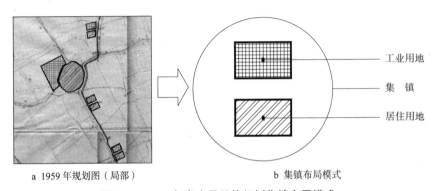

工业用地
集　镇
居住用地

a 1959年规划图（局部）　　　　　　　b 集镇布局模式
图3.3　1959年嘉定县总体规划集镇布局模式

在1959年规划中，居住用地和工业用地的布局是依托既有的城镇体系，并根据不同卫星城的发展定位确定的，总体上比较分散，主要是为了适应特定工业生产的需求。技术考量和工程实用性占据主导地位。

3.2.3　规划影响分析

通过1959年规划与现状的对比，可以发现规划对空间布局的调整主要在于：

①空间规模的扩大。规划用地的规模比1959年现状明显扩大，特别是嘉定、南翔、外冈等主要城镇。根据测算，1959年规划用地规模为16km^2，是1959年实际用地规模的4倍。用地规模的增长主要体现在城镇生活区的扩大和工业区建设上。

②城镇用地布局的改变。主要表现为城镇用地转化为居住、工业的均衡布局和独立工业区的出现。嘉定、南翔等大型城镇以及小型集镇都被规划为两片居住和工业用地。不仅体现了典型的工业分区思想，实际上也意味着原有因商业交换需要而产生的居民集中点转变成为支撑工业发展而建设的配套居住区。

除上述两点外，嘉定大部分地区规划均未涉及，仍保持原有的空间结构与形态。

从以上分析中可以看出，如果 1959 年规划得以实施，则其对社区空间的影响将主要集中于社区空间界域，即规划用地对原有社区空间的征用。规划布局方式是依托现有城镇居民点，结合用地开发的工程技术需要，进行的工业项目和居住用地的安排❶。因此城镇规模的扩大，必然会占有原有社区空间，特别是工业区开发，基本上位于农村地区，必须将原有村落搬迁，才能实施建设。规划在主观上并未将"社区"作为一种空间对象，更未将"社区"的概念纳入空间布局所考虑的因素之中。因此纵观整个规划，并未提出任何对当时以集镇和自然村为主的社区空间组织进行调整的理念。作为一项以工业选址为主的区域规划对社区空间的影响主要表现在对原有社区空间物质层面的干预。这种干预是局部的、片断式的，是基于个别建设项目需要产生的。而且这种干预本身并非规划目的所在，只是因为工程技术要求而进行此项规划用地布局所产生的客观结果。

而通过 1959 年规划与 1972 年用地现状的对比，我们可以发现：

①空间规模远未达到预期。1972 年实际建成区规模只有 9km²，远低于 1959 年规划 16km² 的预期。其中南翔、外冈等镇的规模均比预期要小，而独立工业区则基本未按原计划建设（表 3.2）。

1959 年规划预测规模与实际规模的对比　　　　　　　　　　　　　　表 3.2

地区	规划预测人口规模（万人）	实际人口规模（万人）	规划预测用地规模（km²）	实际用地规模（km²）
嘉定镇	12	9（1986 年值）	8	8（1986 年值）
南翔镇	3	2（1986 年值）	2	1.3（1986 年值）
外冈镇	2	0.5（1987 年值）	2	0.2（1987 年值）
娄塘镇	1	0.6（1986 年值）	1	0.8（1986 年值）
全区	51.5	50.4（1986 年值）	16	9（1978 年值）

资料来源：根据 1959 年嘉定县总体规划、1988 年嘉定县县域综合发展规划整理。

②空间布局模式差异较大。规划中设想的"半居半工"的模式并未实现。除嘉定、安亭两个重点城镇工业用地规模较大外，其余各镇仍以居住用地为主。工业用地规模与规划预期的差距，实际上反映出由于经济发展的滞后，工业化水平低下，工业并未成为城镇发展主要的推动力。大部分地区仍以农业为主导产业。因此城镇以服务工业发展为主要目的的"半居半工"模式也就不可能成为现实，也意味着在一般城镇中，其居住形态和社区空间不会发生大的改变。实际上在 1978 年工业用地所占的比例尚不

---

❶ 1959 年嘉定县总体规划对项目和产业的界定已经达到相当细致的程度，如工业设备数量、工业产品产量、农产品经营方针、鱼塘数量及养殖方式等，不仅包括用地布局，还涉及到各类产业的具体经营手段。

及10%，远低于规划提出的50%的标准。而且工业用地都集中于几个主要城镇，小型城镇仍以居住为主（表3.3）。

嘉定县历年工业用地占城镇用地比例   表3.3

	1959年值	1959年规划值	1978年值	1988年值
工业用地比例（%）	8.5	54	9.3	11

资料来源：根据1959年嘉定县总体规划、1978年嘉定县地形图、1988年嘉定县县域综合发展规划整理。

综合1959年规划与1959年、1972年用地现状的对比，笔者认为，以工业大发展为基础的规划布局由于经济发展的相对滞后而未能实现。1959年嘉定县（现嘉定区）总体规划的蓝图基本遭到现实的否定。因此基于规划布局的影响十分有限，嘉定县内社区仍以集镇和自然村为主，社区在县域内依水网形成的均布式结构并未受到任何影响。大部分社区的空间规模、形态也都延续了既有的格局。新建城市社区和因城市建设被侵占的农村社区都比预期为少。

综上所述，本书认为，1959年嘉定县（现嘉定区）总体规划对社区空间的影响如下：

影响对象   城镇社区和农村社区

影响内容   社区空间界域

影响方式   物质空间干预

影响实效   未实现

3.3　嘉定卫星城总体规划的影响

3.3.1　规划编制过程

1959年，嘉定以其地理位置适当、历史悠久、文物古迹丰富、环境较好及有一定的基础设施，被选定为以建设和发展科学研究机构、大专院校为主的卫星城。同年9月，市规划院编制《嘉定总体规划》。翌年2月，又根据中共上海市委书记处书记、市基本建设委员会主任陈丕显关于充分利用旧镇，紧凑布局，将科技大学和一部分科技单位放在城内的指示，作了适当调整，形成卫星城初期规划。确定嘉定以设置科学技术研究机构、大专学校为主的卫星城，适当安排与科学研究有关的精密无害工业，人口规模10万～15万，用地规模11km²。

1959年卫星城总体规划是嘉定镇首个总体规划，也是当时嘉定最重要的规划之一。其指导思想主要是满足上海市建设卫星城的需要，设置科学技术研究机构、大专院校，并进行工业和公共设施用地布局，包括所、校、厂址安排和相关工程建设建议。

在此通过1959年总体规划布局与1959年现状和1972年现状的对比，分析规划对社区空间的预期与实际影响。见图3.4。

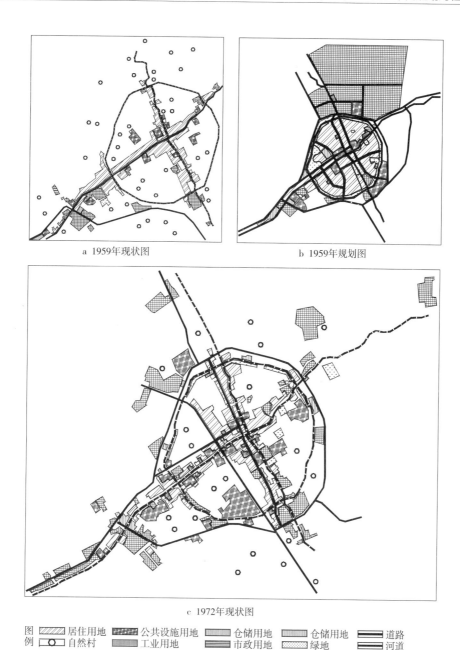

a 1959年现状图

b 1959年规划图

c 1972年现状图

图例　▨居住用地　▨公共设施用地　▨仓储用地　▨仓储用地　▬道路
　　　○自然村　▨工业用地　▨市政用地　▨绿地　▬河道

图 3.4　1959 年卫星城规划布局与 1959 年及 1972 年现状对比图

注：1959 年规划期限为 1962 年，但由于缺乏 1962 年嘉定镇用地的资料，

因此本文以现有资料中最接近规划年限的 1972 现状图与规划进行对比。

资料来源：1959 年嘉定镇卫星城总体规划，1972 年嘉定镇 1：2000 地形图。

3.3.2　规划布局特点

在 1959 年，嘉定镇仍然保持着传统集镇的主要特点。镇域内十字形河道沿线是建设较为密集的地区，占整个已建地区的 84%，集中了大量居民住宅、官署、学校和寺庙。

由十字形河道延伸出来的各条水路周边建设了一些居民点和寺庙、体育场等公共设施。居民点多为农家宅院，傍水而建，规模小，布局分散。镇区内几乎没有现代陆路，交通联系多依靠水运。老镇区内面积达到 1.9km²，占老镇区总面积的 59%。现代工厂和居住区开始出现，而在护城河外，镇区以西、以南集中了大量工厂和仓储用地，周围散落着众多自然村落。

1959 年规划布局的重点在工业与科研用地的安排上。规划按照城内生活、城外生产的原则进行布局。科技大学安排在城内西南部，沿城西干道布置研究所、技术学校等教育科研机构，同时在城东布置若干研究机构。北部安排工业用地，环城河的南门和北门附近结合河流安排客货运码头等对外交通及仓储用地。以老城为基础建设居住区。工业用地占总用地的 50% 以上。

3.3.3 规划影响分析

相对于现状，1959 年总体规划对用地布局的调整主要是公共设施和科研用地的增加。在老城内练祁河北部大量居住用地被调整为公共设施用地，并增加了一处公园。练祁河南部增加了一些工业和绿地。在老城外主要是城南增加了两片公共设施用地，以及对城西工业区用地的梳理和城北大规模工业发展备用地的设置。

受当时规划编制主导思想和内容的影响，规划对现状用地的调整更多地体现出一种技术理性，即根据工程建设的需要落实各个工业和科研项目。就规划布局本身而言，除工业用地与其他用地分开之外，并未提出更多的布局原则和理念，主要视城区内具体的建设条件而定。而根据各建设项目所属单位的功能、人数，确定用地规模、建筑面积就成为规划的主要内容（表 3.4），居住用地主要是为工业和科研功能进行配套。

1959 年嘉定卫星城规划对建设项目规定的主要内容　　表 3.4

建设单位	建设分期					
	1960 年			1962 年		
	建设项目内容	建筑面积（m²）	职工人数（人）	建设项目内容	总累计建筑面积（包括宿舍）（m²）	职工人数（人）
电子学研究所	实验大楼等	14300	1500	实验大楼等	562300	10000
计算技术研究所	科研大楼	18000	1406	科研大楼等	254400	3675
科技大学	教学大楼等	49900	2600	全校主楼等	287100	11000
第二中技	教学楼等	14250	1480	图书馆、教学楼等	115950	4550

资料来源：1959 年嘉定卫星城规划。

以个体建设项目用地选择为主导的规划布局模式，对社区空间的影响更多地集中于社区空间界域方面，即规划用地对原有社区空间的侵占。从规划布局中可以看出，护城河内的集镇社区和护城河外的自然村社区都有部分受到规划的影响。受规划内容的局限，规划并未对嘉定镇当时存在的集镇和自然村社区及未来居住地域的组织提出系统性的建设设想，而且规划本着节约用地的原则，尽量避免对原有建筑和设施进行拆迁，而是最大限度地予以保留。因此规划对社区空间的影响更多地属于对新开发地块内原有社区空间界域的干预。

而通过 1959 年规划与 1972 年现状的对比，则可发现：

①城市发展的实际规模较规划预期尚有较大距离。1972 年用地规模为 6.3km²，比规划确定的 9.8km² 要少 36%。由此可以推测原规划期限时的 1962 年，用地规模更是远远低于规划预期。在 13 年中，用地规模增长了 2.5km²，年均增长 0.15km²。如果在这段时期内用地增长是个匀速的过程，则 1962 年时的用地规模应为 4.3km²，尚不及规划预期的一半（表 3.5）。

嘉定镇历年用地规模统计表

表 3.5

时间	总用地规模（km²）	护城河以内规模（km²）	护城河以外规模（km²）
1930	1.2	1.2	0
1959	3.8	1.9	1.9
1959 年规划	9.8	3.3	6.5
1972	6.3	3.3	3.0
1986	6.7	3.3	4.3

资料来源：根据嘉定镇 1930、1959、1972、1986 年 1：2000 地形图整理。

②城市用地的发展方向和规划设想并不完全一致。从统计数据可以看出，城镇用地的增长主要的集中于老城内。相比于 1959 年，老城内用地增长了 1.4km²，老城外只增长了 1.2km²。规划所预计的大规模工业区并未出现，用地增长主要表现为老城内居住和公共设施用地的增加。老城外用地的增长主要表现为北部个别工业用地的出现，但布局较为零散，未形成统一工业组团。

综合规划与 1959、1972 年现状的对比，可以发现，1959 年总体规划对城市发展的预测与实际相差较大，特别是规模和工业用地布局。城市规模增长的相对滞后，意味着实际受到影响的社区比预计要少。因此，在规划的整体设想并未得到严格遵循的前提下，规划对社区空间的实际影响也是有限的，通过图 3.5 中 a 与 b 的对比可以看出，在规划布局范围内，至 1972 年实际受到影响的社区远较规划预期为少。

综上所述，本书认为，1959 年嘉定总体规划对社区空间的影响如下：

影响对象 农村社区和城镇社区

影响内容 社区空间界域

影响方式 物质空间干预

影响实效 未实现

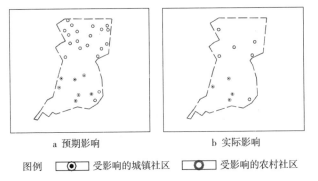

a 预期影响　　　　　　　　　　　b 实际影响

图例　■◉▦ 受影响的城镇社区　　▭◯▭ 受影响的农村社区

图3.5　1959年嘉定卫星城规划对社区空间预期影响与实际影响的对比

3.4　南翔卫星城镇规划和安亭初步规划的影响

　　1958年南翔卫星城镇规划和1959年安亭初步规划都是当时以工业用地布局为主要内容的镇区规划的典型。南翔镇卫星城镇规划编制于1958年，甚至早于嘉定、安亭两镇的卫星城规划。虽然南翔镇不属于郊区卫星城，但也是上海市规定的机电工业区之一。由上海市建设委员会组织编制了南翔镇卫星城镇规划。安亭位于嘉定区西南，原是一个乡村小镇，在1958年被确定为上海市周边以发展机电工业为主的卫星城。在1959年编制了以机电工业为主的《安亭初步规划》。规划期限为1962年。

　　在此通过两镇规划布局与现状的对比，分析规划对社区空间的预期与实际影响。见图3.6、图3.7。

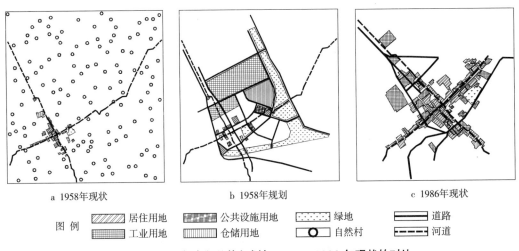

a 1958年现状　　　　　　　b 1958年规划　　　　　　　c 1986年现状

图例　▨ 居住用地　▥ 公共设施用地　▦ 绿地　▭ 道路
　　　▦ 工业用地　▤ 仓储用地　◯ 自然村　▭▭ 河道

图3.6　1958年南翔总体规划与1958、1986年现状的对比

注：1958年规划期限为1962年，但由于缺乏1962年南翔镇用地的资料，

因此本文以现有资料中最接近规划年限的1986现状图与规划进行对比。

资料来源：1958年南翔镇卫星城总体规划，1958年、1986年南翔镇1:2000地形图。

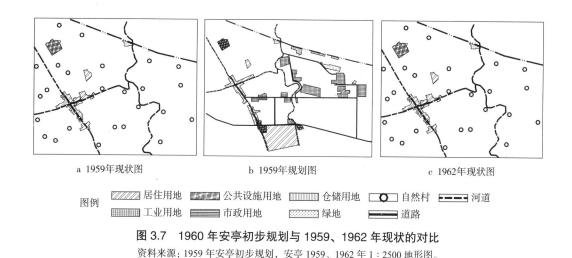

a 1959年现状图　　　　b 1959年规划图　　　　c 1962年现状图

图例　[///] 居住用地　[▥] 公共设施用地　[▤] 仓储用地　[⬭○] 自然村　[·—·—] 河道
　　　[▦] 工业用地　[≡] 市政用地　[⋮⋮] 绿地　[▬] 道路

图 3.7   1960 年安亭初步规划与 1959、1962 年现状的对比

资料来源：1959 年安亭初步规划，安亭 1959、1962 年 1：2500 地形图。

当时南翔和安亭的空间形态与嘉定镇非常相似，镇区均沿十字形河道布局，集中了主要的住宅区和公共设施。在镇区周边有部分零散分布的小规模工业用地，同时均匀散落着大量小型的自然村落。

南翔规划布局对现状最主要的调整就是镇区以北大规模集中型工业和仓储用地的设置，突出地反映了规划最主要的目的。对居住用地只给出大体方位，在规划图中并没有标示，主要是为工厂职工的居住需求考虑。规划人口为 10 万人。而安亭规划工业区安排在沪宁铁路南侧，苏沪公路以北，顾浦河与规划开辟的蕴藻浜运河之间。居住区安排在苏沪公路南，面临吴淞江地区和顾浦河以西，与安亭镇相结合，卫星城中心设在临吴淞江居住区内。从图中可以看出，规划用地脱离原有镇区，总体布局较为零散，以工程技术，如运输、基地适建性等为主的规划思维非常明显，使规划布局，特别是工业用地布局呈现出较强的独立性。

从南翔、安亭镇规划的内容和布局模式来看，和同期嘉定镇的规划一样，也是建立在个体建设项目用地安排之上的，重视每个工厂、市政设施、公共设施、住宅区的选址和运转问题。对居住区的考虑偏重于其人口容量、建筑选型及与工厂的交通联系等。其对社区空间的影响也主要集中于物质空间的干预，即规划用地对原有社区的侵占，特别是自然村落。

而从规划与城镇发展实际的对比来看，在规划编制之后，南翔和安亭城镇发展也明显滞后于规划的设想。至 1986 年，南翔镇用地无论是总体规模还是具体用地布局都和规划设想有较大差别，规划布局的大规模工业和仓储用地均因为经济发展的滞后而未实现，只有镇区少部分公共设施和居住用地按规划设想完成建设（表 3.6）。而安亭规划中所确定的工业用地和苏沪公路以南的居住用地都未得到开发，主要路网也未铺设。相关工厂和市政设施在 1969 年才陆续建成。城市形态和规划布局大相径庭，居住用地并未脱离老镇，而是在老镇的基础上向东拓展。人口规模距离规划预期相差更大。

至 1982 年，安亭卫星城人口也只有 2.8 万人（表 3.7）。由于规划与现实的脱节，因此对社区空间的影响基本未实现。

南翔镇 1958 年规划与现状用地对比　　　　　　　　　　　　表 3.6

	总用地（km²）	工业用地（km²）	居住用地（km²）	公共设施用地（km²）	仓储用地（km²）
1958 年现状	0.7	0.2	0.49	0.01	0
1958 年规划	10	4	4	0.3	1.2
1986 年现状	2.6	0.7	0.4	0.1	0.06

资料来源：根据 1958 年南翔镇卫星城镇规划整理。

安亭镇 1959 年规划规模与现状规模的对比　　　　　　　　表 3.7

	1959 年现状	1959 年规划	1986 年现状
用地规模（km²）	0.26	10.23	1.89
人口规模（万人）	0.3	10	3

资料来源：根据 1959 年安亭镇初步规划整理。

综上所述，本书认为，1958 年南翔镇卫星城镇规划和 1959 年安亭镇初步规划对社区空间的影响如下：

影响对象　农村社区

影响内容　社区空间界域

影响方式　物质空间干预

影响实效　未实现

3.5　1950 年代规划对社区空间影响的总结

在此，将 1950 年代各规划对社区空间的影响和实效统一汇总，见表 3.8。

1950 年规划对社区空间影响的实际　　　　　　　　　　　表 3.8

规划名称	影响对象	影响内容	影响方式	影响实效
1959 年嘉定县总体规划	农村社区、城镇社区	社区空间界域	物质空间干预	未实现
1959 年嘉定卫星城总体规划	同上	同上	同上	同上
1959 年安亭初步规划	农村社区	同上	同上	同上
1958 年南翔卫星城镇规划	农村社区、城镇社区	同上	同上	同上

根据前文中各项规划影响的分析，1950 年代嘉定规划对社区空间的影响在总体上具有以下特征：

3.5.1　以对局部地区社区空间界域的物质干预为主要方式

1950 年代编制的各项规划均属于实施性规划，以服务于科研单位、工业企业的建设为主要目的。规划的重点在于对各建设项目地址、用地规模、建筑面积、职工人数、建筑建造进行具体的选择和界定，因此规划中建设项目对所在地段原有社区空间界域的干预就成为对社区最主要的影响。规划并未将社区作为布局对象，甚至居住用地的布局在规划中也处于次要地位。规划影响仅限于部分地区，特别是嘉定、安亭等发展相对较好的镇区中的局部地段。其他地区，特别是广大农村地区并未涉及。因此从嘉定全县及各镇的发展实际看，在规划期限之时，社区空间仍保持着 1950 年代的主要特征，即以集镇和自然村为主，均匀分布在区域内（见图 2.10）。规划对社区空间的影响依赖于具体建设项目的实施，以物质空间干预为主要手段，征用原有社区空间，而且这种影响并非规划主观的意愿，只是规划实施造成的客观结果。

3.5.2　影响实效与规划设想差距较大

在所分析的规划中存在一个共同的特点，即规划规模和布局形态远超过规划对象发展的实际。例如 1959 年嘉定县总体规划用地规模是 1978 年的 1.8 倍，1959 嘉定卫星城规划规模是 1976 年的 1.6 倍（见表 3.9）。由于实际发展水平远远落后于规划预期，因此空间布局也与规划设想大相径庭。

表 3.9　1950 年代各规划用地规模与实际规模的比例

	1959 年嘉定县（现嘉定区）总体规划	1959 年嘉定卫星城总体规划	1959 年安亭初步规划	1958 年南翔卫星城镇规划
规划用地与实际用地之比（倍）	1.8（1978 年数值）	1.6（1976 年数值）	5.4（1986 年数值）	3.8（1986 年数值）

资料来源：根据 1959 年嘉定县总体规划、1959 年嘉定卫星城镇总体规划、1959 年安亭初步规划、1958 年南翔卫星城镇规划整理。

1950 年代规划预测的普遍超前有其深刻的时代背景。各地建设都以"一日千里"为目标，希望"革命群众的冲天干劲"可以加速实现向"共产主义"的迈进。据嘉定县志记载，在 1958 年，仅农民食堂就建造了 1901 处，建立了炼钢指挥部，开展大炼钢铁运动，提出"建厂满天星"、"跃进再跃进"等一系列不切实际的口号。在此背景下，嘉定各地的规划工作不可避免地受到当时社会氛围的影响，期望城市发展能够呈现出"日新月异"的局面。加之当时国内城市规划工作尚处于起步阶段，既缺乏行业规范，也欠缺对城市发展规律的把握和规划编制的经验，而将规划布局建立在预期的经济和工业大发展之上。当经济发展由于脱离生产力实际水平而与预期相差甚远，甚至陷入困境之中时（例如三年自然灾害），规划蓝图被现实所否定也就在预料之中。城市发展的客观规律不会因为规划的主观意愿而转移。1950年代嘉定所规划所设定的目标直至1980年代才勉强实现就是最好的证明。

在规划总体布局遭到现实否定的前提下，规划对社区空间影响的实效则更加局限。事实上，除了个别按规划建设的项目造成了其地段内原有社区空间的消亡外，1950年代规划对社区空间基本上未产生任何具有重要性的影响。虽然其他一些规划提出了"农民新村"等建设目标（如马陆人民公社规划），但最终除极少数建成外，大部分设想均因为实际经济发展水平的低下而未能实现❶。

前文已经指出，1950年代嘉定编制的规划是在大跃进思潮的影响下，以指导具体建设为主的实施性规划。这一基本属性决定了当时规划是在国民经济计划的延续，是针对城市物质空间进行布局的技术性工具。在规划编制之前，嘉定、安亭等重点城镇的项目建设安排已基本确定，城市规划只需要依据工程技术条件予以具体落实。实际上如果上海没有发展郊区卫星城的意图，以及其后将诸多工厂院所迁入嘉定的行为，嘉定的现代城市规划工作或许根本不会在1950年代末出现。

服务于经济计划指令的城市规划只能是城市建设任务的执行者。因此规划就体现出以实施性为主，强调个体建设项目细节的特点，从而决定了基于区域经济发展水平、产业结构和行政管理体制的社区空间架构不仅不在规划的主要目标之列，更不会因为规划的实施而受到根本性的调整。而随着其后经济发展水平的逡巡不前，支撑当时规划设想最重要的基础不复存在。从当时嘉定经济发展的情况看，工业经过1958年短暂的泡沫化的飞跃后，又迅速跌落。无论工业产值的绝对值、占工农业总产值的比例，还是企业及从业人员数量等关键指标都和1949年基本处于同等水平（见表3.10）。

1949-1965年主要年份嘉定工业发展主要指标统计　　　　表3.10

年份	企业数（个）	年末职工数（人）	工业总产值	
			金额（万元）	占全县工农业总产值比例（%）
1949	213	7395	3462	42.77
1952	171	9417	4561	45.89
1957	136	12010	9042	58.69
1958	373	21551	13861	61.91
1961	161	12758	14120	59.35
1965	145	9266	6868	34.88

资料来源：根据嘉定县志整理。

❶ 例如在城镇住宅区的建设中，1960—1961年，嘉定、安亭两镇分别按照规划要求建设城中路、温宿路住宅区、"六一"新村、昌吉路住宅区，并进行配套设施建设，共新建公房7.4万m²，配套设施4万m²。但1962—1966年就开始压缩公房建设投资。直至1976年，共建公房仅15.69万m²。在农村地区，1959年长征公社建设了嘉定第一个农民新村，共有住宅27幢。但随后此项工作停滞，直至1972年，才由县、公社成立建房领导小组，继续开展农民新村建设工作。规划中设想的居住区建设，在现实中普遍延迟了10年左右的时间。

工业发展的停滞不前 ❶，意味着嘉定整体的经济结构并未得到转变。农业仍是嘉定主要的生产方式。历史上嘉定从事农业等第一产业的劳动力一直占较大比例（70%）左右，即便在 1950 年代也未改变，在 1978 年甚至达到了 87.7% 的顶峰。依赖于水网稻田的农业生产仍是嘉定大部分人口的主要生活来源。在区域整体产业结构和生活方式未发生根本性转变的前提下，社区空间的宏观结构和微观形态必将延续现有的格局。规划对社区空间影响只能停留在蓝图的阶段。

3.6　1950 年代规划影响的成因机制分析

1950 年代规划设想与现实的差距，从规划编制的角度看，主要原因在于"大跃进"思潮所带来的对规划指标不切实际的规定。但如果从整个规划行为背后所隐含的各利益群体互动过程着手，就会发现这实际上是当时特定的经济体制及其衍生出的规划管理体系的必然结果。而规划编制方案所表现出的与嘉定发展实际的脱节，则是该机制的外在表现。从本书中案例的组织、编制过程及相关文献记载的实施行为来看，1950 年代嘉定规划行为的过程，是由上海市政府为主，嘉定县级政府为辅推动的，规划决策权主要由上海市级部门掌握，以工业化为主要目标，具体过程如图 3.8。

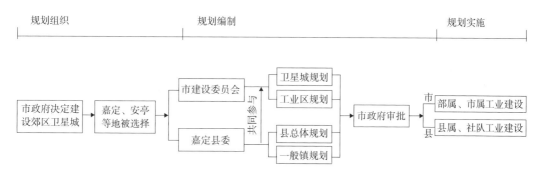

图 3.8　1950 年代嘉定城市规划行为过程示意

从该图可以看出，1950 年代嘉定规划行为的过程有以下几个主要特征：

3.6.1　以市政府为主导的规划组织

在本章所列举的案例中，规划组织所涉及到的群体有上海市政府和嘉定县地方政府（嘉定县委）。上海市政府和嘉定县委是规划的发起者，规划对象都由它们界定，并

---

❶　1958 年在"大办工业"的热潮中，县属工业创办了几家具有一定生产能力的机械、化肥、农药工业企业；社办工业在大办小机械、小五金、小化工、小纺织、小建材的"五小工业"中得到发展。当年底，全县工业产值上升到 1.39 亿元，比 1957 增 53.3%，但因盲目发展，部分企业不久即停转并。1962 年，嘉丰棉纺织厂等 11 家骨干企业划为市属工业企业，全县工业产值锐减。"文化大革命"初期，社队工业步履艰难，发展速度受到限制。

出面组织其后的工作，两者在其中都有相应的权力，特别是规划的决策权，其中上海市政府占据着毋庸置疑的主导地位。

1. 市政府的决策权

市政府的决策权主要表现为两个方面：

首先是对嘉定主要卫星城镇性质的界定和相关建设项目的安排。嘉定和安亭卫星城的性质都是在上海市 1959 年《关于上海城市总体规划的初步意见》中确定的，而不是嘉定自主选择的结果。《初步意见》还大体规定了卫星城的总体规模与功能❶。在确定其性质之后，就由上海市相关部门进行具体建设项目的安排，并直接体现到 1959 年市规划院编制的《嘉定卫星城总体规划》中，例如科技大学安排在城内西南部，沿城内东西干道，布置第二中等技术学院、电子学研究所，城外西部安排力学研究所（后调整为中国科学院上海光学精密机械研究所）；北部安排冶金和硅酸盐研究所、铜仁合金厂、科学仪器厂、新沪光学玻璃仪器厂；东部安排计算技术研究所、有机化学研究所（后改为金属材料加工厂）、原子核研究所等。

其次就是对嘉定相关规划的修改。由于规划的审批权掌控在上海市，因此市级部门就可以运用此项权利来对嘉定的规划进行相应的调整。例如在 1959 年 2 月市规划院编制了《嘉定总体规划》。翌年 2 月，又根据中共上海市委书记处书记、市基本建设委员会主任陈丕显关于充分利用旧镇，紧凑布局，将科技大学和一部分科技单位放在城内的指示而作了适当调整。

2. 嘉定县的决策权

由于各卫星城的性质和主要建设项目都已由上海市确定，嘉定县主要是在上海市政府确定的既有框架下实施其对于嘉定发展的设想。特别是在当时大跃进的氛围下，地方政府对辖区内的现代化建设拥有超乎寻常的热情。因此，借助嘉定成为上海郊区卫星城的机会来实现其发展的突破是嘉定县委在规划中的根本期望。这一点在 1959 年《嘉定县总体规划》中表现得尤为明显：除嘉定、安亭、南翔等镇外，其他各镇都布置了工业用地，希望全县各地的工业都有大的发展。事实上，从本文所列举的案例中可以看出，规划用地一般均超出了上海市所安排的工业和科研项目的需求，也试图为嘉定自身其他的工业发展服务。

在上海市政府主导规划组织的状况下，相关规划工作主要由市级主管部门进行，再委托市规划技术部门进行规划编制，由嘉定县委相配合。嘉定县委组织编制了县总体规划。而相比之下，嘉定的乡镇政府则未扮演重要角色。一方面当时行政区划调整较为频繁，乡镇政权并不稳定❷，难以主导城市规划工作。另一方面规划的任务比较单

---

❶ 规划提出卫星城镇作为接纳从市区疏散出来的工业和人口的基地，每个点 10 万人左右，有的可以 20 万人左右。并形成基本独立的经济基础和大体完善的城市生活。

❷ 例如在 1958 年 9 月，全县将 11 个乡调整合并建立 7 个人民公社，1959 年，7 个人民公社又分为 14 个人民公社。1961 年 10 月，又分出曹王、唐行、江桥、望仙、桃浦 5 个人民公社。

一，编制数量少，嘉定县委完全可以统一负责。当然也有少数由镇级行政单位负责编制的规划，如马陆人民公社规划，但不具备普遍性。

3.6.2　以市县工业化为目标的规划编制

在以上海市主导规划组织的条件下，1950 年代嘉定规划编制呈现出以下两个主要特征：

1. 以市级部门为主要编制主体

上海市级管理和技术部门是当时规划编制的主要主体。在重大规划中都有上海市规划委员会的参与，并由市规划院、工业设计院等技术部门负责编制。即使是由嘉定县委主持编制的县总体规划，也是由上海市的高校和设计院负责编制的。这一方面固然有当时郊区规划技术力量薄弱的原因。另一方面，市级部门参与规划编制可以直接将上海市政府的意图以规划技术手段予以体现，确保战略目标与具体规划的统一。

2. 以工业发展和布局为主要内容

1950 年代规划编制的主要目标是工业发展。其核心内容是将嘉定作为上海建立完整的工业体系中的一环，为上海市发展成为工业中心城市服务。

建国以后，工业发展，尤其是重工业建设，成为当时国际环境条件下我国发展的优先目标，以维护国家安全和民族独立。因此当时我国的工业发展采用了苏联的模式❶，并衍生出一系列位置服务的制度安排，例如高度集权的计划经济体制、全面排斥市场机制的资源调动制度、农产品统购统销制度等。直至 20 世纪 70 年代末的近 30 年时间内，我国工业化走的都是一条以国家为主体，以高度集中的计划经济体制为保障，以财政对农业剩余的转换为枢纽，以重工业自我积累、自我循环为核心的道路（邹兵，2003），而且工业化主要在城市进行，通过在城市兴办工业和建设新兴工业城市来推动（张彩丽，2005）。随着城市功能由"消费型"转向"生产型"，因此城市（包括城镇）成为工业发展的主要载体，而发展工业则成为城市的主要任务。具体到上海，全国工业中心是其承担的主要职能，在全市域内安排工业布局成为其实现这一功能的主要手段之一，那么以市政府为主要决策者的规划行为很自然地就将工业建设作为规划的第一要务。而且由于当时城乡分离的制度环境，对工业建设的安排就集中于主要城镇。农村地区的发展并不属于"城市"规划的范畴。对比卫星城规划和马陆人民公社规划就可以看出，后者是以农业发展为主，工业也主要是小型社队企业，不涉及上海市在嘉定的工业建设项目，因为它属于农村地区。

当然，由于推动者的不同，在 1950 年代的嘉定规划中所反映出的工业化目标也分为两个方面。一是上海市的目标，包括发展郊县工业，外迁中心城区产业和人口等。

❶ 邹兵先生指出，该模式的特点是：一、实行计划经济体制，国家采用非市场方式配置国家资源；二、通过"剪刀差"等交换方式获取农业剩余，保证工业化资本积累；三、以生产外延式的扩大为主要经济增长方式，追求经济增长高速度，以赶超发达国家为目标；四、优先发展重工业和国防工业，采取多用资本和少用劳动的技术路线；五、采取高积累、低消费的政策，资本投入的增长超过国民收入增长。

其代表就是嘉定、安亭、南翔等镇的规划；二是嘉定县政府的目标，即发展地方工业，包括县属工业和社队工业，以满足当地居民生活和大生产的需要。此方面的代表就是嘉定县总体规划。将规划对象扩展到中小集镇，以县属工业和社队工业的发展为主要内容。县属工业集中于主要城镇，而社队工业则均匀分布在县内各地。市—县两级政府的目标存在些许差异，但都在规划布局中予以反映出来。

以工业化为主的规划目标反映了上海市在决策中的主导地位。除此之外，城镇基础设施建设等在规划中也有所表现，但都是为因工业发展而带来的人口增加服务的。由于城镇地区以发展工业为主，不涉及到其他产业，因此只有嘉定县总体规划包括部分地方产业发展的内容。但其核心原则仍然是为上海市服务（表3.11）。

1959年嘉定县总体规划中第一产业发展的目标 表3.11

规划内容	规划目标
农业区划	根据国家需要，更好地为上海市服务
耕作业发展规划	成为上海市蔬菜、瓜果、油料等的重要供应地
畜牧业规划	为上海市提供大量肉、乳、蛋品
水产业规划	为上海市提供水产品，同时满足本县人民的需要

资料来源：根据1959年嘉定县总体规划整理。

3.6.3 市县分离的实施方式

从现有的历史资料和本章中各案例规划与实际的对比来看，1950年代嘉定规划的实施具有计划经济体制的典型特征，即以经济权属为基础的市县分离的项目建设模式。

在计划经济条件下，国家统一管理资源，城市土地为国有，不存在土地市场，土地不能成为商品。任何土地使用的需求都是依仗政府行政划拨。城市规划只是国民经济发展计划的具体化。国家可以通过对城市工业经济组织的管理，间接地达到对城市发展规模与速度的控制（张兵，1998）。在"政企合一"的基础上，各企业按照经济计划来组织建设和生产。而在城市发展和土地利用中占有重要地位的国有企业和机构的管理则是"统一领导，分级管理"，即分为直属企业和地方企业。前者由中央有关的工业部门直接管理，后者则采取归口管理，由相应的中央部门和地方政府的主管部门共同控制。直属企业的建设生产在地方政府掌控之外❶。而具体在嘉定，这一分离现象表现为在规划的实施过程中，由上海市安排的项目与地方发展是完全脱开的。前者由上海市安排，其资金来源、建设规模等完全由市级部门决定，嘉定负责具体的用地供应。单位的性质、税收分配、管理制度都与嘉定地方企业不同。因此在嘉定的工业成分中

❶ "条块分割"就是这一管理体制的结果。由于城市经济组织在中央各部门之间的不同归属，以及基本建设投资的部门管理，造成大部分企业生产生活自成一体，并建立内部自用的基础设施系统，构造自己的小社会。

就有中央部属企业、市属工业企业（见表3.12）、县属集体工业、乡镇集体工业等的区别（科研机构、大专院校也属于部属和市属）。部属企业和市属工业虽然地处嘉定，但并不由嘉定管辖，其工业产值也不计入嘉定统计数字内（所以才会出现1962年由于嘉丰棉纺织厂等11家骨干企业划为市属工业企业，全县工业产值锐减的情况）。而嘉定只负责县属工业和社队工业的安排，也是按照企业所有制性质，实行部门管理或社区管理❶。同样，后者建设的资源则完全来自嘉定，难以获得上海市的支持。市县权属的分离在《嘉定县总体规划》中表现得非常明显。作为上海市的卫星城之一，安亭镇竟然不属于县总体规划中确定的主要工业城镇，因为当时安亭的工业以市属和部属为主。

　　而且从实际的发展来看（图3.4，图3.6，图3.7），在当时能够按照规划设想建成的几乎都是上海市确定的项目，例如1959～1966年，上海科技大学、电子学研究所、计算技术研究所、硅酸盐研究所等8家中央和市属科研单位新建或迁入嘉定，科研用地65公顷，职工近6000人，占当时总人口的六分之一。1969年上海汽车厂、上海阀门厂、上海发动机厂、上海安亭铸铁厂（今汽车发动机厂铸造分厂）、地质探矿机械厂、无线电专用设备厂等12家工厂相继新建或迁入安亭（表3.12）。中央部属和上海市属企业虽然在数量上不占主导地位，但其经济实力却远高于嘉定地方企业。例如在1987年，中央部属和市属工业企业共61家，占总数的4%，而有职工5.13万名，占29%。产值达16.8亿元，相当于嘉定县工农业总产值的62.9%。而嘉定自身则由于经济发展水平的相对滞后，无力支撑规划蓝图中除市属、部属工业之外的宏大的建设规模。

1987年嘉定镇的主要部属、市属企业及其主管部门　　　　　　　　　　　　表3.12

厂名	上级主管部门	创建年月	迁入嘉定镇年月
新华轴承厂	市机电工业局	1958.7	1958.12
上海磁钢厂	市仪表电讯工业局	1951	1961
上海合金厂	国家电子工业部，市仪表电讯工业局	1952.8	1961
上海新沪玻璃厂	市轻工业局	1958	1961年上半年
上海汽车齿轮厂	市汽车拖拉机工业联营公司	1925.9	1963
上海飞轮齿圈厂	市机电工业局	1979.9	1979.9
上海嘉丰棉纺织厂	国家纺织部市纺织局	1935	
上海毛巾十五厂	市纺织局	1939	
上海毛巾十六厂	市纺织局	1943.10	
上海第三十四棉纺织厂	市纺织局	1944.6	
上海红旗水泥厂	市房产管理局	1958.8	

资料来源：根据嘉定县志整理。

---

❶　县属城镇集体企业分别由县工业局、粮食局、畜牧水产局、交通局、乡镇工业局、教育局、民政局等主管。主管部门对所属企业实行人、财、物、产、供、销等的全面管理。乡镇、村办集体企业，由乡镇、村行政组织创建，他们是企业所有权的代表，对企业的规划、生产、财务、劳力、分配以及干部任免等实行全面管理。这种情况直到1991年嘉定工业区的创建才有所改变。

在"政企合一"的基础上，规划的实施就演变为政府根据其自身权属将各类机构和企业在给定的用地内建设起来的过程。这里只存在政府行为，而不存在市场行为。企业只是隶属于政府的一个单位，因此规划也就没有"战略"和"实施"之分，都是实施性的，是为特定的建设目标服务的。计划经济条件下市—郊各司其职的规划实施方式，是中央集中决策、部门分散行动的经济运行体制的系统结构的外在表现。在这种条件下，"统一"的规划蓝图实际上被分割为不同的部分，拥有各自具体的推动者。统一的用地综合平衡只存在于方案中，而嘉定地方政府在当时无力推动隶属于自己管辖范围内的发展设想，也不能制约上海市安排的各企业机构的建设活动。"计划经济并不必然构成城市规划存在的制度基础"（张兵，1998）是当时规划与实际发展脱节的根本原因。

社会主义中央计划经济体制的建立和在这一体制下推动的工业化发展无疑是继资本主义工业化之后人类社会的又一巨大的社会变迁（李路路，2003）。这一变迁的主要特征是资源的高度集中化以及相应的以行政权力等级为基础的资源分配和社会分层体系，即所谓的"再分配"机制：所有的剩余都集中于中央分配系统，然后按照意识形态和国家目标逐层往下分配（I.Szelenyi，1978，转引自李路路，2003）。而1950年代的嘉定规划则非常典型地反映了这一社会权力的等级体制，即以市—县两级行政机构为主，以行政权力的大小决定优先权的规划决策及实施模式。以国家为主体的工业建设和计划经济体制成为当时规划决策与实施的基础。政府集决策者和实施者为一身。规划以安排工业项目为优先目标，在考虑相关配套设施和其他产业发展。而以国家为主导的工业化进程决定了上海市政府与嘉定地方政府的互动方式及双方目标实现的可能性。

从嘉定发展的实际来看，各利益群体在1950年代规划的实施中得到了不同的结果。对于上海市政府而言，发展嘉定、安亭卫星城的目的基本实现，大部分项目都按计划付诸实施。卫星城建设也是其1959年《总体规划初步意见》中少数几个得以贯彻的战略意图之一。虽然卫星城的规模与人口与设想相差较大（意味着未能吸收足够多的外迁工业和人口）。卫星城的规划建设对上海经济发展、合理调整工业布局、分散市区人口起了积极作用。至1990年，卫星城共占地95.4km²，居住人口65万，工厂803家，工业产值达287.2亿元，占全市16.7%。全市的石油化工、钢铁冶炼、化工原料、电站设备、汽车制造、火力发电等重要工业生产基地和重要科研单位主要分布在卫星城。卫星城的发展，还带动全市公路网、电力网、电信网的发展和逐步完善，为郊区农、副、工、贸各业发展，特别是乡镇工业发展创造了条件。对于嘉定县而言，则意味着其地方发展目标的普遍失败。来自上海市安排的工业和科研项目的建成并不能归功于嘉定地方政府。因为前者的投资建设完全依靠的是上海市的力量。除此之外，规划设想几乎全军覆没，嘉定并没有在规划的带领下步入现代工业化的进程。1978年嘉定从事农业等第一产业的劳动力达到了 87.7% 的顶峰，反而比 1950 年代更高，说明在总体上嘉定仍未步入工业化时代（虽然按照产值计算，在 1958 年工业产值就占工农业总产值的 63.3%）。对于基层政府和居民而言，由于规划从决策到实施都不在他们的掌控之内，因此其只能服从于具体建设项目的安排。其权益由于资源的集中化管理而被化约了，只是规划行为的被动接受者，在整个过程中并不具备多少作用力。

计划经济下的工业化目标及与其相配合的系列制度安排（城乡分割的二元制度、条块分割的管理体制、工农业剪刀差等），使 1950 年代规划自产生之日起就不具备普遍性。因为当时的资源条件和经济水平决定了工业化只能是在重点地区以重点项目的形式出现，而不是国民经济中的普遍现象。特别是对用地的需求并不迫切。因此工业化不以农村地区为主体，规划对象集中于城镇。工业化目标的有限性决定了规划对社区空间的影响是以物质技术条件为主要靠考量的、局部的、个别的直接干预。而由于市县双方在整个规划过程中目标与作用的差异及市县分离的实施方式则决定了规划影响大多停留在图纸阶段。

第4章 1980年代规划对社区空间的影响

1950年代开始的卫星城建设将现代城市规划引入嘉定，但由于当时经济发展水平的局限和工业化的主导目标，工业发展始终集中于少数地区，城市规划的作用也很有限。从1960年代中期开始，长期的动乱局面和对城市规划认识的不足导致城镇建设和规划工作一度处于停滞状态，嘉定城市规划编制的数量明显减少，仅有一些工程规划和对嘉定镇的调查。就社区空间而言，仍然维持了依水网形成的均布式格局和自然村落与集镇的形态。这种局面一直持续到1980年代初。

1980年代是嘉定城市规划工作历史中的一个重要阶段。在经过近十年的停滞后，从1980年代初开始，通过生产和行政体制改革，农村地区生产力水平得到极大提高。人民公社制度取消，代之以基层乡镇政权。同时小城镇发展也是国家整体城市化战略的重点❶。所有这一切，都为地处郊区，拥有广大农村地区和小城镇的嘉定县（现嘉定区）创造了良好的条件。自下而上的乡镇企业发展和农村工业化构成了当时嘉定城乡建设取得突飞猛进的经济基础，并迎来了1950年代后又一个城市规划工作的高峰，其编制数量、覆盖范围都较1950年代有了进一步的提升。体现出因经济政治基础的变化而带来的指导思想和推进方式的转变。这一时期是我国在市场经济体制改革之前的重要转型阶段，而对于城市规划自身则是具有承上启下作用的关键环节，其对社区空间的影响也是本书研究的重点。

4.1 1980年代嘉定城市规划工作的基本情况

1980年代嘉定开展城市规划工作的主要时期为1981-1990年，主要是从嘉定、安亭、马陆等镇的总体规划开始，至1990年《城市规划法》实施之前完成编制的一系列规划，其基本情况见表4.1。

---

❶ 实际上在新中国成立后长达30余年的计划经济体制时期，我国一直执行的是"控制大城市规模，积极发展中小城市和小城镇"的整体城市化策略。在政策上，从1950年代起，就向小城镇倾斜。1955年6月，中共中央发出《坚决降低非农业性建设标准》的指示。同年9月，国家建设委员会为了贯彻这一指示，在给中央的报告中提出："新建的重要工厂应分散布置，不宜集中"，"今后新建的城市原则上以中、小城镇和工人镇为主，并在可能的条件下建设少数的中等城市，没有特殊原因，不建设大城市"。1978年第三次城市工作会议确立"控制大城市规模，多搞小城镇"的建设方针。1980年国务院批转的全国城市会议纪要提出："控制大城市，合理发展中等城市，积极发展小城市"的方针，补充了中等城市的部分，在形式上趋于完整。1990年制定的城市规划法规定："严格控制大城市规模，合理发展中等城市和小城市。"在保持传统一致性的基础上，对中等城市的地位做了些微提升。

1981-1990 年嘉定编制的主要规划统计　　　　　　　　　　　表 4.1

规划名称	规划内容	编制单位	编制主体	审批主体	规划性质
■马陆镇总体规划 1981-2000	镇区用地布局，重点地段空间设计	嘉定县规划室	马陆镇镇政府	嘉定县建设局	实施性规划
■嘉定镇总体规划 1982-2000	人口、用地规模预测，道路系统规划，近期建设规划	市规划院，嘉定县建设局	嘉定县政府	上海市建设委员会	介于战略性规划与实施性规划之间
■安亭镇总体规划 1982-2000	工业用地、居住用地．布局	同上	同上	同上	同上
■南翔镇集镇、村镇总体规划 1983-2000	镇区用地布局，重点地段空间设计，农村产业及居民点布局	嘉定县规划室	南翔镇政府	嘉定县建设局	实施性规划
安亭乡村镇总体规划 1983-2000	农村产业及居民点布局	同上	安亭乡政府	同上	同上
马陆乡、戬浜乡、徐行乡、曹王乡、华亭乡、唐行乡、朱桥乡、外冈乡、望新乡、江桥乡、桃浦乡、黄渡乡村镇、集镇总体规划 1983-2000	镇区用地布局，重点地段空间设计，农村产业及居民点布局	同上	各乡政府	同上	同上
嘉西乡村镇总体规划 1983-2000	同上	同上	嘉西乡政府	同上	同上
娄塘乡村镇、■集镇总体规划 1983-2000	同上	同上	娄塘乡政府	同上	同上
长征乡乡域规划 1983-2000	同上	同上	长征乡政府	同上	同上
■方泰镇近期建设规划 1984-1990	同上	同上	方泰镇政府	同上	同上
■嘉定县县域综合发展规划 1988-2000	经济发展规划、城镇体系规划、县域基础设施规划、土地利用规划等	嘉定县县域综合发展规划办公室	嘉定县人民政府	上海市建设委员会	战略性规划
■嘉定镇总体规划调整 1989-2000	人口、用地规模预测，道路系统规划，备用地规划，近期建设规划	市规划院，嘉定县建设局	同上	同上	介于战略性规划与实施性规划之间
■安亭镇总体规划调整 1990-2000	工业用地、居住用地布局	同上	同上	同上	同上

注：带■号的为笔者收集到完整规划资料的规划。

资料来源：根据嘉定区规划局档案馆档案整理。

　　总体来看，1980 年代嘉定规划可以分为以下几类：

　　①上海市和嘉定县共同参与的重点镇规划。主要是嘉定、安亭两个卫星城的总体规划及其调整。此类规划由县建设局和市规划院负责编制，最后报上海市建设委员会

审批。规划仍将卫星城建设作为重点内容之一，其性质和1950年代的卫星城规划相近似。

②镇（乡）政府负责的集镇和村镇规划。前文已经指出，1980年代规划是在小城镇战略的指导下，以农村工业化为支撑开展的。因此以各乡镇为主体的集镇和村镇规划就成为当时规划的主导类型（表4.1）。各规划均由镇（乡）政府组织编制，最后报县政府审批，而非在20世纪50、60年代中由嘉定县委统一组织规划编制的模式。规划编制的根本目的是为了满足各镇产业发展和用地安排的需要。而无论是家庭农业承包经营，还是乡镇企业发展、土地开发等，都有强烈的社区属性❶。因为在农村地区，土地实行集体所有制，乡镇界域内的土地，既是集体财产，为居民的利益分配提供了保障，也成为镇（乡）政府必须亲自负责管理的对象。例如早期乡镇企业的产权就归社区集体所有。镇（乡）乃至村政权在地方经济发展中不是扮演维护市场交易环境、收取税赋等一般角色，而是拥有直接组织资源兴办企业、任命企业经营人员，并且控制企业利益分配、项目投资等一系列重大决策权（邹兵，2003）。镇（乡）、村在很多情况下就是一个独立的经济实体。因此，各镇（乡）出于维护自身利益的需求编制辖区内的总体规划便理所当然，也是经济发展权力下放的必然结果。

③嘉定县负责的县级规划。即1988年嘉定县县域综合发展规划。由县域综合发展规划办公室编制，报上海市建设委员会审批。其编制要晚于绝大部分镇级规划，因此事实上并没有指导各镇规划的编制。但也正是1988年县域综合发展规划，使嘉定才开始第一次拥有全县层面的战略性规划。和镇级规划不同，该规划不再专注于具体建设项目的安排，而是转向全县发展定位和区域空间结构的调整。

综合上文的分析及1980年代规划资料的收集情况，根据规划类型及其推动者的不同，本章案例的选择将涵盖上述所有类型，以全面分析当时规划对社区空间的影响。具体案例包括：

① 1982、1989年嘉定镇总体规划

② 1982、1990年安亭镇总体规划

③ 1983年娄塘镇总体规划

④ 1983年南翔镇村镇规划

⑤ 1988年嘉定县县域综合发展规划

所选规划地区如图4.1所示。

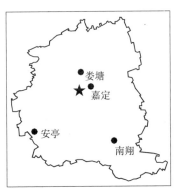

图4.1 所选规划地区分布

注：带 ★ 号代表县级规划，在本图即为1988年嘉定县县域综合发展规划。

---

❶ 所谓的"社区属性"是指产业经营主要以乡（镇）、村两级行政组织为主体开展。以乡镇企业为例，通常情况下是乡办乡有，村办村有，企业归属于哪一级所有就办在哪一级的范围内。因为农村地区的社会组织长久以来是以血缘和地缘为基础的，加上新中国成立后的土地集体所有制，使得社区对产业发展具有较高的主导权，而且主要目的是为了内部成员的利益，具有明显的排他性。关于这一点，邹兵先生在《小城镇的制度变迁与政策分析》中有详细的论述。

4.2　嘉定、安亭两镇总体规划的影响

4.2.1　规划编制过程

嘉定卫星城经过近 20 年建设，到 1979 年常住人口达 5 万余人，城镇范围扩大到 5.7km²，尚有一批投资多、规模大的新建项目需要规划安排。1982 年市规划院和嘉定建设局联合编报《嘉定总体规划》、《嘉定总体规划图（1982 年）》（1983 年批准），根据上海市城市总体规划纲要要求，提出嘉定镇要在已有基础上，创造条件，进一步发展科学研究事业。主要安排科研单位和电子、纺织工业，是"科研、生产、教育"相结合，以科研为主的市郊卫星城，又是全县的政治、经济、文化中心。到 1980 年代末，随着新练祁河开通、沪嘉高速公路通车等建设的开展，嘉定镇的发展突破了原规划范围。为发挥城市综合功能，改善投资环境，市规划院于 1989 年 3 月编制完成《嘉定总体规划调整方案》及《嘉定城总体规划（1989 年）》。用地规模扩大至 21.37km²，人口增加到 20 ～ 25 万。和嘉定相类似，安亭卫星城在 1982 年人口增至 2.8 万人（其中常住人口 1.5 万人），企业事业单位 30 家，职工 1.49 万人。住房紧张、生活设施不配套、市政设施不完善、职工每天往返于安亭与市区之间成为当时城镇发展的主要问题。为配合汽车工业的发展，同年市规划院再次编制了《安亭总体规划》及《安亭总体规划图（1982 年）》（1983 年批准）。到了 1990 年，为适应汽车工业扩大规模的需要，市规划院编制了《安亭卫星城总体规划纲要》及《安亭总体规划图（1990 年）》，将卫星城范围扩大至 16km²，同年得到市建委批复。

在此将嘉定、安亭两镇两轮总体规划方案与实际用地状况进行对比，分析总体规划对社区空间的影响。见图 4.2、图 4.3。

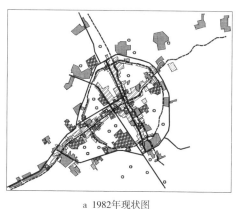
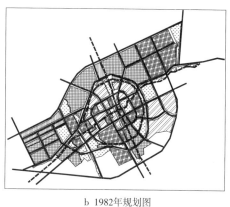

a　1982年现状图　　　　　　　　　　b　1982年规划图

图 4.2　嘉定镇 1982、1989 年总体规划与 1982、2002 年现状的对比（一）

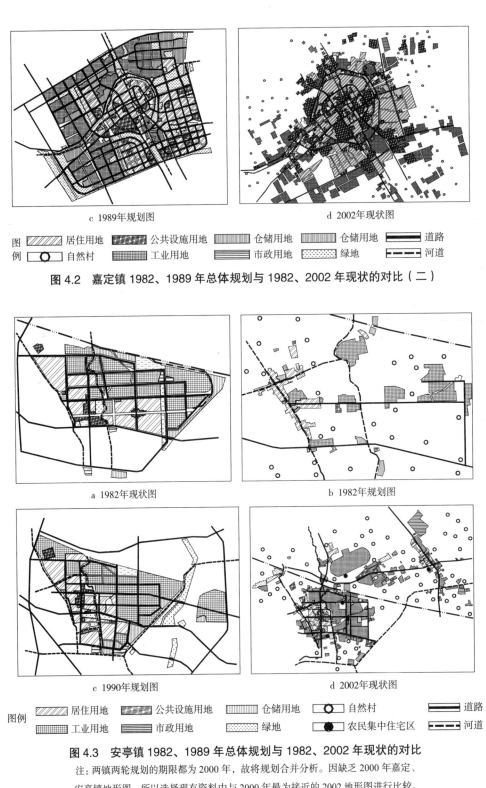

c 1989年规划图　　　　　　　　　d 2002年现状图

图例　居住用地　公共设施用地　仓储用地　仓储用地　道路
自然村　工业用地　市政用地　绿地　河道

图4.2　嘉定镇1982、1989年总体规划与1982、2002年现状的对比（二）

a 1982年现状图　　　　　　　　　b 1982年规划图

c 1990年规划图　　　　　　　　　d 2002年现状图

图例　居住用地　公共设施用地　仓储用地　自然村　道路
工业用地　市政用地　绿地　农民集中住宅区　河道

图4.3　安亭镇1982、1989年总体规划与1982、2002年现状的对比

注：两镇两轮规划的期限都为2000年，故将规划合并分析。因缺乏2000年嘉定、
　　安亭镇地形图，所以选择现有资料中与2000年最为接近的2002地形图进行比较。

资料来源：嘉定镇1982、1990年总体规划，嘉定镇1982、2002年1：2500地形图，
　　　　　安亭镇1982、1990年总体规划，安亭镇1982、2002年1：2500地形图。

4.2.2　规划布局特点

从规划布局来看，两镇规划对现状的调整主要有以下几点：

①用地规模的扩大。嘉定 1982 年规划用地规模达到 13.5km^2，是现状的 2 倍多。1989 年规划进一步扩展到 21.4km^2。规划用地脱离老城向周边地区扩展，逐渐形成新的组团（表 4.2）。安亭镇规划规模也较现状有较大幅度的增长（表 4.3）。和 1959 年规划相比，1982、1990 年规划规模更大，布局更为集中，用地基本上呈"西居东工"的结构。居住区布置在昌吉路以南，和老镇相连。昌吉路以北和于阗路以东地区布置工业区，形成了大规模的工业组团。

嘉定镇各轮总体规划规模对比　　　　　　　　　　　表 4.2

历次规划	人口规模（万人）		用地规模（km^2）	
	现状	规划	现状	规划
1976	4.3	8-10	6.3	13.5
1982	5.0	15-20	5.7	13.5
1989	7.0	20-25	未核实	21.4

资料来源：根据嘉定镇 1976、1982、1989 年总体规划整理。

1982、1989 年安亭镇总体规划规模对比　　　　　　表 4.3

历次规划	人口规模（万人）		用地规模（km^2）	
	现状	规划	现状	规划
1982	2.8	10	3.1	10
1990	5.1	15	未核实	16

资料来源：根据安亭镇 1982、1990 年总体规划整理。

②用地结构的变化。随着用地规模的扩大，规划空间结构也发生了相应的转变。其突出特点就是改变了现状零散的用地分布状态，逐步趋于集中，形成新的组团。居住用地成为布局结构中的一个重要元素。

嘉定镇早在 1976 年总体规划中就明确提出以居住集中点调整行政区划，以"一条里弄，一个街坊"来设街道居委。按照规划对居住用地的布局，所谓的居民集中点便是指传统民居及新建居住小区❶。1982 年规划在此原则的基础上，形成了以 9 个小区为主，并附有配套公共设施的居住用地布局模式。并根据规划用地向周边农村地区扩张的现实，要求在新居住区中合理安排适合农民生产、生活特点的农民居住点。1989 年

❶　需要指出的是，在 1982 年规划之前，嘉定镇于 1976 年编制了一轮总体规划，1982 年规划无论性质、规模的界定还是空间布局都和 1976 年规划几乎完全相同，相关理念也极其相似。

规划布局以环城路内的老城为中心区，外围划为西北、东北、东南、西南4个综合区。各区生产、生活用地相对平衡，每个综合区都设有若干组团，组团内划分小区。通过组团内各类用地的综合平衡来实现人口与产业的均衡布局。和之前的总体规划不同，在1989年规划中，居住用地开始成为一个独立的组织单元。

安亭镇在1982年规划中，新居住区集中于昌吉路以南，并围绕公共设施形成两个较大的组团，以此推动城镇中心南移。在1990年规划中，则在1982年规划的基础上，将工业区和居住区的规模继续予以扩大。居住区向南拓展，布局方式为组团式，每个组团划分若干小区。安亭镇也提出类似的以小区为核心设立居委的设想。居住用地开始成为镇区布局中的一个要素，以居住小区为主要构成单元，并结合相关服务设施形成独立的组团。

4.2.3 规划影响分析

从两镇1982-1989（90）年两轮规划指导思想和布局模式可以看出，规划对社区空间的影响主要集中在两个方面：

1. 社区空间界域

相对于现状，规划用地规模有较大幅度的增长，向建成区周边持续扩张。因此，规划用地对于现有社区空间界域的干预是规划对社区空间最直接的影响。例如嘉定镇护城河外的自然村。因此在嘉定1982年规划中才有了将农民集中于老城内居住的设想，并在梅园、桃园、三皇桥小区建设中付诸实施（图4.4）。而安亭镇由于工业发展对用地的需求，1990年规划工业用地为7.2km^2，比1982年的4.0km^{2}增长了80%。工业用地对农村社区空间的侵占是规划影响的主要表现形式之一。

图 4.4　1980 年代的三皇桥小区

2. 社区空间组织模式

在1980年代之前，嘉定各镇内的行政区划是以地理界限和街道序列为依据划分的。如在1950年代，嘉定镇尚为城厢区时，辖区内下辖3镇，是以练祁河和护城河为界（图4.5）。而在1983年之前，嘉定镇内的分社是以道路序列划分，如城南联社一分社、二分社、三分社等（安亭与之相似，镇内以街道序列划分为第一、第二、第三、第四、第五、第六 6 个居民委员会）。1980 年代后，总体规划为适应基层社会管理模式转变的需要，意图促成以居住小区为核心的社区空间的形成。规划将设计手法与管理手段相结合，使最初以规划技术为基础的居住小区设计，超越物质层面成为社区空间的基础，这是规划对社区空间最突出的影响。

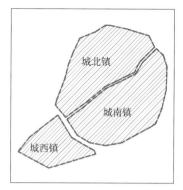

图 4.5　1958 年嘉定镇行政区划图

嘉定 1982 年规划首次提出了以集中居住区作为安置农民的住区形态，设法通过规划手段使规划范围内所涉及的农村社区向城市社区转化，以改变原有自然村落占地多，不利于领导和生产的现象。集中型农民居住区位于老城内。除单户面积较一般城市小区更大外，基本空间形态和城市小区基本相同，农民居住区利用城市的服务设施，未来将完成向城市社区的转化，成为城市社区的一部分，可作为农民集中安置的一种雏形。

而从规划与 2002 年两镇空间发展实际的对比中可以发现：

①实际用地规模和布局介于 1982 年规划和 1989 年规划之间。嘉定镇老城区的布局和 1982 年规划预测基本一致。在老城区外，1989 年规划确定的 4 个组团只大体形成了 2 个，都位于南部地区。而老城区北部城市化水平偏低，城市用地规模甚至未达到 1982 年预期，布局零散，未形成大规模的工业和科研聚居区。在用地性质上也存在较大偏差，工业用地较少，以公共设施和居住用地为主。安亭镇用地结构和规划布局相同。2002 年实际用地规模为 11.5km²，低于 1989 年规划预期的 16km²，比 1982 年规划预期略大。而受行政区划调整的影响，工业越过沪宁铁路向北发展，而非规划中的跨过蕰藻浜布局。由于城市发展在规模与方向上与规划设想的偏差，因此受城市扩展影响的农村社区在数量及方向上与规划预期不同，城市扩展所占用的农村社区数量较规划预期少。

②从行政体系上对社区空间的划分来看，居委会空间基本上是以居住小区为主，结合一定的配套设施构成。例如在老城内部，从 1987 年开始居委划分就以小区为主，如桃园新村一居委、李园二村一居委、梅园新村居委等，共 27 个居委。在 2000 年之后，经过行政区划调整，老镇内对居委会进行了归并，居委会空间大部分以小区边界为限（图 4.6）。在老城外，2003 年嘉定镇周边地区的社区（包括居委和行政社区），位于 1982 年和 1989 年规划中所确定的居住组团内，大多由几个居住小区及其附属公共设施构成（图 4.7）。安亭镇也经历了类似的调整过程。在 1987 年后，安亭镇居委会辖区由原来按街道序列，转为按照城市小区划分。其 8 个居委会分别是迎春社区、红梅社区、玉兰一村社区、玉兰二村社区、玉兰三村社区、玉兰四村社区、紫荆社区、方泰社区，均是由城市小区及其附属设施构成（图 4.8）。

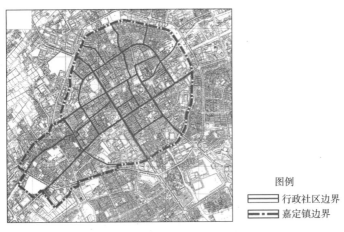

图例
▭▭▭ 行政社区边界
▭▪▭ 嘉定镇边界

图 4.6　1987 年嘉定镇行政区划图

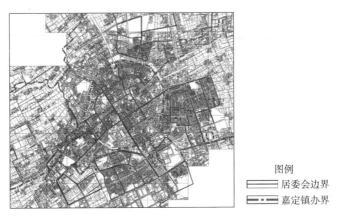

图例
▭▭▭ 居委会边界
▭▪▭ 嘉定镇办界

图 4.7　2002 年嘉定镇及周边地区行政区划图

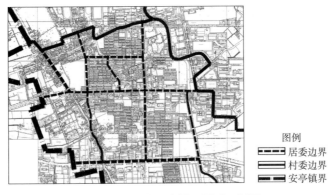

图例
▭▪▭ 居委边界
▭▭▭ 村委边界
▭▭▭ 安亭镇界

图 4.8　2002 年安亭镇区居委区划图

案例 4.1　以居住小区为主的居委社区空间

　　菊园新区的嘉宁居委和嘉富居委是目前以居住小区为主要构成元素的行政社区的
典型实例。两者在行政界域上并不属于嘉定镇，但都位于嘉定镇 1989 年规划范围内。

　　两个居委都成立于 2002 年，属于新建的居委社区（图 4.9）。

　　嘉宁居委包括嘉宁坊、嘉华居、平城路、文诸路、新城风景 5 个小区，总人口 1900 人，以动迁户为主。嘉富居委包括嘉富坊、嘉仁坊、嘉寿坊三个小区，总人口为 4122 人。

a 嘉宁居委 2002 年现状图　　　　　　　b 嘉富居委 2002 年现状图

c 嘉宁居委活动中心　　　　　　　d 嘉宁居委下辖小区

e 嘉富居委活动中心　　　　　　　f 嘉富居委下辖小区

图 4.9　嘉宁、嘉富居委现状

　　两个居委下辖的小区均为 20 世纪 90 年代后建设的多层住宅区，小区设施水准、居住环境和居民构成都比较接近。社区活动以居委为单位组织，包括党员活动、便民活动、居民联欢等。例如嘉富居委每周 4 上午要举办社区服务会和医疗咨询服务，下午举办读书会。还有居民自发组织的健身队、小记者队等。以小区构成的居委是目前城镇地区主要的社区组织形式。

综合嘉定、安亭两镇两轮总体规划与现状的对比，可以看出由于城镇规模并未达到规划预期，因城镇用地扩张而受到影响的农村社区较预期为少，但规划对社区空间组织模式的改造设想基本得以实现。规划所确定的居住用地组团式布局也成为进行社区管理制度改革后新社区空间界定的依据。

综上所述，本书认为规划对社区空间的影响如下：

影响对象　农村社区和城市社区

影响内容　社区空间界域、社区空间组织模式

影响方式　物质空间干预、居住用地布局及随后的行政区划调整

影响实效　基本实现

4.3　娄塘镇总体规划和南翔镇村镇规划的影响

4.3.1　娄塘镇总体规划的影响

娄塘镇1983年总体规划是1980年代早期嘉定编制的集镇总体规划的典型。在1983年，娄塘镇总人口为0.6万人，建设用地为55.6hm^2。全镇依横塘、横沥两条纵横交叉的河道而建，镇区内用地布局零散，工业、居住、公共设施用地互相混杂，此外还有大量农田和自然村。除少量居住小区外，大部分住区都是零散分布的民居和农宅。由于当时集镇经济发展，人口增加，工业建设增多，因此规划的主要目的是为了满足城镇生产生活的需要进行用地与设施布局。通过对各类用地的整饬来改变现状布局零散、土地利用效率低的状况。具体而言，规划的主要内容包括两个方面：

首先是镇区用地布局，即通常的用地分类及地块划分。如图4.10。其次是重点地区的规划设计。实际上这才是1983年规划的主要内容。规划对象包括镇中心区和农村居民点。规划地段如图4.11所示。对农村地区的住区，通过建设农民新村来改善原有住区形态和环境。其建设以生产队为单位，进行住区规划。此类规划一般由村委和设计部门联合开展，并融合在总体规划中例如娄塘生产八队的改造，以居住小区的布局模式取代原有农村住宅，并配有幼儿园、小区公建等服务设施（图4.12）。对城镇地区，以多层住宅取代原有散落的民居。例如娄塘南街周边地区的改造。由于规划将重点放在对原有镇区的改造上，规划人口只增长了0.7万人，建设用地增长了13.3hm^2，而居住用地只增长了1.2hm^2。

从上述规划内容可以看出，和同期的嘉定、安亭镇规划不同，由于镇区规模小（仅包括两个居委），因此娄塘镇总体规划的重点在于微观的空间形态设计，而并未调整社区空间的组织架构。因为在这种规模下已经很难再对社区空间进行进一步的划分。规划试图以现代的居住小区和住宅取代当时零散的农村和城镇传统民居，其对社区空间的影响主要集中于空间形态。

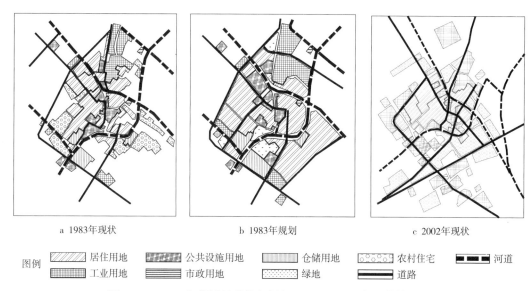

　a 1983年现状　　　　　　　　b 1983年规划　　　　　　　　c 2002年现状

图例　▨ 居住用地　▨ 公共设施用地　▥ 仓储用地　◯ 农村住宅　▬ 河道
　　　▦ 工业用地　▤ 市政用地　▨ 绿地　▭ 道路

图 4.10　1983 年娄塘镇总体规划与 1983、2002 年现状的对比

注：因缺乏 2000 年娄塘镇地形图，所以选择现有资料中与 2000 年最为接近的 2002 地形图进行比较。

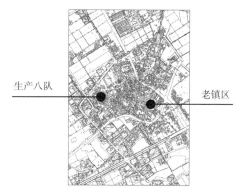

图 4.11　1983 年规划中重点设计的地区

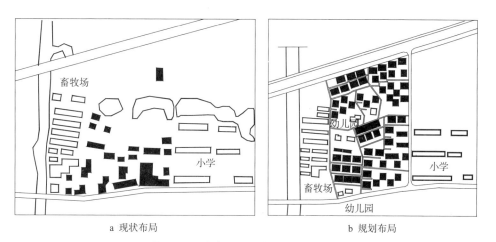

　a 现状布局　　　　　　　　　　b 规划布局

图 4.12　生产八队现状与规划的对比

　　根据规划与2002年镇区的对比，在全镇层面，用地布局与规模和规划预期基本相符（表4.4）图4.13。在详细设计的地段，则与规划布局相接近，规划对原有娄塘居住区的改造部分得以实现。生产八队和老镇区的实际空间布局如图4.14和图4.15所示。

规划规模与实际规模的对比		表4.4
	人口规模（万人）	用地规模（hm²）
1983年规划	1.2	80.3
2000年现状	2.1	90.1

a 老镇区现状　　　　　　　　　　　　b 老镇区规划

图 4.13　老镇区现状与规划的对比

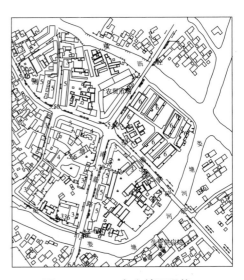

图 4.14　2002年生产八队现状　　　　图 4.15　2002年老镇区现状

以生产八队为例，在规划完成后，村委按照规划规范村民的建设活动，以居民自建住宅为主。改造后的住区规模、布局与规划相近似，但是缺少幼儿园、小区公建等设施。其本质上属于农民自发改建的居民点。在老镇区，部分地区建设了多层住宅，但地点和规划布局不完全一致。

娄塘镇 1983 年总体规划在整体布局和规模预测上与实际偏差不大，但空间设计与实际状况存在些许出入。推动建设的主体分为两类：一是镇政府，主要负责城镇地区住宅建设；二是当地农民的住宅翻新改建活动，因为受各类体制、经济因素的制约，政府难以参与其中，因此也并未完全按照规划蓝图的要求进行改造。事实上，娄塘镇周边大多数传统村落都由村民进行了类似的改建活动。新的农村居住形态和生产八队的住区基本相同。对于娄塘这样一个地处嘉定北部，长期以来经济发展水平一直落后于南部地区（见第 2 章相关论述）的小型城镇而言，农民自发的建设活动构成了 1980 年代乡镇建设事实上的主体，这一点和嘉定、安亭等逐渐向中小城市转变的城镇有较大不同。

综上所述，本书认为，娄塘镇 1983 年总体规划对社区空间的影响主要有以下几个方面：

影响对象　农村社区和城镇社区

影响内容　社区空间形态

影响方式　居住小区设计

影响实效　基本实现

4.3.2　南翔镇村镇规划的影响

南翔镇 1983 年村镇总体规划是当时村镇规划的典型代表。当时南翔镇工业发展很快，镇上有 13 个市、县属工厂，三十多个镇办、社办工业企业。每个大队都有队办工厂、畜牧场、蘑菇场。集体经济壮大，农民收入提高，建房数量成倍增长。乡镇工业的发展和农民建房占用了大量耕地，因此镇政府出于合理利用土地的考虑编制村镇总体规划，以期科学安排农村地区的建设布局。规划的主要内容有以下两个方面：

①村镇居民点布局。规划希望通过拆并小型自然村落，合理布局宅基地来规范农村建房活动，以节约土地资源。规划共拆并了 31 个小型村落，占当时自然村总数的 16%。确定布局 168 个村落，安排宅基地 1582 户，占总户数的 71.3%；新宅基地 631 户，占 28.7%。为了实现规划目标，规划还规定了严格的实施措施，包括被拆并的自然村不准再安排农民建房，对占用耕地的建房活动进行严格审批，并要求各村村委会按规划的要求配合实施工作。

村名	原自然村数	规划自然村数	规划户数
裕南	13	10	78
裕北	7	6	65
窑村	14	13	247
永乐	12	9	149
永丰	14	13	90
红翔	7	7	176
翔二	17	14	140
永利	6	4	43
华丰	11	11	90
槎山	12	10	66
静安	14	9	110
曙光	13	12	165
新丰	10	5	117
勤耕	7	7	166
管弄	10	8	97
半图	9	9	158
三陈	12	11	209
沈家	12	11	47
水产队			20
合计	199	168	2233

1983年南翔镇村镇规划自然村拆并统计表　表4.5

资料来源：1983年南翔镇村镇规划。

从表4.5中可以看出，南翔19个村委中，有14个进行了自然村拆并。拆并最多的为新丰村委，共5个，占原有自然村数的一半。拆并最少的为1个自然村。拆并活动是以各村委为单位。

②产业点布局。工业和其他产业的选点是规划的重点内容之一。因为当时提出农、副、工年总产值要翻两番的目标。规划布局了3个工业点和2个畜牧业点，发展社队企业（即乡镇企业）。

实际上上述两个重点内容的内在目标是一致的。通过村镇居民点的布局以节约土地资源，为乡镇企业的发展提供支撑，并改变当时镇域内居民点、工厂、农副业点互相混杂的情况，实现用地布局的合理化。规划并未主动调整农村地区的居民点分布的整体格局，农村地区仍然保持了村委会—自然村的空间架构，而且自然村落仍然是在整个镇域内均匀分布的。规划只是拆并了部分小型村落，并扩大了自然村的规模。规划实施主要依靠村委、镇政府对其进行监督。

1983 年南翔镇村镇规划有初步的将农村居民点集中布局并扩大其空间规模的设想，反映了当时农村工业化发展客观上引发了居民点集中的需要。但这种调整是局部且初级的。推动农村工业化发展的乡镇企业本身就是规模小且分散的，依赖于基层村、镇组织而存在。因为其产权关系和行政组织紧密结合，反而制约了其本身向大规模集中化经营方式的转变。上海市在郊区推行"三集中"政策初期的失败就是典型的例证（邹兵，2003）。如果企业建在基层社区内，村委可以收取土地租赁费和厂房租赁费，这些是一些基层社区主要的收入来源，而且企业的部分利润也可用来投资农业、改善社区居民福利。而一旦转入工业园区，办理土地手续的费用要比直接使用村集体土地的费用要多很多，而且社区也无法从企业发展中获得属于自己的红利。土地集体所有制为社区居民分享企业利益提供了制度保障，而且土地产权的排他性决定基层乡镇和村委政权以其行政界域为工作边界，也使乡镇企业具有天然的封闭性。因此，基于乡镇企业发展的村镇规划对农村居民点的调整必然是局部的，以满足个别企业和居民点建设用地条件为目的的初级改造。1983 年南翔村委平均拥有 10 个自然村，规划后村委平均拥有 8 个自然村，只减少了 2 个。而规划自然村平均户数仅为 13 户。可以看出原有农村社区空间的结构并未得到根本性的改变。

从 2002 年的现状与规划布局的对比中可以看出（图 4.16），除了镇区规模比规划预测的要大外，规划确定的自然村布点与现状基本相符。当然，由于人口增长、外来人口涌入等因素，其实际的人口规模和用地规模并不完全一致。

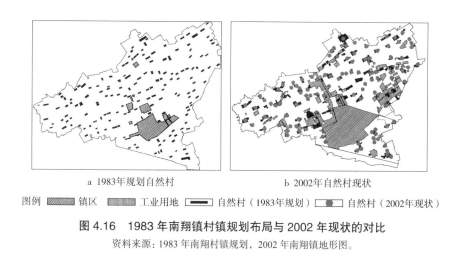

a 1983 年规划自然村　　　　　　　b 2002 年自然村现状

图例 ▨ 镇区　▨ 工业用地　▬ 自然村（1983 年规划）　▭ 自然村（2002 年现状）

图 4.16　1983 年南翔镇村镇规划布局与 2002 年现状的对比

资料来源：1983 年南翔村镇规划，2002 年南翔镇地形图。

综上所述，本书认为，南翔镇 1983 年村镇规划对社区空间的影响主要有以下几个方面：

影响对象　农村社区

影响内容　社区空间界域

影响方式　自然村合并
影响实效　基本实现

4.4 嘉定县（现嘉定区）县域综合发展规划的影响

4.4.1 规划编制过程

1988 年《嘉定县县域综合发展规划》（1988-2020）是根据当时中共中央 1 号文件中关于"县一级要制定本地区综合发展规划，充分发挥地区优势，全面发展地方经济"的精神，由上海市农业委员会、计划委员会、规划委员会共同确定嘉定为上海市开展县域综合发展规划工作的试点县，是上海市首个县域综合发展规划。1988 年嘉定县人民政府成立了嘉定县县域综合发展规划领导小组，还聘请市县有关专家为顾问，下设办公室作为开展工作的日常机构，开始规划编制工作。1989 年底编制工作完成，同步编制的规划还有嘉定、安亭总体规划的调整、嘉定县域工业小区规划布点方案、江桥乡、长征乡等地的乡域规划。1990 年，上海市农委、计委、建委联合主持召开了鉴定会，上海市 2 位副市长视察了编制工作，最后经市农委、计委、建委批复。

该规划内容包括经济发展规划、城镇体系规划、土地利用规划等。在该规划中，与区域空间发展直接相关的包括城镇体系规划和土地利用规划。在城镇体系规划中确定区域城镇结构和城镇用地规划，再通过土地利用规划加以落实。

在此将 1988 年规划与 1986 年现状、1997、2003 年现状用地进行对比。分析规划对社区空间的影响。见图 4.17。

a 1986 年现状图　　　　　　　　　　b 1988 年规划图

图 4.17　1988 年规划与现状及规划期限土地利用实际的对比（一）

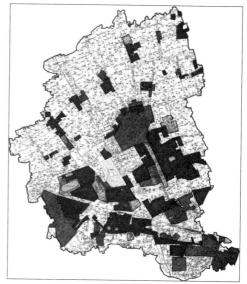

c 1997 年现状图　　　　　　　　　d 2003 年现状图

图例 ▨ 居住用地　▨ 工业用地

图 4.17　1988 年规划与现状及规划期限土地利用实际的对比（二）

注：1988 年规划的期限是 2000 年，但由于缺乏 2000 年嘉定区土地利用图，因此本文选取 1997 年和

2003 年两年的嘉定区土地利用图，从中可以大致推断出 2000 年的区域土地利用状况。

资料来源：1988 年嘉定县县域综合发展规划，1998 年嘉定区区域规划，2004 年嘉定区区域总体规划纲要。

4.4.2　规划布局特点

　　规划区域空间结构仍以嘉定、南翔、安亭三镇为主体。嘉定是全县最大的城镇，和南翔、安亭两地一起构成了主要的城镇生活区。用地布局也仅限于对工业和居住两大用地及农田。工业用地主要集中于嘉定镇周围，成为全县最大的工业基地，安亭、南翔的工业用地规模较小，其他的工业用地零散分布于娄塘等小型集镇。县域南部为蔬菜副食品加工区，中部为中心商品棉粮经济作物区，北部为商品棉出口经济作物区。

　　通过对比可以发现，规划布局对现状的调整主要有以下几点：

　　①空间规模的扩大。规划 2000 年城镇用地达到 37km²，是 1986 年 16.5km² 的 2.2倍。远期用地达 66.3km²，是现状的 4 倍。嘉定全部 18 个镇及县城，规划规模都要超过现状（表 4.6、表 4.7）。

1988 年规划规模与现状的对比　　　　　　　　　　　表 4.6

	现状	1988 年规划（2000 年规模）	1988 年规划（远期规模）
人口（万人）	16.7	37.3	62.9
用地（km²）	16.5	37	66.3

资料来源：根据 1988 年嘉定县县域综合发展规划整理。

② 城市用地的相对集中。工业用地和居住用地呈集中布局趋势，特别是大型城镇周边的小型城镇相关用地规模缩小，集中于大型城镇内。例如嘉定镇周边的娄塘、外冈、华亭、曹王等地。娄塘、外冈的居住用地均大幅减少（娄塘在宝钱公路以南的居住区完全消失），而主要成为工业区，其用地规模的增长也源于工业用地的增加。华亭、曹王等地的工业用地则完全取消，主要成为居住区。不仅主要城镇的功能更集中，规模更大，小型城镇也倾向于专业化发展。

相对于小型集镇，一些重点城镇，如嘉定、安亭、南翔城镇规模的扩大更为明显。在保持了基本的城镇体系结构的前提下，重点城镇得到了优先发展。嘉定、南翔、安亭三地人口规模占总人口的比例由 66% 提高到 76%，用地比重由 69% 提高到 78%，反映出主要城镇主导地位的强化。

主要城镇 1986 年现状规模与规划规模的对比　　　　　　　　　　表 4.7

	1986 年现状		1988 年规划	
	人口规模（万人）	用地规模（km^2）	人口规模（万人）	用地规模（km^2）
嘉定镇	7.3	8.0	15.0	13.5
南翔镇	2.1	8.0	5.0	5.0
安亭镇	1.7	2.1	10.0	10.0
其他乡镇	5.5	5.1	7.3	8.5

资料来源：根据 1988 年嘉定县县域综合发展规划整理。

4.4.3 规划影响分析

从规划与现状的对比中可以看出，如果 1988 年规划得以实施，其对社区空间的影响主要集中在以下几个方面：

① 社区空间分布。居住用地的集中式布局，其实际意图就是促使人口向大型城镇和集镇聚集，形成大规模的人口聚居区，作为城镇发展的依托。在人口集中分布的情况下，社区空间必然相应地呈现出集聚的趋势。在农村地区，受"有计划地发展农村居民点"意图的影响，发展条件较好的居民点集中形成大规模的人口聚居区。传统上零散的、低密度的社区空间分布状况将得到改变，部分小型自然村落将逐渐衰败、消亡。而城市社区也将集中于主要城镇周边。

② 社区空间规模。人口和社区空间集中的一个直接后果就是社区规模扩大，以容纳不断增长的人口规模，形成大规模的人口聚居区，比较突出的是农村居民点。规划主要通过区域空间布局的重组和政策建议推动人口和产业的集中，这是规划对社区空间影响的主要方式。相比之下，规划用地对现有社区空间的侵占在部分主要城镇周边也存在，但并非主要影响。

在 1988 年综合发展规划的布局中可以很明显地看到当时农村工业化和小城镇战略的影响。即将小城镇作为近郊农村地区城市化的主体。在嘉定县内的 1 个县城（嘉定城）、1 个卫星城（安亭镇）、16 个镇中，规模最大的为 25 万人（嘉定城），除嘉定、安亭、南翔外，其余 15 镇平均远期规划人口规模仅为 0.9 万人，用地规模仅为 1km²（这还是包括了各乡镇规划的工业小区的规模）。规划没有推动行政区划的调整与合并，对安亭、南翔这两个人口规模已经达到小城市标准的仍称为镇。而农业用地得到大规模的保存则说明一方面嘉定仍要承担为中心城区供应农副产品的任务；另一方面规划并未将现代城市作为嘉定发展的目标，仍把嘉定视为传统意义上的郊区，因此赋予农业以基础地位。

而将 1988 年规划的用地布局与 1997、2003 年用地实际状况进行对比，可以发现：

① 规划规模明显偏小。和现实相比，1988 年规划所确定的用地规模明显偏小，在 1997 年，城镇规模就已达到 40km²，2003 年已经达到了 125km²（图 4.18）。假设 1997 年后嘉定区城市空间拓展是一个匀速的过程，则可推算出 2000 年的用地规模为 82km²，占全区总面积的 18%，是 1988 年规划所确定的 2000 年应达到的 37km² 的 2.2 倍，远期应达到的 66.3km² 的 1.2 倍。

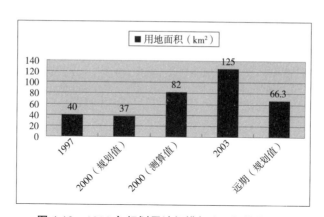

图 4.18　1988 年规划用地规模与实际规模的对比

②区域空间结构与预期不符。在 1988 年的规划中，仍然延续了自 1959 年全县总体规划以来就确定的以嘉定、安亭、南翔三镇为中心的结构。嘉定镇不仅是全区的核心所在，也集中了最多的工业用地。安亭、南翔是主要的集镇。除城镇和工业建设用地之外，沪宁铁路以南和南翔镇以东地区作为蔬菜和副食品生产区，中部为中心商品粮棉经济作物区，北部为商品棉出口经济作物区。3 个主要中心城镇分散于广阔的农业生产区之间，彼此之间较为独立。

在 1997 年，工业用地已经明显呈向主要交通干道，如沪嘉高速、曹安公路、沪宜公路集中的趋势，而嘉定镇周边的工业用地规模与规划预测相去甚远（此时城市用地的总规模已经超过规划预期，也就意味着在总规模相当的情况下，原规划中嘉定镇集中发展意图的失败）。区域空间的中心明显南移，城市建设和工业开发集中于嘉定、南翔、安亭之间的三角地带，而江桥、真新两地已完全连片发展，城市建设与中心城区相差无几。

结合1997年和2003年的用地布局，可以看出期间嘉定城市空间的拓展经历了一个以交通干道为主轴，逐渐向周边地区延伸的过程。交通干道沿线地区的区位优势是用地开发最初始的动力。之后随着次级道路网络的完善，城市形态由带形转为团块式布局。但总体来看，仍然位于靠近交通干道的地区。2000年的嘉定区域空间布局毫无疑问处于1997年和2003年的中间状态，无论如何都和1988年规划所确定的分散的集中团块式布局存在较大差别。

由于城市用地实际发展的规模和构成均与规划预期有很大出入，因此区域空间形态也必然突破了规划的限定。在1988年的规划中，城市用地大部分都是围绕主要城镇——嘉定、安亭、南翔呈集中式布局。如嘉定卫星城，就是以嘉定老城为核心，周边环绕着大量工业用地。安亭、南翔也是依托老镇进行工业用地布局。但在实际中，城市用地沿交通线展开的态势更为明显。在主要交通走廊——沪宁铁路、沪嘉高速、沪宜公路、曹安公路附近集中了大量的工业区和农民集中居住区，土地开发呈连片的带状趋势。而设想中的工业用地主要围绕嘉定老城的环状布局模式根本没有实现。

③用地构成不同。和1988年规划相比，在2000年后，嘉定土地开发的一个突出特点就是工业用地的大大增加和农业用地的相对萎缩。全区用地加速向城市用地，特别是工业用地转化。1988年规划用地结构和2003年实际的比较见表4.8。

分类土地规划与现状的对比　　　　　　　　　　　　　　表4.8

		1988年规划		2003年现状	
		面积（km²）	比重（%）	面积（km²）	比重（%）
城镇建设用地	城镇用地	34.1	64.3	42.9	34.3
	工业用地	9.5	17.9	45.6	36.5
	对外交通用地	—	—	9.7	7.8
	其他	—	—	26.8	21.4
非城镇建设用地	耕地	299.5	69.5	259.7	76.6
	绿地	7.7	1.8	5.1	1.5
	农民宅基地	50.1	11.6	52.1	15.4
	水域	73.6	17.1	22.0	6.5

注：由于1988年规划部用地分类标准与目前所使用的《城市规划编制办法》中相关标准不同，故相关数据根据现行标准进行了重新核算。

通过该表我们可以发现，用地面积超过规划预期的有城市建设用地（大类）、城镇

面积（分项）、工业用地（分项）农民宅基地（分项）；低于预期的有非城市建设用地
（大类）、耕地（分项）、水域（分项）。

1988 年，嘉定实际的工业用地面积大约为 $9.5km^2$。在县域综合规划中，虽未明确
规定工业用地的面积，但根据相关数据的测算，应该不超过 $18.9km^2$。但到了 2003 年，
工业用地已达到 $59km^2$，大大超过原有预期。城镇面积为 $56.3km^2$，比预计的 $34.7km^2$
多出 $22.2km^2$，增幅达 65%。而城镇用地的总面积为 $125km^2$，比预计的 $71.8km^2$ 多出
$53.2km^2$，增幅达 74.1%（图 4.19）。从用地结构来看，1988 年规划中，城镇面积约占
城镇总用地的 47.4%，工业为 26.3%，而 2003 年这两项比例依次为 45% 和 47.2%，可
以看出工业用地已在城镇建设与开发中占据主导地位，其发展速度大大超过规划预期。

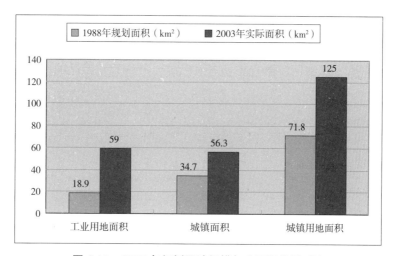

图 4.19　1988 年规划用地规模与实际规模的对比

与城镇建设用地和工业用地的超预期增长相比，非城市建设用地和耕地的下降幅
度虽不惊人，但无论是相对值还是绝对值，较规划预期都有所减少。2000 年耕地面积
为 $243km^2$，比规划预期少了 $56.5km^2$。2003 年非城市建设用地为 $338.9km^2$，比规划预
期少了 $85.4km^2$。非城市建设用地与城市建设用地的比例也从 6.8：1 下降为 3.7：1。

通过区域空间实际发展的对比，可以发现规划对城市发展速度及其动力机制预测
的偏差，因此造成实际的空间发展形态与规划设想大相径庭。可以说，1988 年规划基
本被区域发展的实际所否定。而规划对人口布局的设想及其引发的社区空间的变化也
未能实现。主要表现在：

①对于城镇地区，1988 年规划中希望将区域人口集中于重点城镇，通过人口和产
业的重新分布来促进大型城镇产生的设想并未得到实现。嘉定、南翔、安亭三镇的居
住用地规模均比规划预测得要小。城镇社区的空间分布与规划设想相差较大。居住用
地在总体上是仍呈分散状态，并在靠近上海市中心城区的江桥、真新以及嘉定东南部

等地区局部集中。

②对于农村地区，虽然规划提出了"有计划地发展农村居民点"，引导农民向部分居民点集中，促使小型自然村落消亡的设想，而且在2000年后，嘉定各地都陆续建成了一些大型的农民集中动迁住宅区，但此类住宅区的出现并非源于对现有条件较好的居民点的发展，而是受工业区开发、房产开发、基础设施建设而引发的动迁行为的推动，完全新建的住宅区，是一种在城市快速发展条件下的速成式、标准化建设。在2000年之前，此类居住区并未得以建设。同时，农村村落的消亡也并非"自然"的，是被各类开发和建设活动直接夷为平地。

简而言之，规划希望通过以产业集聚和经济发展为基础，渐进式地自然引发人口的集中，从而形成大规模人口聚居区的设想被现实所否定。嘉定在20世纪90年代发展的速度与方向大大超过了规划的预计，因此使得1988年规划对社区空间的预期影响并不成立。

综上所述，本书认为，1988年嘉定县县域综合发展规划对社区空间的影响主要有以下几个方面：

影响对象　农村社区和城镇社区

影响内容　社区空间分布，社区空间规模

影响方式　规划空间布局

影响实效　未实现

4.5　1980年代规划对社区空间影响的总结

在此，将1980年代各轮区域规划对社区空间的影响和实效统一汇总，见表4.9。

<table>
<tr><td colspan="5" align="center">1980年代规划对社区空间影响统计　　　　　　　　　　表4.9</td></tr>
<tr><td>规划名称</td><td>影响对象</td><td>影响内容</td><td>影响方式</td><td>影响实效</td></tr>
<tr><td>1982、1989年嘉定镇总体规划</td><td>农村社区和城镇社区</td><td>社区空间界域
社区空间组织模式</td><td>物质空间干预
居住用地布局</td><td>基本实现</td></tr>
<tr><td>1982、1990年安亭总体规划</td><td>同上</td><td>同上</td><td>同上</td><td>同上</td></tr>
<tr><td>1983年娄塘镇总体规划</td><td>同上</td><td>社区空间形态</td><td>居住小区设计</td><td>同上</td></tr>
<tr><td>1983年南翔镇村镇规划</td><td>农村社区</td><td>社区空间界域</td><td>自然村合并</td><td>同上</td></tr>
<tr><td>1988年嘉定县县域综合发展规划</td><td>农村社区和城镇社区</td><td>社区空间分布
社区空间规模</td><td>规划空间布局</td><td>未实现</td></tr>
</table>

1980年代嘉定规划是以各乡镇为主要对象，以基层行政体制改革和农村工业化为基础进行的。从1980年代初各乡镇编制的集镇和村镇规划开始，至1988年嘉定县县

域综合发展规划，均反映了规划的上述属性。以小城镇为核心的城市化战略以及乡镇经济发展水平的提高在 1980 年代规划中都得到了实质性的体现，使得规划对社区空间的影响具有一些鲜明的特点，具体表现为：

4.5.1   社区空间组织模式开始成为影响的主要内容

和 1950 年代相比，1980 年代规划除了因规模扩大和对原有镇区、村落的改造而影响到社区空间界域外，对社区空间组织模式的改造业已成为影响的重点内容，并为嘉定社区空间未来的发展奠定了基础。

规划通过居住用地布局，以居住小区为主体形成新的社区空间。在这一过程中，规划首先有意识地主动考虑对社区空间的塑造，并采取了人口迁移、行政区划调整等辅助手段。居住功能不再仅仅依附于其他功能而存在，居住用地布局也成为规划中的重要环节，成为规划推动人口集中和加强城市管理的手段之一。在一些发达地区的城镇，以小区为主体的城镇社区组织模式已成为现实。

4.5.2   以局部地区的调整为主

在本章分析的案例中，各规划对社区空间的影响都集中于局部地区，并且不超过行政界域，通过对空间形态和组织模式的调整来对社区空间施加影响。规划并未对嘉定社区空间整体的结构与形态进行根本性的改造（某些调整的意图也未实现）。

以小城镇为主的规划指导思想决定了其对社区空间影响的范围与深度。首先，规划集中于各镇镇区和镇域，偏重于实施性规划，因此规划更多的是以特定地段的建设需求为导向。推动规划实施的也是局限于镇区和镇域内部的用地开发。各规划实际上是相互独立的。即便在 1988 年县域综合发展规划中，各镇用地的布局也缺乏相应的联系。因为社区属性强烈的小城镇和乡镇企业发展本身并不强调区域分工协作。行政区经济的表现形式恰巧满足了当时经济体制下的产权关系与发展需求。在此背景下，规划对社区空间的影响必然是以局部地区为主。

其次，由于产业基础的限制，使规划对社区空间的影响停留在较浅的层次，而不涉及对社区空间根本性的调整。人类生产生活聚落的性质在很大限度上决定于其内在产业基础，谢文蕙曾经指出两种基本的模式（谢文蕙，邓卫，1996），即：

传统农业部门—原始手工技术—自然经济基础—封闭落后的农村

现代工业部门—机械自动化技术—商品经济基础—发达的城市

在 1978-2000 年间，农村地区以小城镇为核心带动周边村庄发生的人口和产业的变化，构成了中国当时城市化最重要的组成部分（邹兵，2003）。而农村工业化则是推动小城镇繁荣兴旺的根本动力。不仅为小城镇建设带来了资金支持，也促进了小城镇人口数量的增加和就业结构的转变。但从 1980 年代初开始大规模发展的农村工业化，由于其推动主体、产权制度、国家政策等一系列因素的制约，从一开始就决定了它并非我们通常所谓的以泰勒制和福特制为基础的现代工业化大生产的模式，而是以集体财产为主，以农民为主体，与行政区高度相关的工业化方式，存在规模小、分布散、技术水平低等诸多特点（同时也是缺点）。

因此，以农村工业化为基础的城市化进程，注定不会以大城市为目标，而是定位于中小城市和小城镇。加之当时国家的宏观政策中将小城镇作为吸纳农村剩余劳动力，带动农村地区城市化的主要载体，也就不难解释在1980年代规划中对各镇的定位均不超过中小城市这一等级，并强调各镇的独立发展，而忽视区域整体联合的可能性以及以中心城区的联系。

从2000年嘉定区的用地现状可以看出，社区空间在总体上仍保持了延续已久的结构。除东南部地区开始呈集中开发的态势外，其他地区仍有大量均匀分布的自然村落。传统集镇和自然村小而散的局面并没有得到根本性的改观，而试图对此加以调整的规划设想（如1988年县域综合发展规划）则遭到否定。

4.5.3 规划设计成为重要的影响手段

在1950年代，规划对社区空间影响的手段主要是物质空间干预，即具体的项目建设对原有社区空间的占用。规划在主观上并未意识到社区空间的存在并作出相应的反应。而1980年代规划则主要是通过居住用地的布局方式来影响对社区空间的界定，再通过各项配套措施实现新型社区空间的建立。城市规划学科的传统核心领域——空间设计在此过程中扮演了重要的角色。

从1980年代开始，居住区和居住小区成为规划编制中居住用地布局的基本元素。规划专业对居住小区有明确的定义。这一概念最早起源于佩里的"邻里单位"理论，其后经过前苏联"扩大街坊"建设的发展，在1950年代逐渐形成居住小区和新村的组织形式。当时师承苏联规划思想的中国规划界便自然地将其引入到国内。

居住小区是以城市道路和自然界线划分，拥有完整服务设施的单元，其规模一般以设置小学的最小规模为人口下限的依据。作为现代城市住区的基本组织形式，居住小区不仅满足了居民的物质生活需求，同时也成为居民社会活动的主要载体。因为最初的"邻里单位"和居住小区理论提出的目的之一就是活跃居民的公共生活，利于社会交往，密切邻里关系。因此理论中才有"城市道路不穿越邻里内部，以小学的合理规模为基础控制邻里单位人口规模"等原则。理论希望通过"保障居民安全和环境安宁"的物质空间设计来实现一种社会理想，这也是当时现代主义思潮的主要特征。邻里单位和居住小区的出现，改变了以往城镇社区的空间形态，成为社区空间的基本单元。在英国、瑞典的新城，苏联的城市中，邻里单位和居住小区得到了广泛的应用。我国居住区设计规范中就有居住小区、居住组团、住宅组团等多个结构单元❶。

以物质空间设计为主业的城市规划，在拥有了塑造城市住区的工具之后，便自然地同时拥有了对社区空间施加影响的能力。居住小区乃至居住区规划一直是规划专业的一项主要任务，在 1980 年代后亦成为镇级规划中的主要内容。鉴于居住小区在城市新建住区中的主导地位，围绕居住小区和其他住区单元进行社区空间建设也就成为必然的选择。特别是在我国，居住小区等空间单元被赋予了特殊的行政意义。例如居住区规划与行政管理体制的结合，居住组团与居委会的关系等❷。

从 1980 年代初开始，居住小区（也称住宅小区）成为城镇住区建设的主要形式，也是官方努力推动的一种建设模式。将小区视为一个"微型社会"和"城市的细胞"。从政府的态度中可以看出，虽然在当时对住区物质环境需求仍占主要的地位，但居住小区的社会内涵也已受到重视。在嘉定，以梅园和桃园小区为代表的小区建设——居委设立的住区建设和管理模式，成为当时居住小区在城镇社区发展中所扮演角色的典型实例。居住小区建设及相应的基层管理模式的确立，非常典型地反映了城市规划的双重属性——物质性和社会性❸。通过物质空间环境建设来实现其社会改造的理想，一直是规划所秉持的价值观及核心目标。而 1980 年代的社会背景则为规划理想的实现创造了条件。一方面是居住小区建设的高潮。另一方面人民公社制度取消，基层行政管理体制进行改革。两者在时间上的巧合也促使新的管理模式尽可能以居住小区为载体。

空间设计在 1980 年社区空间建设过程中的作用无疑加强了城市规划在城镇发展中的地位，也初步实现了规划由技术性工具向政策性工具的转变。通过物质空间建设来实现规划对基层社会居住环境和组织的改造，将规划概念上升为一种被社会所接受的空间和管理单元，这一进程便是从 1980 年代开始。

4.5.4　影响实效的增强

从本章所分析的案例来看，相对于 1950 年代规划，1980 年代规划无论规模还是布局都更接近于规划对象发展的实际。规划对社区空间影响的实效也更强。除 1988 年县域综合发展规划外，嘉定、安亭、南翔、娄塘等地的规划目标都基本实现。就客观

---

❶ 根据我国《城市居住区规划设计规范》GB50180-98，1994 年 2 月 1 日起实行，居住区的规模为 3 万～5 万人，居住小区规模为 7000～15000 人，居住组团规模为 1000～3000 人，居住区规划组织结构可采用居住区—小区—组团、居住区—组团、小区—组团及独立式组团等多种类型。

❷ 在《城市居住区规划设计规范条文说明》GB50180-93 中指出，居住区的规模设定要和城市行政管理体制相结合。组团级居住人口规模与居委会管辖规模一致（1000～3000 人），居住区级居住人口规模也街道办事处管辖规模一致（3 万～5 万人）。

❸ 从 1980 年开始，以居住小区为主的城市住宅建设成为当时政府所推崇的模式，以解决城镇住房紧张的局面。在 1980 年国务院转发的《全国城市规划工作会议纪要》中，要求"城市规划先行一步，提前做好居住区和小区规划，安排好住宅建设用地"，从而提出了现代城市住宅区规划的方向和目标。建设部也对住宅建设提出"统一规划、合理布局、综合开发、配套建设"的方针，将居住小区综合开发作为城市居住区物质环境建设和生活管理的主要单位。

因素而言，规划所依赖的经济和产业基础更为坚实是关键因素之一。在农村生产体制改革、农村工业化和乡镇企业蓬勃发展的背景下，规划意图实施的条件相比于1950年代经济的停滞不前明显要优越许多。1980年代规划编制的一个重要目的就是为了适应当时经济发展的需要。据嘉定县志记载，在1978年实行经济体制改革后，农业生产推行以家庭联产承包为核心的生产责任制，同时各镇（乡）从各自的经济环境和基础出发积极发展乡镇工业。例如北部望新公社利用污染少、水质好的有利条件，发展医药、食品工业为主；东部徐行、华亭、戬浜公社利用原有基础，发展机械加工业和照明器具制造业为主。1978～1987年，嘉定工业产值年均以22.41%的速度递增。企业数由1978年的671家上升到1987年的1472家，从业人员由1978年的61686人上升到1987年的174437人。有地方经济实力的支撑，规划能够更有效地得以切实实施，甚至会因为实际发展超出规划设想而修改，嘉定、安亭两镇分别在1989、1990年调整总体规划就是很好的证明。在主观方面，没有"大跃进"等激进思潮的影响，规划更为务实，编制经验也比1950年代更为丰富是其中的一个重要因素。当然，规划过程更为地方化也是主要原因，这一点将在后文具体分析。

4.6　规划影响的内在成因机制分析

从前文的分析中可以看出，相对于1950年代，1980年代嘉定规划对社区的关注程度有所提高，在空间布局中开始涉及到对社区空间的调整。这种调整由于所在地域及居民身份的不同而有所差异，基本可以分为城乡两种方式。在城镇地区是以居住小区的建设及居委辖区的重新划分为主，在农村地区是以自然村归并和居住空间改造为主（娄塘镇虽为集镇，但其居民大多数为农民）。影响实效因经济发展水平的不同而有所区别，但都至少进行了一定程度的建设工作。

规划对社区的影响实际上反映了当时嘉定城镇建设中几种较为迫切的需求。首先是对居住条件改善的需求，其直接表现就是城镇地区的小区建设和农村地区的自发改建。其次就是产业发展的需求，包括市属、县属工业和乡镇企业的发展。城市规划的技术成果是上述需求的具体体现。而在整个规划实施过程中，由于不同需求的隶属者在实际建设中所扮演角色的差别而得到了不同程度的贯彻。由于经济和政治制度的改革造就了1980年代规划同1950年代差别较大的内在基础，因此从规划对社区空间影响的结果来看，无论影响的内容还是具体实效都有很大区别。其中既有城市规划自身专业技术的原因，也源于整个规划过程在其运作基础调整之后带来的推进方式地改变。这一改变在很大程度上促成规划中各利益群体关系的变化，并直接反映到对社区空间的影响上。

从图4.20可以看出，1980年代嘉定规划的过程有以下几个主要特征：

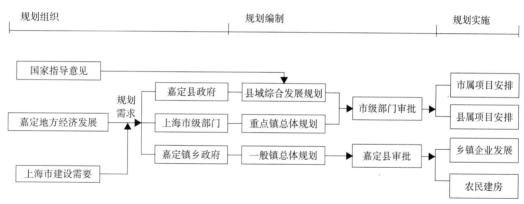

规划组织　　　　　　　　　　　　　规划编制　　　　　　　　　　　　规划实施

图 4.20　1980 年代嘉定城市规划行为过程示意

4.6.1　以嘉定地方政府为主的规划组织

和 1950 年代相比，1980 年代嘉定规划组织的一个突出特点就是以嘉定地方政府为主，其发言权有了较大程度的提高。在当时的主要规划中，除嘉定、安亭两个卫星城规划仍由市级部门组织外，其余各类规划均不再以上海市为核心。例如 1988 年县域综合发展规划的直接起因是国家指导意见，而非上海市自身需要郊县编制此类规划。虽然在国家意见出台之后，是上海市相关部门领导嘉定开展规划工作，但在规划中可以明显看出，上海对于当时嘉定的发展没有明确的要求（除部分市属建设项目和农产品供应外）。而其他规划，特别是各乡镇规划，则是在行政建制调整后各乡镇政府自行组织的。不仅上海市政府未参与其中，就连嘉定县（现嘉定区）政府也只是最后的审批者，而非参与者。当然，一旦一级政权成立就编制辖区内的规划似乎也是我国地方政府行政行为的一大特色。从这个角度来说，集中于 1982、1983 年完成编制的大批集镇和乡镇规划也就存在相当合理的动机。

市、县、乡镇共同参与到规划组织中来，是 1980 年代规划从卫星城扩展到嘉定全县的主要原因。而且其中的决策权属与 1950 年代相比已有很大不同，突出体现在嘉定县拥有各镇规划的审批权，而且嘉定地方在规划行为中的参与程度也有很大提高，带来了规划编制和实施方式的巨大变化。

4.6.2　地方化的编制行为

主要表现在两个方面：

①地方政府掌握规划编制权

首先，嘉定县级部门不仅参与了重点镇和县域综合发展规划的编制，还拥有一般镇总体规划的审批权。而且嘉定县对主导重大城市规划工作的愿望十分强烈。例如在县域综合发展规划中，就提出"规划工作主要依靠本县力量完成……由县长挂帅，下设规划办公室具体负责整个工作"，"建议由县聘请市有关部门或专家，组成咨询组，给予方法上、技术上指导，也可以请若干位熟悉嘉定县情况的领导和老同志为顾问"。也就是说，规划不再由市、县联合编制，嘉定县主导全部工作。虽然上海市政府及其管理部门掌握着嘉定重大规划的审批权，但嘉定县参与程度的增加以及对一般镇规划审批权的掌握无疑有助于后者在规划中更多地反映其目标和利益。

其次，镇（乡）政府开始根据自身发展的实际需要编制集镇和村镇规划，并推动规划的实施。在1980年代，镇（乡）政府第一次拥有了本地区总体规划的编制权（也是唯一的一次）。因此镇（乡）可以在规划决策中反映其对辖区内城镇建设和产业发展的要求。例如居民点布局、产业布点、项目引进等。当然镇（乡）政府的规划决策在很大程度上和嘉定县政府是联系在一起的。一方面县级部门掌握着规划的审批权，另一方面很多规划本身就是县、镇（乡）联合编制的，如江桥、长征的乡域规划。

②以地方工业发展和居民居住环境改善为主的编制目标

以嘉定地方政府为主的规划编制决定了1980年代嘉定规划工作的目标取向，即以地方工业发展和居民居住环境改善为主，以满足上海郊县工业发展和农产品供应为辅。

从本章所选规划案例的组织过程来看，其直接起因均非上海市下达的工业建设任务，而是嘉定各地自身发展的要求，甚至嘉定、安亭两个卫星城镇也不例外。例如嘉定是为了安排新建项目（不完全是市属工业），安亭是因为住房紧张，生活设施不配套等，南翔是因为乡镇企业和农民建房。只有县域综合发展规划是以国家的指导意见为先导。地方经济发展和居民生活条件改善的需要成为规划最初始的动力，因此规划目标的地方化也就成为一种必然。

当然，在1980年代的规划中，上海市的要求仍占有一定地位。其目标主要在于市级工业及其建设项目的安排。例如嘉定镇的科研单位和市属工业，安亭大众汽车厂及其配套设施等。也包括农副产品供应等目标。对嘉定规划的直接干预仍集中于嘉定、安亭两镇和县域综合发展规划，但其力度较1950年代有所降低。而且从决策过程来看，除了对部分建设项目的直接安排外（如在安亭设立大众汽车厂），大部分意见均为指导性，并无十分严格的硬性规定。由于上海市总体规划的正式出台已经是1986年，要晚于嘉定大多数镇级规划的编制时间，因此受其直接指导的仅有县域综合发展规划和嘉定、安亭两镇的总体规划调整。而在此之前，上海市实际上对郊区发展并没有明确的定位与导向。加之上海工业发展水平的下降，使郊县市属工业在改革后的一段时期内发展方向并不明朗，因此也就缺乏规划的动力。长年规划工作的缺失和百废待兴的局面，使得在当时，尤其是1980年代早期郊区的发展完全由其自主决策。先于城市进行的农业生产体制改革和乡镇企业的发展既是这一自主性的结果，又进一步为其创造了条件。即便是在1986年上海市总体规划中，也更加强调了市郊的相对独立性。

而相比之下，1980年代嘉定地方工业的发展和小城镇建设的兴起则成为规划中优先考虑的对象。首先，嘉定地方工业已经成为当时经济发展的主要动力。一方面嘉定有意识的依靠卫星城中市属和部属工业的优势来发展地方工业，如桃浦依托市属化工区发展化学工业，安亭依托大众、上海两家汽车厂发展汽车装配修理业，嘉西依托邻近的嘉丰棉纺织厂等市属企业的技术装备优势发展纺织工业。嘉定、马陆等镇依托嘉定卫星城的科学技术优势，先后组建科研生产联合体企业 23 家。另一方面乡镇企业日趋壮大，无论企业数量还是产值都呈逐年上升态势（表 4.10）。"六五"至"七五"计划期间，全县工业总产值分别增至 11.95 亿元和 33.11 亿元，年递增分别为 21%、22%。其中乡镇工业总产值分别增至 10.08 亿元、24.86 亿元，年递增分别为 24.8%、21.5%。"八五"计划期间，工业总产值由 52.6 亿元，增至 235.7 亿元，年递增 35%，其中乡镇工业由 39.90 亿元增至 177.11 亿元，年递增 34.7%，明显要快过其他经济成分。

1980 年代末至 1990 年代初嘉定乡镇企业数量及产值统计　　　　表 4.10

	1988 年	1989 年	1990 年	1991 年	1992 年
企业数（个）	1343	1453	1454	1510	1562
其中乡办	406	432	431	440	436
村办	909	990	996	1040	1095
镇办	28	31	27	30	31
工业总产值（万元）	340055	378570	399007	491349	658154
其中乡办	192429	217498	237705	283894	384319
村办	140160	153032	152507	197645	261074
镇办	7466	8040	8795	9810	12761

资料来源：根据嘉定县续志整理。

其次，受国家政策的鼓励，小城镇发展也成为当时嘉定县建设的重点。不仅嘉定、安亭两个卫星城镇发展速度快，其他各集镇都呈现出欣欣向荣的面貌。乡镇工业迅猛发展使集镇的经济结构从原来以商业为主转变为以工业为主。嘉定各镇普遍都兴建了大量乡镇企业，成为城镇建设和规划实施的经济基础（表 4.11）。特别是县域综合发展规划集中体现了嘉定县发展乡镇企业，推动农村工业化和小城镇发展的目标。

1987 年嘉定各镇（乡）乡镇企业数量及农民建房活动统计　　　　表 4.11

镇（乡）	乡镇企业总数	集镇内乡镇企业数	农民翻建住宅比例（%）
嘉定	13	—	—
南翔	128	—	46.4
安亭	—	—	59.5
娄塘	—	—	46.8
马陆	193	8	63

续表

镇（乡）	乡镇企业总数	集镇内乡镇企业数	农民翻建住宅比例（%）
封浜	106	—	38.4
戬浜	79	—	60.3
嘉西	80	—	50
徐行	62	18	43.5
曹王	—	10	49
华亭	—	9	44.6
唐行	—	14	42
朱家桥	—	2	34.4
外冈	60	6	40.2
望新	46	2	62.6
方泰	57	16	47.9
黄渡	77	24	52.1
江桥	57	3	50.9
长征	—	—	71.7
桃浦	70	10	—

资料来源：根据嘉定县志整理。

当然，在嘉定县内部，县级部门和镇（乡）的目标取向并不完全一致。嘉定县政府的目标主要是地方经济发展和居民生活的需要。特别是工业、乡镇企业的发展及相关第三产业的发展成为经济建设目标的重点。镇（乡）政府的目标则是辖区内产业发展和土地利用的合理化。规划也考虑到社区和居民的实际需求，如农民建房、宅基地安排等。

4.6.3 依托基层的规划实施方式

从1980年代规划实施方式来看，由于推动主体及其经济运行体制的差异，呈现出两种截然不同的模式。

①计划经济下的建设项目安排

同1950年代一样，在上海市属工业及科研单位的建设上，仍然遵从计划经济体制的要求，由嘉定为前者提供相应的用地。例如嘉定镇城东安排科研单位，城北安排市属工业和与科研协作配套的电子工业企业。安亭镇昌吉路以北、于圆路以西、洛浦路以东地区布置汽车、电器、仪表工业，于圆路以东、蕰藻浜西岸为汽车总装用地。此类建设的资金、运作均由其直属上级部门负责，和嘉定本身的联系较弱。

②商品经济下的城镇建设

除上海市确定的建设项目外，1980年代嘉定规划中其他内容的实施主要是依靠基层，包括镇（乡）政府、村委、乡镇企业和居民。而且其基础是商品经济体制❶。

　　始于 1980 年代初的农村生产体制改革和乡镇企业发展实际上是中国社会整体经济、社会制度转型的一个阶段。在 1984 年之前，这种改革主要发生在农村地区和城市社会的边缘。当时的称谓是商品经济，即国家不再完全控制社会资源并主导其分配，允许市场机制的作用和私人资本的存在。由于嘉定当时乡镇企业和私营经济发展壮大，其管理运行并非遵从上级部门的计划指令，而是市场需求，因此其相应的城镇建设也从单纯的项目用地划分转变为依靠实际的经济运行规律来推进。规划实施主要依靠嘉定县、镇（乡）政府和村委，上海市在此过程中不再起主导作用。县负责宏观的政策支持（例如镇区内居委辖区的调整要经县政府同意）和统筹协调，具体的执行者则是镇（乡）政府。而后者主要依托辖区内各经济组织和社区的相关行为，特别是镇办、乡办、村办工业建设和村委对居民个人建房活动的管理。甚至卫星城规划目标的实现也部分依赖于地方工业的发展，例如嘉定镇 1985 年在镇北部开辟占地 53 亩的工业开发区，兴办企业 3 家。因此规划实施的内在基础从 1950 年代的上级行政单位主导转变为依托基层的经济社会活动。而规划实效就是实施基础的极佳佐证。

　　以县域综合发展规划为例，当时出于为上海市供应农副产品考虑，在产业发展中提出了"以农业为基础"的原则，并在方案中布置了商品棉出口经济作物区、商品粮经济作物区和蔬菜副食品区，因为必须要完成上海市下达的指标。而实际上最终成为现实的却是一片工厂和随之而来的工业发展与农业萎缩。因为以嘉定的区位条件和产业基础，工业无疑是最具效益的发展方向（特别是在 1988 年沪嘉高速公路通车后）。1990 年代末出现的交通沿线周边工业用地的密集分布是区位理论的最好诠释。而至于农业，早在 1990 年代初，一些地方（特别是镇、乡政府和村委），就开始通过购买外县市农产品来完成其所分配的指标。

　　由于商品经济的实施，政府实际上已不可能通过控制企业生产及其用地界定的方法来实现其对城镇发展的控制。虽然政府一直主导着经济改革的进程，但在微观的城镇建设层面上，基于经济人理性的选择开始占据上风。政府无法硬性规定个体开发的选址、规模等要素。因为嘉定的发展越来越依赖于地方经济的壮大。因此即便某些建设违反了规划布局也可以照常得以实施（笔者所采访的一些私营企业主在 20 世纪 80、90 年代开办工厂时，根本不知道还有城市规划，而且镇政府在审批时也从未提到规划的要求）。因为很多企业实际上就是镇、乡、村委开办的，和基层政权与社区存在千丝万缕的联系，加之农村地区的集体所有制使得规划控制力有时难以发挥，政府也无法控制建设项目的成败。

---

❶　商品经济是直接以市场交换为目的的经济形式，它包括商品生产和商品流通。市场经济就是市场对资源配置起基础性作用的商品经济。商品经济是市场经济存在和发展的前提和基础。在当时的历史条件下，通过商品货币关系实行等价交换的经济形式已经初步形成，但尚未建立以市场为基础配置资源的机制，计划体制仍然强大。

以镇（乡）为主要编制主体及实施对象的规划，更能有效地推进规划的实施。在前文中已经论述，1980年代嘉定规划编制的一个重要特点就是以镇（乡）政府为主体，规划对象集中于各镇（乡）界域。镇（乡）政府对辖区内的土地利用拥有主导权，地方经济的发展（如乡镇企业）表现出强烈的社区属性，因此无论规划编制的目的还是其推动主体都非常明确。城市规划成为地方经济发展的一部分。镇（乡）政府为了地方经济的发展和社区整体利益，必然会努力推进规划的实施。而不是像1950年代规划那样，在上海市卫星城建设政策和经济计划的安排下来落实各个建设项目。基层政府乃至社区和居民都在规划实施中扮演了重要角色。社区（主要是村委）成为农村地区推动居民点集中行为的实施主体，可以通过控制宅基地和村民建房等手段来归并小型自然村落。同时部分村委也开始自发地进行居民点改造活动，并编制了相应的规划（见第2章）。

但也正是由于规划以镇（乡）为主要对象（与经济发展相类似，规划也表现出强烈的社区属性），使得以全区为对象的战略性规划不仅对区域发展的判断出现失误，也因为各镇的独立建设浪潮而失效。从1988年县域综合发展规划的布局来看，仍然延续以嘉定县域内嘉定、安亭、南翔三镇为核心，其他城镇为节点的城镇体系结构，却忽视了嘉定作为上海市郊区的总体区位特征和定位。从中可以看出小城镇发展战略和以镇为主体的发展模式对规划布局的影响，也预示着一旦嘉定与中心城区的经济和社区联系更为频繁，原有的规划结构必然会被推翻。前文已经指出，在1970年代，嘉定的空间发展就已经表现出靠近中心城区的东南部要领先于西北部的趋势（见第2章，图2.6）。而在1990年代市场经济改革后，随着中心城区产业和人口向郊区的扩散，嘉定区域空间愈发呈现出向东南部集中的态势，而这其中恰恰包含了各镇处于自身发展的考虑而进行的各项开发建设。规划编制权力的下放在客观上也起到了推动作用。

在1980年代规划中，仍部分保留了计划经济体制下上级政府行政安排的残余。而规划的实施既依赖于政府主导下的具体项目建设，也依赖于地方企业和居民的自主行为，并且以后者为主。规划布局与实际空间发展的差异实际上反映出行政指令的计划分配与地方经济利益之间的矛盾。规划对城镇社区和农村社区的改造也正是不同机制下的产物。

综上所述，以乡镇企业为基础的农村工业化及其推动的小城镇发展是大城市近郊发展历程中的一个阶段，主要发生在1980-1990年代初。这也决定了当时城市规划的指导思想和基本战略。和1950年代不同，由于规划推动主体和经济基础的变化，规划实施的最终结果并未出现上海市一枝独秀的目标局面。嘉定各级政府、社区乃至居民都部分实现了自身的利益需求。

从规划实施的情况看，上海市安排的工业和科研项目基本得以实现。计划经济体制下的管理方式保障了这些项目的建成。这一点和1950年代相类似。而对于嘉定各级政府而言,获得的是超出规划设想之外的工业大发展以及对规划布局的部分突破。当然,产生这一结果的根本原因在于地方经济的飞速发展以及规划控制力度的减弱。但部分镇(乡)政府试图改善自身经济建设和空间发展的努力通过规划表达出来并得以实现。而社区和居民开始真正参与到规划实施中,并且得到了相应的收益。对于社区,所属产业的发展壮大了集体资产,实际上意味着居民间接受益。而且无论城镇还是农村居民,都或多或少地获得了居住环境的改善。尽管这一改善本身并不能完全归因于规划因素,但至少规划开始考虑这方面的问题,和 1950 年代相比是一个巨大的飞跃。

1980 年代的农村生产体制改革是中国制度转型和新一轮社会变迁的开始。在这一时期进入市场并从中获利的主要是那些在原有再分配体制中处于下层的社会群体(李路路,2003),包括农村地区和郊县的地方政府、社区组织及农民。由于后者在社会资源分配体系中开始占据一定地位,因此实际上动摇了原来严格的社会等级控制体系,产生了一定的平等效应。在规划中就体现为嘉定地方自主性的加强(尽管这种自主性仍然表现为一种等级体系,即县—镇—社区、居民的架构,但基层群众的力量得以发挥)。在本章所分析的案例中,可以看出规划实效比 1950 年代有大幅度的提高。这一方面固然有规划编制的理性程度比狂热的"大跃进"时期显著提高的因素,但更多地应归因于这种自主性。嘉定城市规划不再依附于大城市的指令性计划而存在,而主要依靠自身的经济发展。因此也不会产生因缺乏大城市的支持致使规划设想落空的局面。事实是嘉定的发展超出了市的要求,甚至违反了规划的某些界定(例如农业)。执行大城市的意图也不再是 1980 年代规划的主要目标与任务。地方经济实力的上升使得上述指标的完成不再困难。同时也由于规划开始涉及到基层社区和居民的利益,使其在实施过程中得到了更多的支持。因此规划对社区关注程度的提高不是一个偶然的现象,而是后者地位上升的必然结果。规划对社区空间的改造也成为其主要内容之一。规划在主观目标取向和客观行动基础上的地方化,是这一时期规划对社区空间影响实效加强的主要原因。

但以乡镇企业为基础的农村工业化的黄金发展期并不长。自 1990 年代中期开始,随着我国告别短缺经济时代,乡镇企业最初发展的市场优势不复存在。加之我国市场经济体制的不断完善,各种企业都成了市场的主体,其竞争机会趋于平等,因地域、体制、产权关系差异而形成的制度约束差异大大缩小,企业的生存和发展更多地取决于自身的创新和竞争能力。这正是乡镇企业长久以来所缺乏的。同时在全球化浪潮的席卷之下,我国经济已成为全球产业分工体系中的一环。国际资本的涌入,更加凸显了乡镇企业长期以来一直存在的缺陷。因此,1990 年代中期之后,乡镇企业逐渐丧失了以往强劲的增长劲头,不再是地方政府赖以发展的重点,也不再是农村工业化的主角。特别是近郊,由于其地理区位优势,使其更容易成为国际资本和大规模工业开发的接收地,从而取代乡镇企业的地位,成为区域发展的主要推动力。在嘉定,这一进程在

1990年代中期就已经开始 ❶。大规模工业区带来的是现代工业的生产方式和企业制度，以及新的产业基础下不同的城市化进程。随后便引发了城市规划指导思想和行为方式的同步改变。

1980年代规划是在当时特定的经济、政策和行政体制环境下的产物。其突出特征是嘉定地方成为规划决策和实施的主要推动者，并达到了较为理想的实效。一方面，相对于1950年代，规划编制更趋理性，其实施基础也更加牢固，规划开始真正地运用专业技术手段来影响微观社区空间的组织。另一方面，由于规划工作视野及主导者的局限，以及相关行业法规的缺乏，在面对新的区域经济、社会发展状况时，规划的实际效力便大为削弱。1980年代规划是在计划经济条件下，也是在《城市规划法》实施之前最后的高峰期和重要的过渡阶段。因此其对社区空间的影响也是嘉定社区发展的一个重要环节，成为今后嘉定社区空间演进的基础。

---

❶ 早在1992年嘉定就成立了工业区南区，面积超过25km²，包括国家级高科技园区、国家留学人员嘉定创业园区、中科高科技园区。2003年又成立了北区，总面积达78km²。

第5章　2000年后规划对社区空间的影响

在 1980 年代之后，持续的高速经济增长使嘉定城乡面貌发生了巨大变化，工业开发和城镇建设加速向农村地区渗透，成为支撑规划实施的主要力量，但也因此突破了很多规划原有的限制，并为之后城市规划工作的再度集中开展埋下了伏笔，当然其本质已经和 1980 年代的规划有较大区别。

2000 年后，经济体制改革的不断深化和对社会发展重视程度的提高是我国城乡建设的一大特征。始于 1990 年代初的市场经济改革带来了历时十余年的高速经济增长，并推动我国城市化水平超过 30% 的门槛，步入高速发展的阶段。在此背景下，嘉定城市规划无论其外在形式还是内在基础都相对之前的阶段发生了根本性的变化。首先，随着 1990 年代《城市规划法》和《城市规划编制办法》等法律法规的颁布施行，城市规划获得了明确的法律地位和行业规范。在《上海市规划条例》实施后，嘉定城市规划工作的体系得以进一步明确，其规范化、正规化的程度大大提高。其次，在浦东开发后，整个上海地区都进入了一个经济高速发展的时期。作为工业型近郊区的嘉定，开始摆脱以乡镇企业为主的工业化模式，大规模的工业开发和相关产业的建设成为嘉定发展的主要动力，国际资本的涌入和知名项目的引进（如 F1 赛车场等）为嘉定工业化和城市化注入了新的动力，也从根本上改变了嘉定的产业结构和区域空间形态。与此同时，我国城市化战略由"严格控制大城市规模，积极发展小城镇"转为"坚持大中小城市和小城镇协调发展"。所有这一切都推动了嘉定新的城市化目标的产生。为了适应这一变化，嘉定城市规划工作也进行了相应的调整，以满足转型期间区域空间布局和社会发展的需求❶。因此，2000 年之后嘉定的城市规划是经济和政策环境变化的产物，它对社区空间的影响正值嘉定处于特定的转型阶段，对今后嘉定社区建设基本框架的建立具有十分重要的意义，也是本书研究的重点。

5.1　2000 年后嘉定城市规划工作的基本情况

自 2000 年以来，嘉定规划编制数量剧增，年规划编制项目的数量由 2000 年的 18 项增长到 2005 年的 82 项，增长了 3.5 倍。城市规划工作覆盖了嘉定全境，成为政府

---

❶ 例如在 F1 赛车场、国际汽车城等重大项目引进后，嘉定区随即于 2004 年编制了《嘉定区区域总体规划纲要（2004-2020）》和《嘉定新城主城区总体规划（2004-2020）》，取代了实施尚不足 6 年的《嘉定区域规划（1998-2020）》和《嘉定新城总体规划（1999-2020）》。

的重点工作内容之一。与此同时，嘉定城市规划编制真正形成了完整的体系，上一级规划开始发挥对下一级规划的指导作用，确保了区域宏观层面规划的指导思想和原则能够在中观及微观领域得到切实的贯彻实施。各级规划的属性得以重新界定，区域、镇总体规划为战略性规划，而详细规划则为实施性规划。在新的体系中，战略性规划编制均由市级规划部门和区政府统一主导，而详细规划则主要由企业负责编制。在实施阶段，其推动者因项目性质的不同而异，但企业的角色日趋重要。2000年后嘉定编制的主要规划见表5.1。

2000年后嘉定编制的主要规划统计　　　　　　　　　　　表5.1

	规划内容	编制单位	编制主体	审批主体	规划性质
■ 2003年嘉定区战略规划	嘉定区发展定位和空间布局	上海市规划院、嘉定规划院	嘉定区政府	—	战略性规划
■ 2004年嘉定区区域总体规划 2004-2020	区域经济发展及性质定位、区域空间布局	同上	嘉定区政府、市规划局	上海市政府	同上
■ 2004年嘉定新城主城区总体规划 2004-2020	人口、用地规模预测，公共活动中心体系规划等	同上	同上	同上	同上
■ 国际汽车城及周边地区整合结构规划 2005-2020	国际汽车城周边地区空间布局、产业安排	上海市规划院	嘉定区政府	同上	同上
■ 嘉定区南部板块整合结构规划 2005-2020	嘉定南部地区空间布局、经济发展预测、产业安排	南京大学规划院	同上	嘉定区政府	同上
各镇镇域总体规划	镇域经济发展及城市性质定位、镇域空间布局	嘉定规划院	同上	同上	同上
各镇镇区总体规划	镇区经济发展及城市性质定位、镇区空间布局	同上	同上	同上	同上
各地区详细规划	局部地段详细设计	—	—	嘉定区规划局	实施性规划

注：带 ■ 号的为笔者收集到的规划，其他规划名称、内容来自嘉定区规划局档案室相关资料。各镇镇域、镇区总体规划以及详细规划由于数量众多，故不一一列举。
资料来源：根据嘉定区档案室档案整理。

　　随着2001年我国"坚持大中小城市和小城镇协调发展"政策的出台以及全区产业基础的变化，嘉定区改变了以往以小城镇建设为主的战略，转而试图推动现代化大规模郊区新城的建设，并为之编制了一系列的规划❶。同时随着上海建设重点由中心城区向郊区转移，上海市出台的一系列指导郊区发展的重大政策也成为嘉定规划的指导思想。比较突出的如"三集中"政策，是目前嘉定各项重大规划所普遍遵循的原则。其

---

❶ 嘉定新城是未来嘉定区建设的核心地区，人口规模达到80万，已经属于大城市。近年来以新城为对象的规划与规划研究已经有10余项。

他政策还包括："一城九镇"、"1966"城镇体系等。规划成为执行相关政策的手段之一。在规划的推动下，嘉定已经开始全区层面的用地布局调整和人口迁移活动。例如嘉定新城的建设、嘉定工业区北区的开发、农民集中动迁等，成为当前嘉定社会变迁和转型进程中的突出特征。

综上所述，根据规划类型及其推动者的不同，本章案例的选取将以市政府、区政府主导的嘉定重大战略性规划为主，以及一些由企业推动，能够反映目前嘉定城市化特点的详细规划。以期能够完整地分析不同利益群体推动的规划对社区空间影响的异同。需要指出的是，由于规划期限大多并未到达，因此所分析的主要为预期影响。具体案例包括：

① 2004 年嘉定区区域总体规划纲要（2004-2020）

② 2004 嘉定新城主城区总体规划（2004-2020）

③ 2002 年外冈镇镇域、镇区总体规划（2000-2020）

④ F1 赛车场动迁基地规划

⑤ 工业区农民宅基地置换规划

所选规划地区如图 5.1 所示。

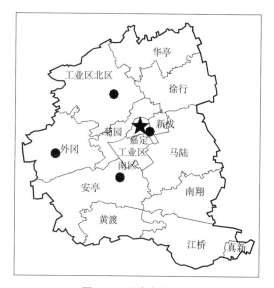

图 5.1　所选案例分布

注：带 ★ 号代表区级规划，在本图即为 2004 年嘉定区区域总体规划纲要。

5.2　嘉定区域总体规划纲要和新城主城区总体规划的影响

5.2.1　规划编制过程

在 2003 年，嘉定区政府委托上海市规划院和区规划院共同编制了《嘉定区发展战略规划》，该规划对嘉定提出了新的发展定位、目标、总体空间布局和规模，在事实上宣告了 1998 年嘉定编制的区域规划使命的终结。同年 10 月，在上海市委、市政府召开的第五次城市规划工作会议上明确提出郊区要编制区县域总体规划的要求。随后在市规划局的指导下，由区政府组织和区规划部门具体负责，开始了《嘉定新城总体规划纲要国际方案征集》的工作。2004 年 4、5 月，区有关部门研究提出了与嘉定新城相关的各专项规划的一揽子工作计划，并组织完成了嘉定新城规划范围内的现状调查和分析工作。同年 6 月市规划局确定由市规划院和区规划院联合编制《嘉定区区域总体规划纲要（2004-2020）》和《嘉定新城主城区总体规划（2004-2020）》。并于 6 月进行了初步方案汇报，进一步明确了总体规划编制体系、原则和基本内容。7 月，规划向区有关部门汇报。

8 月向市区主要职能部门和区主要领导作了中期汇报。9 月两项规划均通过评审。

从规划编制的过程来看，上海市政府及规划主管部门起到了主导作用。规划的发起、组织、编制及审批均有市级部门的参与。而作为该项规划直接起因的嘉定新城，本身就是上海市规划局《关于切实推进"三个集中"加快上海郊区发展的规划纲要》（后简称"郊区规划纲要"）中已明确要集中力量建设的重点新城，人口规模达到 80 ~ 100 万人左右。因此除了相关国家规范和上一级的上海市总体规划外，该规划将"郊区规划纲要"和《嘉定区发展战略规划》作为编制依据。并在规划原则中提出"坚持推进郊区'三集中'的发展战略"，并特别强调要将嘉定的发展纳入到上海市整体框架之中，把握上海在迈向世界级城市的过程中功能调整与优化所带来的机遇，"积极服务于上海……乃至更大区域"。这些原则也成为之后嘉定规划工作中的主旋律。

在此通过 2004 年区域总体规划纲要、新城主城区总体规划图与 2004 年规划对象空间现状的对比来分析规划对社区空间的预期影响。见图 5.2、图 5.3。

5.2.2　规划布局特点

在 2003 年战略规划中，提出了建设嘉定新城，构建主中心（新城）—地区中心（南翔）—组团中心三级城镇体系的设想，并将嘉定区划分为四大板块，北部以工业为主，西部为国际汽车城，南部为第三产业发展区，中部为嘉定新城。2004 年区域规划基本继承了 2003 年战略规划的主要原则，确定了"新城—新市镇—居住社区"的三级城镇体系。其中，新城由嘉定主城区、安亭、南翔三个组团构成，是未来嘉定的中心，

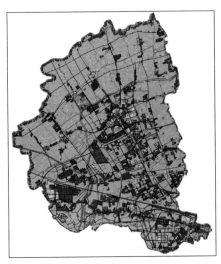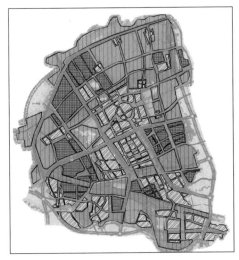

a　现状图　　　　　　　　　　　　　　b　规划图

图例　▨▨ 居住用地　　▦▦ 工业用地　　▥▥ 绿地

图 5.2　2004 年区域总体规划布局与 2004 年用地现状的对比

资料来源：2004 年嘉定区区域总体规划纲要。

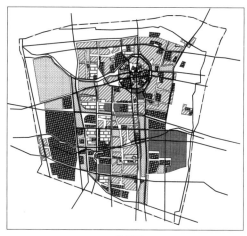

a 现状图　　　　　　　　　　　　　　b 规划图

图 5.3　2004 年嘉定新城主城区总体规划与现状的对比

资料来源：2004 年嘉定新城主城区总体规划。

人口 80 万。新市镇为中等规模城镇，人口 25 万。居住社区以小型集镇为主。工业区位于嘉定西北部，农村人口主要集中于中心村和农村居民点。对用地的安排也从局限于工业和居住扩展到各类公共活动中心的设置。城镇规模的扩大和各功能用地的集中设置是该规划的主要特点。新城总体规划则按照区域总体规划的要求，突破了传统的嘉定镇域向南拓展。规划以南（新中心区）北（嘉定老城）城区为主体，形成六大分区。北部城区以传承历史文脉为主，南部则是以区域公共活动中心和现代居住社区为主的现代城市中心区。规划人口规模 50 万人，用地规模 66.8km²。

　　通过对比，可以发现，两项总体规划对现状的调整主要在于：

　　①空间规模的扩大。在区域层面，规划用地规模为 209.8km²，是现状 125km² 的 1.7 倍。其中，属于嘉定区城镇建设用地的面积由 110km² 增长到 190km²（表 5.2）。

2004 年区域总体规划用地规模与现状的对比　　　　　　表 5.2

类别名称		现状（km²）	规划（km²）
地方	城镇内	37.6	100.0
	工业园区内	45.6	75.0
	其他	26.8	15.0
	小计	110.0	190.0
对外交通用地		9.7	14.5
中心城建设用地		5.3	5.3
合计		125.0	209.8

资料来源：嘉定区区域总体规划纲要 2004-2020。

　　而在新城层面，2004年总体规划的范围较以往有较大增长，达到121.9km²，突破了传统的嘉定镇域向南拓展。实际的规划范围包括了嘉定、菊园、新城、马陆等镇（街道、新区）（图5.4）。

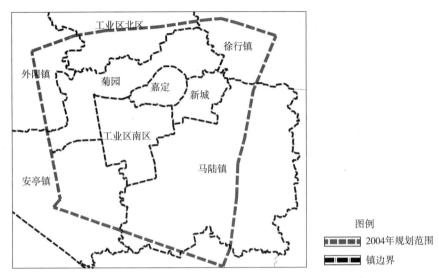

图5.4　嘉定新城主城区规划范围与现状行政界域关系示意图

　　②区域空间结构的调整。现状嘉定土地开发和城市建设主要集中于东南部，以嘉定、安亭、南翔之间的三角地带为中心。各类用地互相混杂，特别是工业用地在农村地区的散落式布局。城市空间主要沿交通线路拓展，缺乏统一的调控，呈现出典型的"马路经济"特征。在2003年区域规划中，已经对嘉定全区的空间结构进行根本性的调整，包括四大分区的布局模式、工业用地的北移以及嘉定新城的设立等。在2004年区域规划中，基本继承了2003年战略规划的布局结构，形成了"新城—新市镇—居住社区"的三级城镇体系，将未来嘉定中心重新定位于嘉定镇和其南部的新城中心，嘉定新城的主城区位于全区的中心位置，集中了大量的公共设施，如商业、体育、展览等，而工业用地则整体北移，位于嘉定区的西北部。从规划结构与现状的对比来看，规划进行的是一次全方位、根本性的调整，不仅嘉定全区的所有用地都纳入了规划范围，而且和现状相比，无论是产业、设施还是人口布局都相差较大。

　　在区域规划的调整下，嘉定新城地区的定位发生变化，其用地由以工业为主向居住和公共设施用地为主转换。居住用地的比重大大增加。嘉定城区周边和沪嘉高速以西的工业用地都被置换为公共设施和居住用地，以促进新中心的形成。和前几轮嘉定镇总体规划相比，规划中居住和公共设施用地的比例大大超过工业用地。从表5.3中可以看出，在1959年，居住用地与工业及仓储用地的比例为1:1.7，1982年为1:1.5，2004年为1:0.5。居住用地所占比例有了较大增加，而工业用地则由于区域产业布局的调整和嘉定镇城市性质的转变而逐步缩减。

嘉定镇各轮总体规划用地构成对比表　　　　　　　　　　表 5.3

历次规划	用地比重（%）						
	居住	工业	公共设施	绿地	道路	仓储	市政
1959	30.3	48.0	6.2	7.4	3.0	4.8	—
1976	19.2	22.2	>16.9	4.1	7.3	4.1	2.0
1982	14.2	16.7	6.4	15.3	9.6	4.5	—
1989	24.6	31.5	6.9	27.4	—	9.4	—
2004	41.5	22.7	16	1.6	11.7	0.1	1.4

　　③空间集中程度提高。相对于目前城市用地沿交通线路展开的分散式布局，规划用地更为集中、紧凑，城市用地主要围绕核心地区展开，功能集聚程度提高，城镇规模扩大。其中，核心城市地区——嘉定新城用地规模达到 77km^2，占全区面积的 16.6%。新城主城区面积达到 66.8km^2，占全区面积的 14.4%，远远超过现状核心区嘉定镇区的面积。相对于前两轮总体规划，其集中程度大为提高（图 5.5）。同时，城镇建设用地由 37.6km^2 扩大到 100km^2，占全区的比例由 8.1% 提高到 21.6%。不仅主城区规模扩大，各城镇规模也较现状有较大幅度的提高。区域用地向城镇集中的意图十分明显。与此同时，居住用地完全集中于规划所确定的居民点中，现状散落的居民点，特别是农村地区的自然村完全消失。规划中心村、农村居民点等农村居住用地为 15km^2，相比现状农村宅基地的 52.1km^2，减少了 71%。

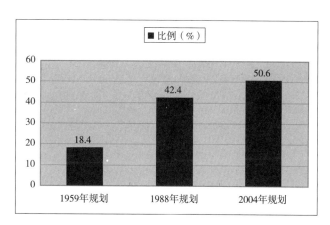

图 5.5　各轮规划核心地区占规划用地面积比例

　　在城镇地区，城市居住用地集中于新城、新市镇和新居住社区内部。居住社区成为城镇体系中的最低等级，是拥有社区公共活动中心的一级空间单元，是城市社区的组织模式之一。在农村地区，中心村成为农村居民点的唯一形式。特别是在新城主城区，相对于现状聚集于老城周边和主要交通干道沿线地区的用地分布，规划布局形成了6大分区，包括生态文化公园、都市工业区、南部城区、北部城区等。其中，居住用地被分为6个组团，即6个社区，每个社区都有社区级公共活动中心，规模在5万人以上。北部城区的居住组团以为北部工业区和农村城市化提供配套的居住功能为主。西南部城区的居住组团则是现代化、高标准、外向型的居住区。实际上该模式在某种程度上是1989年规划中组团式布局的延续。只是1989年规划中的组团大部分以工业用地为主，居住用地规模较小，而2004年规划中则是大型的居住社区，并有相应的服务设施予以支撑。

2004年新城主城区规划的布局实际上是对区域规划和上海市相关规定的直接继承。在区域规划中已经对居住社区进行了初步的限定，而上海市实行的控制性编制单元规划规定郊区新城也要相应的编制单元规划编制，而该规划的主要目的之一就是以控制性单元为基础建立社区。2004年新城主城区规划中6个社区的划分，实际上是控制性编制单元规划要求的体现，其中的2个社区已经编制了控制性编制单元规划。

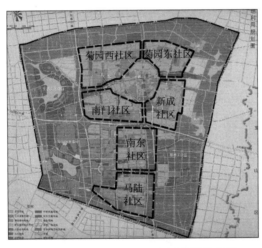

图例
▢ 居住社区
▦ 规划边界

图5.6 规划社区分布图

5.2.2 规划影响分析

从两项规划的空间布局来看，对社区空间将主要存在以下影响：

①以社区空间分布和规模为主要内容

首先，城市各类用地的分区布局和高度集中是此次规划的一大特点。在此背景下，无论农村社区还是城市社区，都将逐步集中到规划所确定的居住用地内（图5.7）。如

果规划得以顺利实施，必将引发嘉定全区
的用地置换和人口迁移的大潮。用地性质
的变更和人口的集中是两个同时进行的，
互为因果的行动。其中既有对原有社区空
间物质层面的干预，特别是现有自然村落
的消失，同时也是在人口集中的过程中推
动新型社区空间的产生，包括新市镇、居
住社区、中心村等。

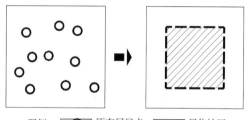

图例　⬜○ 原有居民点　▨ 居住社区

图 5.7　规划对社区空间集中的推动模式

　　其次，2004 年区域规划是首个对居民点进行具体布局和规定的规划。包括对居
住社区的定义及选择、中心村规模等。因此，新型社区空间的规模选择也就有了最
根本的依据。例如规划规定中心村人口规模要大于 2000 人，农村居民点规模要大于
300 人。例如在嘉定新城主城区，规划的核心目标是推动一个集中程度高的现代化新
城城区的建设。从规划对居住用地布局来看，以促使居民点向城区集聚，社区空间
将由目前的零散分布转化为集中于几个大型居住组团内为主要意图。而且由于新城
主城区在区域中所承担的职能，其影响范围并不局限于规划地段内，同时也是工业
区等农民动迁活动较为集中的地区所确定的安置区域。因此，社区空间的集中化将
是 2004 年新城主城区规划的主要影响之一。

　　而 2004 年新城主城区规划是首个提出"社区"概念的镇级规划，以社区作为居住
用地的基本组织单元，对现状社区空间组织的调整涉及到多个方面。

　　第一是新型社区空间的产生。由于规划确定以"社区"作为居住用地的组成单位，
其规模、配套设施、布局结构都将和目前的居住区有很大区别。如社区平均规模为 6
万人，超过了目前的居住区上限。社区内部划分为不同的控制性编制单元❶（图 5.8），
而不是传统的居住区—小区—组团的三级组织模式。社区均设有社区活动中心，而不
仅仅按照居住区配套标准来进行公共设施供给。新的居住社区建构模式与目前的以居
住小区及其附属配套设施为主体的社区空间形态有所不同。

　　第二是对目前行政社区空间的影响。由于主城区规划范围较大，不仅涉及众多
镇（街道、新区），也包括许多村委、居委及新社区（见图 5.6）。规划用地布局是城市
功能和产业发展在空间上的投影，其思维的出发点是发展内在的经济、社会因素，而

---

❶　控制性详细单元规划是上海市在 2003 年后开始推行的一种规划门类。按照上海市政府《关于进一步加强城市规划
　　管理，实施 < 上海市城市总体规划（1999-2020）> 的纲要》通知内的定义，控制性编制单元规划是依据分区规划所
　　确定的规划原则，结合行政单元、市政、社会服务设施网络，合理划分规划单元，把控制性详细单元规划作为城市
　　总体规划落实的重要环节和城市规划管理的重要依据。在控制性详细单元的基础上，通过对社区公共服务设施的供
　　给，满足居民的日常生活和社区活动的需求，促进居民间的交往，以利于社区的形成。规划部门已经将公共服务设
　　施规划纳入城市规划网格化管理之中，为社区编制公共服务设施规划。未来的社区将以控制性详细单元为基础，由
　　1 个或数个单元构成。

并非行政界域的限制。规划布局是一种超越了行政界限的功能整合与平衡，其社区的界定也主要是从规模、设施等方面来考虑，与行政界限不仅没有必然的联系，而且从根本上打破了以行政界域作为社区空间范围的组织模式。因此，在规划的影响下，规划区内的行政社区空间划分模式必须予以调整，才能适应新形势下城市空间布局的需求。

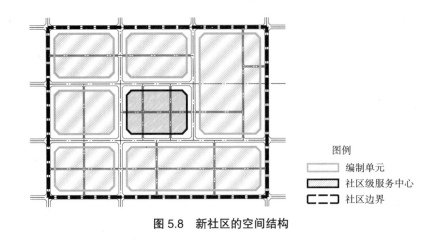

图5.8　新社区的空间结构

②以空间布局和政策配套为主要手段

规划对现有社区的干预和未来社区空间组织的安排均是一种主动选择，其目的是将人口与产业的重组相结合，借此优化区域空间结构和产业分工。在此过程中，和1980年代规划相类似，空间布局起到了先导作用，作为其后空间建设的依据。作为主动干预社区空间的手段，规划确定了社区空间的边界、规模及其微观构成。相比于1980年代的规划，2000年后规划所确定的社区规模更大，组成也更复杂，而且已经超越了传统的居住区组织模式。反映了在新的城市化形势下，规划主管部门利用技术手段实现规模效益和聚集效益的主观意愿。与此同时，嘉定区通过行政区划调整、功能组团的建立、全区层面的政策安排来推动这一布局模式的建立。例如国际汽车城建设，工业区企业落户的税收优惠，对全区农民动迁的布置等。

2004年区域规划纲要和新城主城区规划编制完成后，便成为嘉定区城乡建设基本依据，并指导其他各类规划。其中与社区关系较为密切的有《嘉定农民异地建房基地选址规划》。该规划编制于2005年1月，是从全区层面对建房基地进行综合与调控，推动农民动迁工作。该规划以农村社区为对象，调整了嘉定全区农村居民点的分布状况，社区空间的集中化是规划的根本意图，也是2004年区域规划纲要相关原则的延续和深化。农村社区由散布于全区的自然村落转化为集中式的中心村和动迁基地，同时空间规模扩大（图5.9）。动迁基地一般为2500户，1万多人，平均相当于2个村委，40个自然村。规划后的人均占地面积是原自然村的34%，现状基地的44%（表5.4）。目前该项工作已经全面启动，至 2005 年，动迁人口已经占全部规划总人口的 1/3 以上。外冈镇在 2006 年已经完成全部动迁工作。

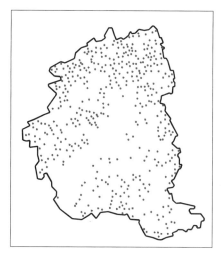
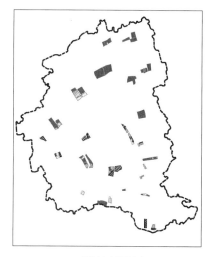

a 现状农村居民点　　　　　　　　　　b 规划农村居民点

图例 ▬▬ 规划基地　▨▨ 规划中心村　▨▨ 现状中心村　●▬ 现状农村居民点

图 5.9   农民异地建房基地选址规划农村居民点布局与现状的对比

资料来源：嘉定农民异地建房基地选址规划。

现状农村居民点占地面积与规划的对比　　　　　　　　　　表 5.4

	现状自然村	现状基地	规划基地
户均占地（m²）	585	460	200
人均占地（m²）	195	153	67

　　除农民动迁工作外，规划中所设想的建设活动，例如嘉定新城、国际汽车城及北部工业区建设已经启动。工业区北区基础设施已基本建成；上海国际汽车城内同济大学嘉定校区一期工程、汽车贸易展示街、安亭新镇一期 30 万 m² 住宅、会展中心、汽车博物馆、汽车城大厦等项目已经建成。位于规划南西、南东和马陆社区的工业企业动迁工作已经开始。并为此编制了部分规划加以控制引导。规划的设想已初步得以实现。

　　综上所述，本书认为，2004 年嘉定区区域总体规划纲要和新城主城区总体规划对社区空间的影响如下：

影响对象　城镇社区和农村社区

影响内容　社区空间界域、社区空间组织、社区空间分布，社区空间规模

影响方式　区域空间布局

影响实效　初步实现

5.3 外冈镇镇域与镇区总体规划的影响

2000年编制的外冈镇镇域和镇区总体
规划是在郊区"三集中"政策的推行和嘉
定区行政区划调整的背景下编制的，是新
时期镇级总体规划的代表。

5.3.1 规划布局特点

从规划布局来看，镇域规划对现状空
间结构的调整主要在于农村居民点的集中

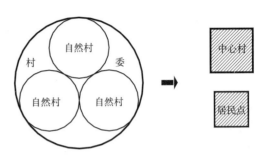

图5.10　外冈镇域规划对社区空间
组织变化的推动

设置，即规划所确定的镇区—中心村的两级结构。外冈原有23个村委和183个自然村，
而规划布局的村镇用地集中于3个中心村和9个大型居民点中。同时工业用地也集中
于工业园区中。见图5.11。

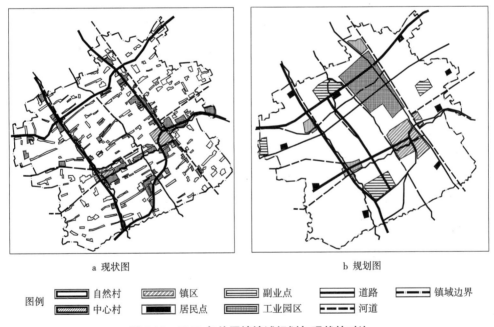

a 现状图　　　　　　　　　　　　　　b 规划图

图例　自然村　镇区　副业点　道路　镇域边界
　　　中心村　居民点　工业园区　河道

图5.11　2000年外冈镇镇域规划与现状的对比
资料来源：2000年外冈镇域总体规划。

实际上在规划内容上，2000年外冈镇域规划和1983年南翔镇村镇规划基本相同，
两者都着重于农村居民点和产业布局，最大的区别在于1983年南翔镇村镇规划只是拆
并了少数小型村落，并未改变农村地区的整体空间结构，而2000年外冈镇域规划由于

"三集中"政策的提出，对农村地区延续已久的居民点均布式的格局进行了根本性的调整。大型的集中式居民点成为未来农村住区的主导形态（表5.5）。镇域规划一方面推动原有自然村社区的迁移，集中到中心村和居民点中；一方面也扩大了新型农村居民点的规模。和现状相比，中心村与大型居民点的规模也要更大。

外冈镇现状农村居民点规模与规划的对比　　　　　　　　　　　　　　　　　　　表 5.5

		人口规模（人）	用地规模（hm²）
现状	自然村	148	21
	村委	1129	166
规划	中心村	3000	40
	集中居民点	1200	10

资料来源：2000 年外冈镇域总体规划。

　　镇区总体规划是在镇域总体规划相关原则的指导下，对镇区空间布局进行的优化。现状外冈镇区有 4 个村，16 个生产队，总人口 1 万人（含外来人口）。规划预测人口规模为 2.5 万人，用地规模为 2.9km²。见图 5.12。

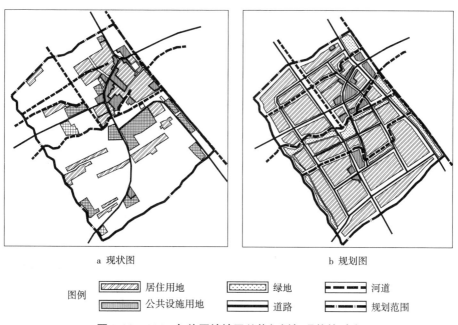

a 现状图　　　　　　　　　　　　　　　b 规划图

图例　　▨ 居住用地　　▦ 绿地　　━ ━ 河道
　　　　▥ 公共设施用地　　■ 道路　　━━ 规划范围

图 5.12　2000 年外冈镇镇区总体规划与现状的对比
资料来源：2000 年外冈镇区总体规划。

　　从图中可以看出，规划以练祁河为界，形成了两大居住区，各自拥有相对完善的公共设施和活动中心，改变了目前居住用地零散的形态（图 5.13）。居住区内的居民以进镇农民为主，实际上是在镇域规划的指导下，将镇区周边分散的农村居民集中到镇区内，是农民集中化的一种推进方式。规划对住宅选型进行了特别限定，规定2个居住区内都包含有一定数量的低层住宅，以适应动迁农民生活的需要。

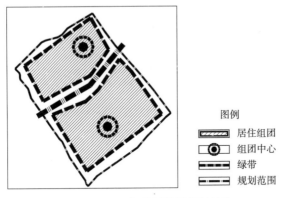

图 5.13　2000 年外冈镇区规划结构

结合前文所分析的嘉定新城主城区总体规划，2000年外冈镇区总体规划无论是指导思想还是布局手法都与前者相类似，都以"三集中"为原则，以上一层级的总体规划为基础，推动农民向镇区集中。以大规模的城市居住区作为主导的居住形态。规划虽然没有提出社区的概念，但拥有相应的公共设施和活动中心的居住区无疑奠定了未来社区空间组织和规模的基本架构。

5.3.2　规划影响分析

综合规划与现状的对比，本文认为，2000年外冈镇域和镇区总体规划对社区空间的影响主要集中于社区空间分布、规模和组织模式等方面。首先由镇域规划将全镇域内零散分布的自然村落集中于中心村和镇区内，再由镇区规划进行镇区内社区空间的布局。同时界定了不同类型社区空间的规模。规划确定了未来外冈镇以中心村、居民点和居住组团为单元的社区空间组织模式。

同时，在规划的推动下，由于居民点集中布局在特定的地区，原有的以均布的自然村为基础设立的行政社区空间划分模式也就丧失了意义，特别是村委会。随着居民动迁，部分行政社区内不再有居民点，社区管理机构也面临着裁撤的命运，社区空间也将随之消亡。新的社区空间必须以规划的居住地域为基础设立。规划不再采用1983年南翔村镇规划中以个体自然村拆并为主的规划方式，而是通过全镇域统一的居民点布局，实现对现有社区空间总体结构和微观形态的根本性改造。

综上所述，本书认为，2000年外冈镇镇域、镇区总体规划对社区空间的影响如下：

影响对象　城镇社区和农村社区

影响内容　社区空间分布，社区空间规模，社区空间组织
影响方式　空间布局
影响实效　初步实现

5.4　F1 赛车场农民动迁配套用房居住点控制性详细规划和嘉定工业区北区农民宅基地置换用地控制性详细规划对社区空间的影响

《F1 赛车场农民动迁配套用房居住点控制性详细规划》（以下简称 F1 赛车场动迁居住点规划）和《嘉定工业区北区农民宅基地置换用地控制性详细规划》（以下简称工业区农民宅基地置换规划）涉及到 F1 赛车场建设和工业区开发的农民动迁和集中安置工作，包括安亭、娄塘和新城主城区部分地区，也是目前嘉定区比较有代表性的重大建设项目 ❶，是嘉定现阶段大规模产业开发的背景下以集中为基础的快速城市化进程的直接产物。

5.4.1　规划编制过程

F1 赛车场动迁居住点规划是为了满足因上海市国际汽车城 F1 赛车场建设而动迁的农民配套住宅的需求而编制的，以动迁农民为对象，通过新型小区的建设来予以安置。F1 赛车场是嘉定区的重点建设项目，因赛车场建设而引发的居民动迁行为是新时期嘉定农民城市化的典型代表。工业区农民宅基地置换规划是在嘉定工业区为了满足工业开发的需要，要将本区内所有农民动迁集中安置的背景下进行编制的。该规划涉及到娄西村、三里村等 9 个村的宅基地置换，是上海市政府"三集中"宅基地置换试点项目。规划内容见表 5.6。

规划基本情况　　　　　　　　　　　　　　　　　　　　　　　　　表 5.6

规划名称	编制背景	主要内容	编制单位	编制主体	审批主体
F1 赛车场动迁居住点规划	F1 赛车场开发	居住小区设计	嘉定区规划院	嘉定区规划局，上海国际赛车场有限公司	嘉定区政府
工业区农民宅基地置换规划	工业区开始大规模推进农民集中安置工作	同上	同上	嘉定区规划局，嘉定工业区	同上

❶　笔者总共收集了 11 项此类规划，包括中心村规划、动迁基地规划等。而其中以 F1 赛车场动迁基地规划和工业区农民宅基地置换规划在嘉定区最具代表性，因此本文以此两项规划为研究对象。根据笔者对其他规划的考察，实际上无论布局模式还是推进方式，都与这两项规划基本相同，只是建设主体是一般企业，而这两项规划则具有很强的官方色彩。

F1 赛车场动迁居住点规划涉及到的动迁农民包括两部分，一是 F1 赛车场范围内 17 个自然村的村民，二是规划范围内的 3 个自然村，共计 942 户。这些农民原来分属不同的村委社区。其地理区位如图 5.14 所示。工业区农民宅基地置换规划包括工业区北区 9 个村委，农民住宅 3231 户，总人口 9693 人。所有农民统一动迁至规划地段内。原村委和动迁基地空间位置如图 5.15 所示。

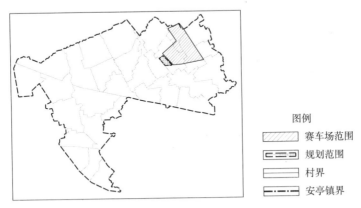

图 5.14　F1 赛车场与规划地段区位图

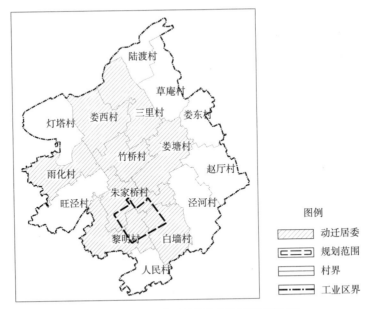

图 5.15　工业区动迁地区与规划基地区位图

5.4.2　规划布局特点

F1 赛车场动迁居住点规划区内现有少量农村宅基地、自然村和工业用地，各类建筑项目混杂，具有目前嘉定农村地区空间形态的典型特征。在 F1 赛车场开始建设后，赛车场范围内的农民通过异地动迁，而规划范围内的农民就地动迁，共同构成新的居住小区。

从布局上看，规划用地分为南北两大片区。北部为本次规划委托用地，占地 12hm^2，共计 942 户。南部为考虑到规划完整性而一并规划的区域，目前尚未投入建设。规划布局模式和普通的城市小区无异，以多层住宅为主。套型有两种，A 型面积为 90m^2，B 型为 136m^2。南北两区均配有一定的商业、医疗等公共设施，幼儿园、托儿所在南部片区，而中小学则利用方泰老镇内的现有设施（图 5.16）。

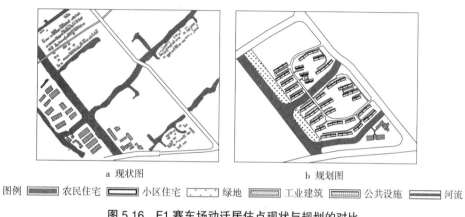

a 现状图　　　　　　　　　　　　　　b 规划图

图例 ▰▰ 农民住宅 ▭ 小区住宅 ▭ 绿地 ▨ 工业建筑 ▤ 公共设施 ▬ 河流

图 5.16　F1 赛车场动迁居住点现状与规划的对比

资料来源：F1 赛车场动迁居住点规划。

工业区农民宅基地置换规划基地内现状多为自然村落，还有一些农田和工厂，也属于典型的农村地区。规划布局将用地分为 21 个组团，住宅为 2 ～ 3 层的联排住宅和 4 层多层住宅。小区级服务设施则布置在基地中部（图 5.17）。

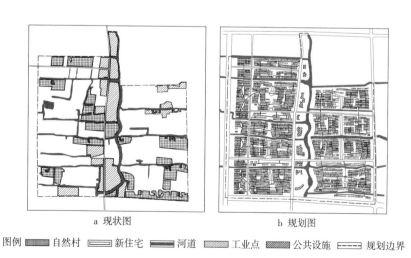

a 现状图　　　　　　　　　　　　　　b 规划图

图例 ▨ 自然村 ▭ 新住宅 ▬ 河道 ▨ 工业点 ▨ 公共设施 ▭ 规划边界

图 5.17　工业区农民宅基地置换现状与规划的对比

资料来源：工业区农民宅基地置换规划。

5.4.3　规划推进手段

F1赛车场动迁居住点规划编制的起因是F1赛车场项目的开发，因此从规划编制到居住小区的建设、居民动迁等都由嘉定区、镇政府牵头，具体工作由项目开发企业执行。动迁居民为F1赛车场和规划范围内涉及到的农民，统一动迁到新小区内，同时农民转化为城镇居民，给予其城镇户口，纳入镇保❶。以居住小区为单位设立居委会，进行社区管理。而小区的生活环境和设施的维护则由物业公司负责。在住宅分配上，按照原住宅面积的大小进行补偿，具体住宅由农民抽签决定。

和F1赛车场动迁居住点规划不同，工业区农民宅基地置换规划并非由某一具体开发项目所引发，而是工业区北区为了促进农村人口集中，节约土地资源，同时改善农民的居住条件而主动推进的一项农民集中动迁工作。通过该项工作，一方面节约了大量土地资源。原宅基地总面积229.8hm²，规划用地149.7hm²，节约用地80.1hm²。另一方面也促进农民向城市集中，加速了嘉定的城市化进程，提高了市政设施的使用效率，改善了农民的居住水平。

在动迁过程中，将农民全部转化为市民，给予小城镇户口。由工业区负责缴纳镇保。设立3个居委会进行社区管理。拆迁政策为按原住宅面积1∶1置换，若面积不够，则按1700元/m²（此为联排别墅价格，多层为1400元/m²）补偿。房型自选，原则上根据原有村落大体确定居民住宅地段，具体住宅则由居民抽签决定。

5.4.4　规划影响分析

F1赛车场动迁居住点规划和工业区农民宅基地置换规划集中体现了在嘉定推行"三集中"政策和农民因现代产业发展而被动迁的大背景下，新型农民社区建设推进的基本模式。通过规划的推动，对农村社区而言，实现了以下几个转变：

①社区居民构成的变化。在新的住区内，居民来自不同的村委和自然村。传统农村社区中的血缘和地缘纽带在新的社区居民中并不存在。推动居民迁居的直接动因是产业开发和物质空间建设的需要。

②社区空间形态的变化。规划以标准的小区形态取代了原有的自然村落，住宅为多层建筑，按照居住区设计规范配置了教育、医疗、文化等设施。这也成为目前嘉定区在新社区建设中的通行做法。无论整体居住环境还是单体住宅形式都和传统农村社区有很大的不同。

③社区邻里空间位置关系的变化。由于社区居民构成已和之前不同，而新社区的

---

❶ 所谓"镇保"即小城镇社会保险，它是上海市在郊区推行的社会保障制度，以满足郊区离土农民的保障需求。"镇保"由基本保险的统筹部分和补充保险的个人账户部分组成，基本保险由政府强制征缴，实行社会统筹，保障基本生活，体现社会公平；补充保险由政府指导鼓励；建立个人账户，具有多种用途，充分考虑效率。

设计手法是按照城市小区的模式进行的，加之各类住宅分配政策和做法，使得原有社区内部的邻里格局在新社区中难以延续，居民无法选择自己的邻人，邻居很可能是来自其他村落的村民。以工业区农民宅基地置换规划为例，虽然在动迁中试图以原有村落为基础，但规划涉及 9 个村委，逾百个自然村，而规划布局则为 21 个居住组团，前后之间并不存在严格的对应关系，使得按照原有村落分配住宅的想法难以实现。很显然，在规划编制时并未将原有的社区格局考虑在内。

④社区管理模式的变化。在规划设计的新住区的基础上，以居住小区为单位设立居委，取代原有的村委，进行新社区的管理。

因此，F1 赛车场动迁居住点规划和工业区农民宅基地置换规划对社区空间的影响以空间形态和空间组织为主。规划中对空间形态的设计奠定了新社区空间的基础。以规划的空间单元（小区或居住组团）为基础成立新的行政社区，已经成为目前的基本模式。规划设计是最主要的技术手段，而包括社会保障、住房分配、拆迁补偿政策等配套措施则是规划得以实施的必要保证。

综上所述，本书认为，F1 赛车场动迁居住点规划和工业区农民宅基地置换规划对社区空间的影响如下：

影响对象　农村社区

影响内容　社区空间形态，社区空间组织

影响方式　居住小区规划设计及相关配套措施

影响实效　已实现

5.5　2000 年后规划对社区空间影响总结

在此，将 2000 年后各规划对社区空间的影响和实效统一汇总，见表 5.7。

2000 年后规划对社区空间影响的实际 表 5.7

规划名称	影响对象	影响内容	影响方式	影响实效
2004 年嘉定区区域总体规划纲要	农村社区、城镇社区	社区空间分布，社区空间规模	空间布局	初步实现
2004 年嘉定新城主城区总体规划纲要	同上	社区空间界域，社区空间组织，社区空间规模	同上	同上
2002 年安亭镇总体规划	同上	社区空间分布	同上	同上
2000 年外冈镇镇域、镇区总体规划	同上	社区空间分布，社区空间规模，社区空间组织	同上	同上
F1 赛车场动迁居住点规划	农村社区	社区空间形态，社区空间组织	居住小区规划设计及相关配套措施	已实现
工业区农民宅基地置换规划	同上	同上	同上	同上

根据前文中各项规划影响的分析，2000年后嘉定规划对社区空间的影响在总体上具有以下特征：

5.5.1 影响广度与深度的大幅提升

2000年后规划对社区空间的影响，相比于之前的两个阶段，无论其广度还是深度都有大幅提升。规划开始直接介入社区空间的界定及其建设过程，试图对全区所有地区和类型的社区空间施加根本性的影响。

首先，规划通过对全区用地、产业和人口的布局对现存的社区空间布局模式进行根本性的调整，影响对象包括全区所有城镇社区和农村社区，而非1950-1980年代规划只针对局部地区的改造。在规划的主观构想中，未来在嘉定的农村地区，已延续多年的自然村落将不复存在，代之以中心村。而在城镇地区，经过重新界定的居住组团和"社区"将成为社区空间的主导模式。

相对于以往规划中社区概念的模糊，2000年后的规划，特别是以2004年嘉定区域总体规划和新城主城区规划为代表的系列规划开始明确地提出"社区"的概念，将其作为区域空间的基本单元，并围绕社区布置相应的公共服务设施。其手法虽与居住区规划相类似，但其根本概念已和居住区大相径庭。新的社区是由控制性编制单元构成的，将城市管理和服务纳入其中的居住单位，并由之后编制的控制性编制单元规划负责具体指标的确定。

其次，和1950、1980年代不同，2000年后规划对社区空间的影响超越了行政界域，在全区范围内统一进行社区空间和人口布局。单个镇区和镇域的居住区建设不再是主流。例如嘉定新城主城区和安亭镇总体规划都体现出根据宏观层面的产业发展来布局社区空间的范围、规模及其人口构成的特征。这和1983年南翔镇村镇规划仅限于镇域内的自然村拆并形成了鲜明对比。

5.5.2 以集中为基础的新社区空间组织模式和空间形态的建立

从本章分析的规划中可以看出，以集中为基础的社区空间组织模式和形态的建立是规划对社区空间最主要的影响。从区级规划开始，就在推动全区居住用地的集中布局。在嘉定新城主城区规划中，则在区级规划的基础上布置了集中式的六大社区。而在微观层面，通过工业区和F1赛车场动迁基地的规划则可以发现，集中式的动迁住宅区已经开始建设，并且形成了明显区别于传统社区的空间形态。社区空间的集中原则在整个规划体系中得到了全面的贯彻和执行，并成为最主要的特征。在其他规划中，以人口集中为基础的大型居住组团和居住区布局也清楚地表明规划的指导思想和根本原则。

集中原则在规划中的普遍存在，当然源于"三集中"政策的实施。集聚经济和规模效益是最基础的城市经济学原理。同时，在新的城市化战略下，嘉定发展的目标已不再是郊区以小城镇为主的城乡混合地带，而是"综合性的现代化城区"。这一目标实际上是和三集中政策相辅相成，互为因果的。在"三集中"目标的导向下，将城市发展的核心特征作为规划的指导思想也就不足为奇了。如果说 1950、1980 年代规划中将居民点集中布局的仍属于较为模糊的策略导向，并不具备强制力的话，那么 2000 年以来嘉定的居民迁移和居民点建设大潮（主要对象为农民）则是在政府主导下的具有刚性约束力的行政行为。

5.5.3　规划设计与配套政策的结合成为主要影响手段

规划影响意图的实现不仅在于规划技术手段的指导作用，同时也借助相关政策的配合。首先，作为指导城市建设的各项战略性和实施性规划，通过规划布局确定了未来嘉定社区空间的分布、结构、规模、组成以及具体建设形态，从技术层面直接对社区空间进行了详细的规定。这是影响实现的起点，勾勒出嘉定社区空间发展的阶段性目标。

其次，规划的实施要依赖于相关政策的配合，否则只能沦为蓝图式的空想。此类政策又分为两大类：

一是作为规划编制指导思想的政策，比较有代表性的包括"三集中"政策。此类政策直接影响到规划编制的基本原则和方向。例如根据"三集中"政策，嘉定 2004 年区域总体规划纲要将全区的各类用地分别集中布局，2004 年新城主城区总体规划又将区域总体规划中的集中式居住用地细化为 6 大居住区，而在各类详细规划中通过居住区和小区设计最终将宏观的集中设想落实为具体的空间布局。在整个规划体系中，"三集中"政策得到了全面、彻底的贯彻。

从规划的实效来看，成为政策的规划，其执行力度远比其他规划为更大。历史上的 1959 年总体规划、1988 年县域综合发展规划都因为种种原因难以贯彻实施，甚至遭到根本的否定。虽然有其自身的因素，但从一些事例的前后对比就可以看出政策性规划的重要程度。在 1988 年县域综合发展规划中曾经提出要推动农民向部分发展条件较好的居民点集中，让小型村落自然消亡的设想。但在 2000 年之前，此类居民点并未产生，小型村落也并未消亡❶。但自从"三集中"政策提出后，规划将其作为基本原则，方案中提出的各类农民集中动迁住宅区的建设得以立即实施，并附有各类相关政策支持，如给予农民城市户口、取消宅基地、提供镇保和社保等。其执行力度之大，动作

---

❶　在笔者的调查中，此类村落和住宅大多被租给外来人口。即使其中的大部分居民迁出，但农民都想保留有属于自己的宅基地和老宅，这些权利不仅是他的私人财产，更是他进城后参与市场竞争的保证。一旦竞争失败（如失业、破产等），他可以再回到老家，原来的财产可以使他不至于完全丧失生活来源，因此小型自然村落是无法拆除的，国家政策也不支持此类行动。

之快是以往任何一个时期都不能比拟的。因为"三集中"政策是上海市的既定政策，也是嘉定区政府的一项政治任务。因此一些以政策为背景的规划是政府工作的重中之重，推行的阻力要小很多。城市规划的政策属性在近年来的规划中表现得较为明显，而此前多停留在技术层面。

二是作为规划推进辅助手段的政策，包括动拆迁政策、社会保障政策等。配套政策所起的作用是帮助规划的实施，解决规划推进中的各类矛盾，为所涉及的利益群体提供相应的补偿和保障手段。此类政策的出台是规划在推进过程中不可或缺的环节，没有配套政策的帮助，规划对社区空间的影响只能停留在蓝图上。同时在某种程度上，配套政策也影响到规划编制，例如前文所述的根据住宅面积分区的小区内部空间结构就反映了拆迁政策对规划设计的影响。

5.5.4　规划实效的初步显现

由于2000年后的规划实施时间短，规划期限均未到达，因此从严格意义上说，本章所分析的规划影响只是一种预判，尚有待实际发展状况的检验。但从近年来规划实施的情况来看，应该说嘉定地方政府对规划意图的贯彻力度是相当大的。以农民动迁为例，截至2005年底，已有28个基地投入建设，占地面积7.7km²，涉及人口6万人，1.93万户。至2006年，工业区的农民动迁工作已全部完成，嘉定新城的建设也开始启动。各级规划影响的实效已初步显现。以集中为基本原则的居民迁移和居民点建设在嘉定已是大势所趋，笔者对社区的调查也证明了这一点（见绪论）。

5.6　规划影响的成因机制分析

在本章所分析的案例中，涵盖了目前嘉定区完整的规划体系，即区域—镇（新城）—详细规划三个等级，从中可以看出，2000年后嘉定各级规划对社区的重视程度得到加强，将社区空间布局作为一项重点内容。并通过系列手段予以推进。区域总体规划提出了宏观的布局设想和大体规模，中观层面的镇（新城）规划则规定了社区空间的具体地域、人口构成、设施配套、用地指标等，而详细规划则制定具体的社区建设和动迁策略，从而使社区空间集中化的设想得到了切实的贯彻和执行。

相对于之前的两个阶段，2000年后嘉定规划对社区空间的干预不仅在力度上有所强化（即不再局限于局部地区的调整，而是涉及到全区层面的空间重组并大力执行），而且这种干预也成为全区的公共政策之一，是嘉定建设新型郊区新城的重要组成部分。规划的这一转变当然并非源于对"社区"一词的借用，而是2000年后经济社会发展形势的变化而导致各方在围绕城市建设中相互角色与作用的转变，从而使社区空间建设的重要性凸现出来。在规划行为的全过程中，可以明显看到，和1980年代相比，规划组织、编制和实施者的构成及其相对地位都有明显的不同（图 5.18），这直接决定了规划对社区空间干预的目的和方式。

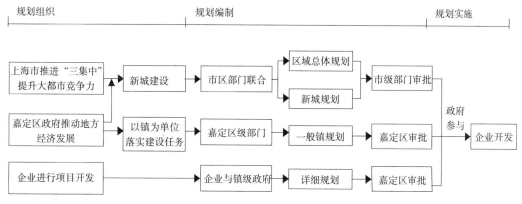

图 5.18　2000 年后嘉定城市规划行为过程示意

5.6.1　市政府重新主导下的规划组织

从本章中各案例的规划组织来看，市政府重新占据主导地位，特别是重大的区域层面和新城规划。如 2004 年区域总体规划纲要和新城主城区总体规划就是在市政府相关政策的指导下，由市规划局发起并安排之后的工作的。嘉定区其他一些与重大产业项目有关的规划，如国际汽车城规划也是同样的组织方式。由市级部门来组织规划工作，其目的当然是将上海市对嘉定区发展的意图通过技术和法律形式安排下去。最终的审批权也掌握在市级部门手中。在规划组织过程中上海市和嘉定区确立了明显的主从关系。

次一级的战略性规划和其他重要规划，主要是镇级总体规划和重点开发区的规划则由嘉定区政府发起，由区规划局出面组织，各镇级政府予以配合。最后由区政府审批。区政府组织此类规划的目的一方面是出于地方经济建设和遵守规划法规的需要，另一方面也是贯彻市政府的相关政策。实际上在 2004 年区域总体规划纲要编制之前，嘉定一些镇级总体规划就已按照市政府"三集中"等有关政策的精神来编制。而有些规划则完全是上海市决定的项目，如安亭新镇规划。

区域和新城一级的规划组织由市政府主导是 2000 年后嘉定规划的一个主要特点，反映出在新的经济发展趋势下，市政府对郊区发展定位的变化及其采取的一种主动姿态。在第 2 章中已经提到，随着上海市产业结构的升级、中心城区的退二进三进程及其用地和环境条件的制约，郊区成为制造业基地的理想选址，也是上海市新的经济增长点。对郊区发展有计划的调控和在郊区布置新的建设项目成为市政府推动郊区发展定位变化的主要手段。例如 F1 项目的引进，就在很大程度上改变了嘉定的区域空间布局结构，并围绕它进行了一系列的产业和用地开发。因此，此时的市政府根本不会再像1980年代那样，需要国家指导意见才开展郊区区域总体规划和其他规划工作。经济的高速增长和瞬息万变的市场形势使得市政府比其他任何人都更迫切地希望组织郊区规划工作。因为如果没有上级政府的约束，郊区地方政府很可能早已将辖区内的土地批租完毕，从而使市政府对郊区进行综合调控，来承担提高全市竞争力所必需的各种职能的愿望落空。

但在2000年后，由于市场经济体制的建立，市、区政府只负责宏观政策的制订，而不进行具体建设工作。因此局部地段的详细规划一般由企业组织（一些大型政府性的项目除外），最后由区规划局审批。当然，由企业组织详细规划的状况并没有在根本上改变市政府主导嘉定规划组织的局面，而且很多开发项目也都是宏观政策的具体反映。但这在规划决策的博弈过程中增加了一个参与者，从而使2000年后规划的利益取向发生了一些变化，这一点将在后文具体分析。

5.6.2 上层化和市场化的规划编制

作为市政府主导规划组织的直接后果，就是规划编制的上层化和市场化，主要表现在：

1. 规划决策权的分化

2000年后，嘉定规划中各利益群体地位的一个突出转变就是上海市政府、嘉定县政府作用的增强、企业组织的介入和基层政府（镇、街道、新区）、社区及居民地位的弱化。所谓的分化是指在战略性规划中上海市级部门再度集权，而在实施性规划中，现代企业则成为决策的主体。

仅从规划编制的角度来看，随着2003年版《上海市城市规划条例》的实行，上海市不仅仍然掌握了嘉定重大规划的审批权，而且市级规划部门又重新参与到此类规划的编制中去（见第2章和本章前文相关论述）。而嘉定县政府的权限也有所扩大，不仅仍然参与嘉定重大规划的编制，又从各镇级政府中将镇级总体规划的编制权回收（实际上这一举措在2003年之前就开始实施）。相比之下，镇级政府在2000年后城市规划工作中的地位则颇为尴尬。镇级政府既没有辖区内的总体规划与详细规划的编制权，只能在编制过程中参与协商，也无权对具体建设行为进行控制（一书两证掌握在区规划局手中）。镇级政府成为开发企业与区级规划部门沟通的一个媒介。

而企业却参与到规划编制之中，成为目前嘉定规划体系中的一个重要力量。实施性规划，即局部地段的详细规划（包括控制性详细规划和修建性详细规划）一般由具体开发企业负责编制，只要企业获得了该地块的开发权。以南翔为例，2000—2005年编制的所有详细规划中由企业作为主体的占总数的60%以上（表5.8）。若需要调整，也由开发企业提出申请，经区规划局批准。

南翔镇 2000-2005 年编制的详细规划　　　　　　　　表 5.8

规划名称	规划类型	编制主体
南翔绿洲新城结构规划	概念规划	上海嘉定区绿洲房地产（集团）有限公司
猗园新村控详	控制性详细规划、修建性详细规划	未核实
嘉定区南翔高科技园区控详	同上	南翔镇人民政府
南翔老翔黄北侧地块控详	同上	上海嘉定区绿洲房地产（集团）有限公司
嘉定区南翔工业开发区（东）控详	同上	嘉定区规划局
南翔高科技园区（蓝天分区）控详	同上	同上
南翔高科技园区（永乐分区）控详	同上	同上
南翔工业开发区浏翔分区控详	同上	南翔镇人民政府
金地格林风苑居住小区控详	同上	金地集团上海公司
金地格林风苑一期 A 区 2 绿地景观设计	景观规划	同上
南翔镇静华村李店角地块控详	控制性详细规划、修建性详细规划	嘉定区土地开发储备中心
南翔新镇 D 地块（孙家窑地块）控详调整	同上	未核实
金地格林风苑城二期控规	控制性详细规划	金地集团上海公司
南翔台鼎中小企业园区控详暨一期修详	修建性详细规划	上海祖鼎实业有限公司
南翔镇旧镇区 5、9 号地块详细规划	同上	未核实
南翔镇同盛花苑详细规划	同上	上海同盛房地产经营有限公司
上海金地格林春晓详细规划	同上	金地集团上海公司
南翔工业区浏翔分区 5 号地块修详	同上	嘉定区规划局
上海三翔金属有限公司修详	同上	上海三翔金属有限公司
金地格林风苑城一期修详	同上	金地集团上海公司
南翔镇新村民主街北基地（茗馨公寓）详细规划	同上	上海嘉定区绿洲房地产（集团）有限公司
金地格林风苑城 CFG 地块修详	同上	金地集团上海公司
南翔镇绿洲古漪新苑修详	同上	上海嘉定区绿洲房地产（集团）有限公司
南翔镇红翔新村民主街北基地修详	同上	同上
银翔新村控规	控制性详细规划	同上

资料来源：根据嘉定区规划局档案室档案整理。

　　而从规划所体现的实质内容来看，在区镇级规划层面，上海市对郊区发展的设想及其对嘉定的定位占据了绝对的主导地位，包括指导思想和具体的空间安排。前者表现为"三集中"几乎成为所有规划的依据，并且得到了事实上的执行。后者则表现为上海市开始直接干预郊区的城镇体系布局和具体建设。实际上无论是嘉定新城，还是新市镇及中心村都能在上海市 1999 年版的总体规划及后来的"1966"城镇体系规划中找到相对应的规定，嘉定规划所做的只是将它们予以具体化而已。而与此同时，嘉定社区和居民不仅无法参与规划决策过程，甚至连1980年规划中所赋予的有限的规划实施权也被剥夺。

2. "三集中"与企业利益成为主要规划目标

规划决策权的分化。使得在战略规划层面，以"三集中"为代表的土地集约和人口集中作为主要目标；在实施性规划层面，企业利益则是规划的首要考虑。

在规划中首先得以贯彻的是上海市的目标。包括"三集中"、嘉定新城建设、工业用地布局等。上述举措都是上海市为了保证全市竞争力而推动的市—郊空间结构和产业布局调整举措的一部分。"三集中"政策的突出目的就是对土地资源的强化利用。通过农民集中动迁安置，并转化为市民，提供城镇户口，加入镇保等手段，将原有社区空间，包括农田、宅基地等转化为城市用地，为城市发展和工业开发提供支撑。

其次就是嘉定区政府的目标，核心当然是嘉定地方经济的发展。而市政府提出的"三集中"、新城建设等意图对于嘉定区的物质经济发展无疑是有利的，因而也得到了嘉定区的支持和配合，甚至是积极响应。因为在现行的市—郊权限安排下，嘉定区政府成为地方利益的代表，同时也要面对其他区县甚至外省市地区的竞争，而行政官员的命运则直接取决于经济发展的结果。因此强调产业发展和培育新的经济增长点就成为规划的直接目标（乃至全部目标）（表5.9）。

2000年后嘉定主要规划目标统计　　　　　　　　　　　　　　　　表5.9

规划名称	规划目标
2004年嘉定区区域规划纲要	优化配置各项资源，协调城乡各项建设，确定区域性质、规模、城镇功能空间格局和发展方向，合理利用土地，实现社会、经济、人口、资源的可持续发展
2004年新城主城区总体规划	以"三集中"为基本指导思想，以上海市重点新城为目标，以嘉定区域总体规划纲要为指导，确定嘉定新城主城区的总体发展目标、空间布局、基础设施布局等重要内容，促使城市用地布局达到社会、经济、环境最优化
嘉定区农民易地建房选址规划	积极推进"三个集中"，促进人口集聚、产业集中和土地资源集约，调整农村布局形态，提升农村形象，完善基础设施配套，提升农村居民居住质量，实现城乡统筹

资料来源：根据2004年嘉定区区域规划纲要、2004年新城主城区总体规划、嘉定区农民易地建房选址规划整理。

而在详细规划阶段，企业组织的利益就成为规划的主要目标。现阶段开发企业已成为嘉定详细规划的编制主体和城镇建设的主要推动者。其项目操作过程如图5.19所示。虽然规划要由区规划局审批，其中也包含了企业、镇级政府和区级政府部门大量的协商和谈判过程，但如果无法获利，企业就缺乏开发的动机❶。规划在其中扮演了两种角色：一是企业通过规划来说服（也可以说是打动）地方政府，以获得地块开发权，即图中的阶段2。此时的规划是非法定的，概念性的，重在渲染开发后的美好效果，

---

❶ 例如当政府要求某些企业进行利润较低的动迁房开发时，一般都会在其他项目上给予企业适当的回报，以弥补企业的效益损失。否则此类项目不可能找到愿意接手的企业。

以吸引政府官员的注意力，并极力宣扬项目对地方经济的拉动作用。如果政府同意将地块开发权授予企业，后者则会按照法定要求编制控详和修详规划。此时的规划就扮演第二种角色，即具体建设活动的依据，包括布局、经济指标的确定等，即图中阶段 6。到了这一阶段，规划便不会像阶段 2 那样充满了大手笔，贯穿其中的是企业的精打细算，因为利润就落实在开发的每一平方米的土地上。

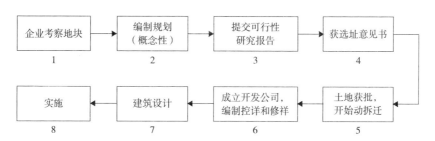

图 5.19　企业进行房产开发和详细规划编制的过程

　　值得注意的是基层政府在详细规划全过程中的角色。一方面，企业在前期的规划组织中需要与基层政府（一般是先与镇级政府协商，再提交区级部门）进行大量的协商、谈判过程，规划本身一般均包括有基层政府的相关设想❶。而在获得地块开发权后，企业将成立专门的公司负责开发业务。在很多情况下，镇级政府是参股的（但一般是企业控股）。也就是说，作为公司的股东，在某种程度上镇级政府也成为规划编制的主体之一，规划要反映其对地方发展的目标。更为重要的是，镇级政府可以从地块开发中直接获利。

5.6.3　以开发企业为主的实施过程

　　2000 年后规划的实施方式不同于以往任何一个时期。具体的规划实施工作主要有企业完成。即所谓的"政府主导，市场化运作"。无论是具体的产业投资还是土地开发，都由企业来进行。由于市场经济体制改革后政府从经济领域退出，至少在法律意义上无法作为市场主体，因此上海市和嘉定区对城乡建设的作用是引导性的，即通过政策和市场机制来鼓励相关产业的发展及其具体选址，必要时政府将作为协商的主角才来参与具体项目的引进工作。例如 F1 项目的引进就是上海市与国际资本谈判的结果。

　　以企业为主的规划实施过程进一步确立了企业利益的地位。当然前提是满足政府宏观政策的要求。而目前规划审批和"一书两证"的授予权都至少集中在区级规划部门，这也确保了重大规划指导原则在规划实施中等得到遵守。而且政府在规划实施过程中

❶　在新的规划体系中，镇级政府已经丧失了总体规划的编制权，因此其能够参与规划并施加一定影响的就只有详细规划，因为镇级政府和区规划局的行政等级相同，后者无法在总体规划的编制上"以上压下"。而且作为区域层级规划和镇总体规划实施的直接操作者，镇级政府与开发企业有非常密切的合作关系。

也会与企业保持密切的联系。以居民动拆迁为例，镇级政府是其直接责任人，实施方是企业。其基本过程是企业与镇政府先商谈补偿标准、动迁房选址、建设规模等事宜，确定后再同居民协商（一般由政府出面），在无异议的情况下由企业成立项目经营公司（政府有时会参股），开始项目建设，完工后由政府回购，再分配给居民。就目前嘉定的情况看，无论项目大小，其操作过程基本如此，只不过其建设动因有时是单个项目开发，有时是镇级范围的统一动迁（如工业区）。而无论何种模式，企业均要从中获利。而镇级政府也有可能获利（因为政府也参股）。而统一动迁则更使镇级政府与企业（不仅有房产开发企业，也包括产业投资者）结成了利益共同体。

从上述分析中可以看出，2000 年后嘉定主要规划中对社区空间重视程度的加深以及系列安排，其核心目的就是为了地方经济发展的需要，在大规模工业化和城镇开发成为嘉定主要经济发展动力的背景下，将全区用地重新布局，改变目前居民点小而散的分布模式。一方面为用地开发创造条件，另一方面也为嘉定城市化水平的提高与建设大型新城打下基础。在整个规划行为中，上海市的战略意图是其根本出发点，而嘉定区政府则推动了这一进程。社区空间的集中与扩大在某种程度上满足了产业发展对用地的需求，并降低了区域发展的整体成本。建立在个体开发项目上的农民城市化和用地开发行为，其特点是规模小，具有偶然性和随机性，具体的开发地段和安置地区的选择由个体开发实体负责，较为零散，很难获得政策支持（例如户籍的转化）。交易行为发生在开发实体和农民之间，前者必须一一与后者订立契约才能进行开发活动，根据制度经济学的理论，这就产生了交易成本，而成本的大小是根据开发活动的数量而累积的。而且由于各开发项目补偿标准的不同，时常会引发居民的不满（见案例 6.7），即便此类动迁也由政府主导。而在新的行政机制的作用下，则是由政府统一与农民订立契约，交易行为只有 1 次，其成本与之后的开发活动无关，因此总体成本与单个交易成本的累积相比显然更小。而且政府可以统一进行政策供给（例如户籍转化、提供社会保障），并进行大规模的住区建设。既产生了聚集效应，也降低了基础设施的供给和运转成本。在统一的动迁安置工作之后，一方面避免了因个体开发项目的差异而造成的补偿标准不同的现象，同时也有利于产业开发和城镇建设的集聚和规模化。对于整个区域发来说，其总体成本较小，最终的效益也更优。从规划实施的情况看，社区空间的集中化在各级规划中得到了一致的贯彻。而且在社区空间改造的实际过程中，出现了相应的利益链，镇级政府与企业是这条链上的直接受益者，上海市和嘉定区政府则是间接受益者。而造成这一现象的根源则在于地方政府角色的变化和嘉定经济结构的转变。

首先是由于经济体制改革促使地方政府成为"准市场主体"。始于 1978 年后的改革实际上经历了两个主要阶段：第一阶段是行政性分权。即在大力发展非国有经济的同时，中央把国有经济的大部分控制权逐步转换为地方政府控制，以此调动地方政府在发展经济上的积极性；第二阶段是经济性分权，即按照建立现代企业制度的要求明晰产权关系，把经济增长的推动主体由地方政府转换为各类企业法人，奠定企业在市场经济中的微观主体地位（张京祥等，2007）。而目前的中国正处于第二阶段刚开始的过渡时期，地方政府面临着经济分权与行政任命制相结合的制度环境。这促使地方政府在经济决策中的发言权开始扩展。而微观的制度建设更是巩固了这一趋势。一是城市房地产制度的改革，土地成为可以交易和定价的商品。国家通过《土地法》和《规划法》将大部分土地的收益权和支配权赋予了地方政府特别是城市政府，使后者第一次拥有了自己可以经营的产品。二是 1994 年的分税制，中央政府与地方政府，地方政府之间开始有了明确的财务权力边界。而加入国际经济循环体系则直接促成了城市间竞争的形成（赵燕菁，2002）。地方政府就其掌握的资源和承担的职能而言，实际上已成为具有独立利益和行为目标的"准市场主体"。

从理论上说，市场机制的建立意味着基于利益交换的交易性权利将逐渐取代以命令为主要机制的再分配权力（李路路，2003）。在这样的框架下，社会各阶级阶层的地位及权力将越来越多地通过市场或类市场的机制形成。但由于我国市场体制的建立是在国家政治权力的推动和控制下，市场化进程以不同方式不同程度地在不同领域、不同地域向前推进的，因此在很大程度上体现了"混合经济"、"混合体制"、"双轨制" ❶等的特征。我国经济的市场化程度也说明了这一点，整体约为 50% 左右，产品达到 61.71%，资本仅为 17.2%，劳动力达到 70%，要素市场化程度为 36.57%。整体水平不仅距离成熟市场化经济（市场化程度达到 85% 左右）尚远，也未达到"准市场化经济"的水准（市场化程度达到 60% 左右）。在目前的转型期，再分配的命令经济和市场经济并存，行政权力机制和市场机制并存，两种体制和机制的冲突与合作并存。所有这一切都决定了地方政府在新的经济发展格局中的重要地位。

与此同时，在我国当前的行政体制下，行政官员的任命权仍由上级部门掌握，对城市政府而言最直接的约束仍然来自于上级政府（张京祥）。而在全市域内，这一机制便造就了市—郊两级政府在区域发展上的趋同与存异。一方面政府开始成为相对独立的行为主体，市、区政府分享权力、分担责任，其间不但有合作，也有博弈。另一方面，经济发展成为考核地方官员最重要的指标之一，促使郊区政府不但要满足市级政府的要求，也有可能根据地方利益的要求，更加"灵活"的应对上级的意图。但总体而言，郊区无法制约上级集权与分权的随意性，重要政策的制定权基本掌握在市政府手中。

由于地方政府成为"准市场主体"及来自上级约束的存在，因此在区域建设的战略取向上，地方经济的发展成为其核心利益所在。而且随着 1990 年代以来经济增长的推动主体由地方政府转换为各类受市场约束的企业，以及传统乡镇企业的主导地位被

---

❶　关于这一点，社会学界和经济学界已有许多研究，其概念也不尽相同，其他如"不平等的二元体制"、"体制内和体制外"、"政治市场化"、"政治与市场同进化"等等，但其基本含义都近似。

现代企业（开发商、跨国企业等）所取代，促使后者称为城市建设的实施主体。角色的转变也造就了规划目标的转变。

其次就是在新的经济结构条件下基层社区和居民在嘉定经济发展中的地位下降，特别是乡镇企业不再是地方经济建设的主体。在2006年，嘉定工业总产值1322.3亿元，比上年增长20.1%，而其中三资企业完成工业总产值706.1亿元，比上年增长24.4%，已经占总量的一半以上。而乡镇企业数量较其鼎盛时期有较大幅度的下降。1990年代中期以来，国际资本成为地方政府青睐的对象，特别是大型的投资项目是各地争夺的重点。而乡镇企业则逐步淡出历史的舞台。一方面随着大量农民动迁转化为城市居民，村级资产或被村民均分或被转让，众多乡镇企业不复存在；另一方面随着经济体制改革的不断深入，企业转制力度继续加大，和基层政权脱离关系，成为独立的法人。因此基层社区和居民不再拥有对地方经济发展的直接贡献，而城乡建设更不依赖于个人的建设活动，相反，后者却成为目前规划体系所约束的对象。

2000年后嘉定城市规划对社区空间的影响是建立在地方政府角色变化和推动主体在规划行为中地位变迁的基础之上的。由于上海市对郊区控制力度的提高，以及政府在新的经济体制中的强势地位，加之社区和居民由于产业基础转化而作用下降，使得2000年后从市政府到嘉定区政府既有意愿，也有能力通过社区空间的改造来实现自己的意图。而实际操作过程中各方意图的分离也为诸多问题的产生埋下了伏笔。

第6章　当前规划影响存在的问题及其动因分析

通过对嘉定1950年代以来各主要历史阶段规划对社区空间的影响及其成因机制的分析，可以看出各利益群体的互动决定了规划的决策、目标、实施方式及其对社区空间的作用。在嘉定的社会变迁过程中，城市规划既是变迁的结果，也影响了变迁本身。例如2000年后由规划为先导推进的社区空间和人口的集中，就是影响的具体表现形式之一。在不同的历史阶段，规划本身的行为方式及其所反映的利益群体互动也在不断改变，在社区空间演化过程中扮演了不同的角色。对该过程的梳理既有助于了解规划对社区空间的确切作用，也可以为当前社区空间建设中的诸多问题找到相应的规划根源。

6.1　规划影响的演化

从前文的分析中可以看出，规划对社区空间的影响经历了一个不断深化和拓展的过程。而这一过程中各方围绕城市规划决策与实施的互动也在发生相应的转变。如果将二者结合起来，就会发现社区空间在规划中地位的变迁正是政府主导下规划决策与实施基础演变的外在反映。

6.1.1　渐进介入的过程

在对各时期嘉定规划对社区空间影响的分析中，可以明显看到一个"渐进式介入"的过程，表现为规划对社区空间的影响经历了一个从客观干预到主观影响、从局部地区到整个区域、从物质干预到空间组织的演进过程。在其背后蕴藏的是区域产业结构转换、国家宏观政策变迁及规划的公共政策属性日益加强等一系列社会经济因素。

1. 从客观干预到主观影响

1950年代规划只专注于工业企业、科研单位及一系列生产、生活设施的选址和建设事宜，规划并未有意识地对社区空间进行引导，其空间影响仅仅是一种客观存在。而从1980年代开始，规划开始主动考虑对社区空间的塑造，包括人口迁移、行政区划调整等均成为规划选择的手段。进入21世纪，规划开始明确地提出"社区"的概念，界定了社区的空间范围、设施配套等一系列关键要素，成为规划试图主动干预社区空间的最直接表现。

2. 从局部地区到整个区域

在1950年代，规划的视野只集中于少数重点城镇，因此规划对社区空间的影响也局限于涉及到工业开发的城镇和部分农村地区，其手段主要是物质层面上的空间迁移和改造。至1980年代，随着规划工作的普及，规划的影响开始扩展到嘉定各乡镇。但受当时规划编制的推动主体、产业基础和各项政策条件的限制，规划影响主要集中于各乡镇行政界域内的部分地区，如镇区和部分自然村落等，规划并未触及全区社区空间布局的基本架构。而进入21世纪后，随着区域分工协作程度的加强，各行政单元已经从过去工业、居住等功能无所不包的"小而全"发展模式转向专业化发展，各地区由全区进行统一的分工调配，根据自身特点重点发展相应的功能。相比于1980年代各自为政的规划编制，2000年后开始在区级规划宏观原则的指导下，通过各级规划用地布局来落实各地的功能安排。规划对社区空间的影响超越了行政界域的限制，扩展到全区所有地区及各类型的社区。嘉定社区空间从宏观的区域分布到微观的形态规模，都受到了规划的直接影响。反映了在区域发展中居住功能所受的重视程度的加深以及在产业基础、城市发展定位变化后所引发的居民迁移及基层社区变迁浪潮。为了与社会发展相适应，规划试图通过空间的限定及设施配套来塑造新型社区空间。

3. 从物质干预到空间组织

在早期的规划中，由于规划最主要的任务是工业及科研项目的选址和建设，居住功能在规划中并不具备突出地位，仅作为工业和科研功能的配套安排，社区也不在规划的考虑因素之列，因此规划对社区空间最主要的影响仅仅是新开发项目对原有社区物质层面的干预，即对原有社区空间的侵占甚至迁移，特别是工业建设对部分农村自然村落的影响。从嘉定镇1976年总体规划开始，规划逐步将社区空间的组织纳入核心内容之中，提出以居住小区为单位重新划分居委空间，1982年总体规划提出的农民集中居民区，2004年新城主城区总体规划提出的居住社区概念，都是规划在主观上试图重塑社区空间的一种努力。规划开始对社区的空间范围、规模、结构、配套设施和居民构成进行明确的界定。社会学中的社区在规划中演变为具有特定形态特征的空间单元，成为全区空间体系中重要的一环。

6.1.2 规划决策与实施基础的演变

从1950年代到2000年后，由于不同时期各主体地位与权限的差异，规划行为的决策与实施基础也有所不同。

①规划决策基础

在1950年代，嘉定城市规划以卫星城规划为主，其直接依据是上海市同期编制的《城市总体规划意见》。市级部门掌握着规划的编制与审批权。上海市政府和嘉定县委是规划最主要的决策者，其主要的目的是为了满足上海市在郊区卫星城布置相关科研和工业项目的需要，也包括部分嘉定县自身发展的设想。但对于市县来说，工业化都是当时最主要的目标。

到了 1980 年代，嘉定规划的层级和范围开始扩展。虽然上海市级部门仍然掌握着嘉定重大规划的审批权并部分参与其编制，但由于郊区农业生产力的提高和乡镇企业先于国有企业的改革步伐，市区对郊区的控制力度减弱，规划决策权及其目标更为地方化。在重点镇和嘉定县级总体规划中，上海市级部门和嘉定县政府是主要的决策者。规划目标主要是在满足上海郊区卫星城产业的布局及中心城相关需求的前提下，试图积极壮大嘉定地方经济实力，重点发展小城镇及其产业。而在一般镇（乡）的总体规划中，镇（乡）政府成为规划决策的主导者。其主要目的是为了满足辖区内产业发展和居民生活改善的需求，合理利用土地。

在 2000 年后，由于嘉定撤县设区以及上海市建设重心向郊区的转移，市政府对郊区的控制力度增强。市级部门在嘉定重大规划中的参与程度提高，成为规划的发起者与组织者，是最重要的决策方。而嘉定区政府和规划主管部门则是辖区内重大规划的参与者及次级规划的审批者，其决策权仅次于上海市级部门。相关规划的首要目的是满足上海市产业结构和空间布局的要求，提升上海城市竞争力，将嘉定塑造成大型郊区新城和制造业基地，成为上海市城镇体系中的重要部分。而详细规划的决策者则是各类企业，规划是企业经营行为的一环，盈利是其最终目的。

②规划实施基础

在 1950 年代计划经济体制下，规划实施依靠的是国民经济计划，上海市、中央相关部门是规划中所确定的中央部属与市属企业项目建设的主要推动者。而嘉定县则是县属企业建设的执行者。上述行为构成了当时规划实施的主要基础。由于城乡功能定位（城镇负责工业，农村负责农业）的限制，当时以大工业发展为目标的城市规划主要集中于重点城镇，嘉定广大农村地区和一般乡镇并未参与到当时的规划工作中去。

在 1980 年代，由于地方经济的发展，上海市对于嘉定的计划项目安排不再居于绝对的主导地位，加之规划目标的地方化，因此除了上海市和部门主管机构的参与外，规划的实施主要依靠嘉定地方企业，尤其是乡镇企业的发展。加之当时基层行政政权与企业的密切关系。镇（乡）政府乃至村委成为规划推动的主要力量。

而在 2000 年后，由于市场经济体制的建立和嘉定工业化主导力量与城市化目标的变化，上海市政府成为嘉定相关规划实施的重要推动者，其手段包括政策制定、项目协商、任务指派等。而嘉定区政府则成为市政府的重要配合者，负责将市政府的意图具体化，并要求各镇执行。而规划的直接实施主体则演变为现代企业，1980 年代规划中的重要执行者如镇、村政权则退化为企业执行过程的协商者，并不具有决定权。

6.1.3 规划在社区空间演变过程中的作用

①从技术工具到法律工具

在1950年代城市规划刚开始施行时，是作为一项技术性工具而存在。即通过专业手段来为规划项目挑选用地，并直接指导后续建设。而且城市规划技术性的发挥也是不完全的，因为规划只是经济计划的执行者，对规划对象性质及规模的预测并非主要任务。这些都由上海市政府和上级部门确定。技术性工具的属性在很大程度上决定了规划对社区空间干预的局部性和有限性。这一特性在1980年代的规划中仍然得以继续体现。

而进入2000年后，随着规划法规体系的完善，城市规划不仅仅是一项技术工具，同时也已成为一项法律依据，成为政府组织城市建设的法律基础。通过规划法规，一方面政府可以通过规划权限的分配与重大规划的制订来约束下级政府和个体开发行为，确保规划对社区空间的干预符合自身意图。另一方面规划也借助法规加强了其法理权威。因为社会上不可能有一种雄踞于一切利益之上的利益，这种利益的要求也不能总是处在优先地位（张兵，1998）。这样规划必须依靠法律来决定相关利益的优先顺序，迫使各主体接受与服从。政府才能在不直接主导微观建设行为的状况下保持自身对城市发展的控制权，使新社区空间的塑造成为确定的公共政策并得以执行。当然，规划在成为法律工具后，其技术工具的作用并未消退，而且技术借助法律的力量，对社区空间的影响更加全面与深入，直接界定了新型社区空间的范围、规模及其人口与设施构成。远远超出了之前规划的能力范围。

②从空间选择到形态引导

在规划从技术工具转变为法律工具的同时，规划对社区空间的直接影响也从空间选择转化为形态引导。其依据也从具体的空间对象上升为对未来社区空间的预测。

在1950年代的规划中，规划是根据对现场用地条件的勘查与分析，继而选择一定的用地范围来作为具体项目的选址。用地内现存的社区因而受到影响。

这是针对特定社区的空间选择行为，其基础是现实中可以确定的物质环境条件。直至1980年代，规划对社区空间的塑造基本沿用了这一方法，所确定的社区（居委辖区、自然村归并等）都是当时已有的或正在进行建设的空间单位，如居住小区、自然村等。规划的调整只是基于现有单元的组合。而2000年后规划对社区空间的规定从空间选择转变为空间引导，即通过专业的空间布局与设计来引导社区空间建设的基本方向与目标，以实现对社区空间的改造。规划所确定的社区并不是一个既有的空间现象，而是规划所设想的一种空间单元，并意图通过各种辅助手段来促使此类单元塑造的实现。这其中当然包括了规划自身的专业技术过程，即规划理论模型的演绎，认为此类社区空间的建设是可行的。在该框架下，独立的企业开发行为都将为新型社区空间的形成服务。而控制性编制单元规划的产生正是出于此目的。规划专业的核心领域，即空间布局与设计是一切建设行为的基础，它直接影响了嘉定全区社区空间的分布、规模与形态。

当然，从嘉定社区空间演化的历程来看，对社区空间发展起决定作用的并非规划因素，而是区域经济与社会发展的实际水平。嘉定历史上依赖于水网形成的均匀分布的集镇和自然村向目前大规模的集中式社区的演化就很好地说明了这一点。事实上，直至 1990 年代中期嘉定在市场经济条件下开始现代大规模工业化进程后，嘉定社区空间才开始真正摆脱传统的结构与形态，呈现出完全不同的面貌。2000 年后受经济高速增长的推动，这一趋势表现得更为明显。规划作用的发挥，是依附于特定的社会经济现实的。形态引导作为规划对社区空间发展的主要影响，其本质上属于一种选择行为，即规划师对未来社区空间发展趋势的判断，据此来确定未来社区空间的关键要素。因此，城市规划在嘉定社区空间演化过程中并不具备决定性的作用，但能在很大程度上影响未来嘉定社区空间发展的基本方向。

城市规划行为对现实的经济基础和行政权力的依赖，决定了规划对社区空间的影响在本质上体现了嘉定自 1950 年代以来社会变迁的主要内容，包括产业发展、社会关系演变、市郊关系变化等。规划在社会空间演化中作用的改变是其具体表现形式之一。当然，作为一项专业和行政手段，城市规划有其独立的理论和行为范围，社会变迁的内涵在城市规划中要经过特定的演绎过程才会出现在公众面前并发挥其效用。而这一演绎便体现在整个规划过程之中。

6.2　规划过程中相关利益群体互动对影响的决定作用

综合前文的论述来看，规划对社区空间影响演变的内在原因主要包括两个方面，一是城市规划专业自身的发展，包括专业技术手段不断革新、规划体系的建立以及规划法规的完善等。在近 50 年的历史中，城市规划从最初的稚嫩状态逐步走向成熟，成为城市政府管理城市的法定依据。规划专业范围内技术和法律程序的进步对社区空间的影响不容忽视，包括 2004 年区域总体规划中的居住社区和中心村结构，新城规划中的新型社区，都是其表现方式之一。二是规划过程操作方式的变化，因为在规划中决定了其社区空间布局模式的绝不仅仅在于方案编制一个环节，规划是各利益群体在对自身利益的追求过程中所借助的一种手段,在不同的时期拥有不同的表现方式(图 6.1)。

从图中可以看出，规划中相关各方作用及其地位的变迁决定了规划的指导思想和目标取向，而规划编制只是规划中的一个环节而非全部，规划方案实际上已经部分包括了其后的利益协商与博弈的结果。无论是 1950—2000 年后规划从决策到推进的全过程，还是其后所体现的利益群体的互动，都说明规划对社区空间的改造是为了特定的目标服务的，并在规划全过程中予以反映。

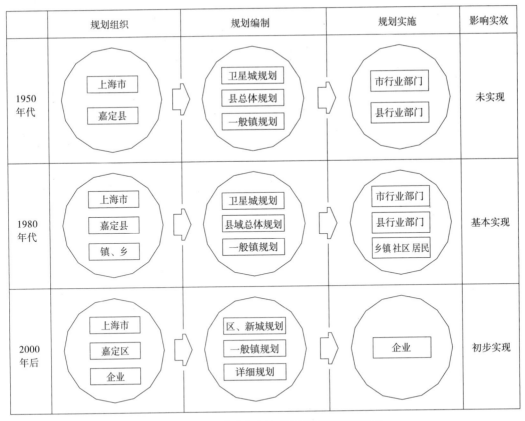

图 6.1　各时期嘉定规划行为过程及其影响实效

6.2.1　规划组织过程的作用

组织过程是规划的发起阶段，决定了规划的主导者、参与者及其后续行为的基本方向，包括价值取向、社区空间在规划中的地位、改造目标等，主导了规划对社区空间影响的作用过程。因此，组织行为，特别是决策者的确定和参与者在规划体系中的相对地位对后续的规划行为有较大影响。

①参与者及其决策权限

首先，在规划组织过程中明确了规划的参与者和主导者，这是规划活动的关键要素。主导权的归属决定了规划的核心目标。从1950年代的以上海市为主，到1980年代的县镇主导，再至2000年后的上海市重新集权，嘉定规划的核心目标也经历了卫星城建设—小城镇和乡镇企业发展—郊区制造业基地和新城的转变。实际上也就是规划主要的服务对象因时代的不同而变化，从而根据不同的指导思想形成相应的规划方案与操作方式。由上海市主导的规划更多的是为全市整体目标服务，而将嘉定视为承载全市部分功能的一个地区。由嘉定区（县）、镇主导的规划则主要为地方发展考虑。社区空间在规划中受关注程度的变化恰恰反映了规划组织主导权属的历史演进。在1950年代，以上海市建设工业和科研卫星城为主的规划以个体项目为主导，集中于少数重点城镇，用地需求量少，城乡隔离，不需要大规模社区改造。1980 年代以区、镇为主导的规划决定了其更关注辖区内的产业发展和居民点建设，因此进行城镇居委辖区调整和农村居民点改造。而在 2000 年后，上海市决定建设郊区制造业基地和新城，需要大量用地，才开始推动对社区空间的全区层面的改造。

其次，规划参与者的选择也具有重要影响。因为规划行为作为公共政策和社会行动，不可能一味地强调其主导者的利益，否则必将因丧失社会基础而无法实施。将部分其他群体纳入到规划过程中，进行某种程度上的利益妥协与协商，使它们能够从规划中获得适当的利益分享，对于实现主导主体的目标也是有益的。例如近年来嘉定一些重大规划和研究项目的组织中，一个突出特点就是均有市相关部门和企业代表的参与。因为在目前的行政体制和项目运作的条件下，嘉定区任何发展动向都必须得到市级部门的首肯和协作，才能得到所必需的关键资源（市级部门有时并不参与其后的规划过程，但能提供诸如政策、资金之类的支持，也会参与规划评审）。而企业则是城市建设的实施主体，缺乏企业的配合也必将增大规划实施的难度。在规划组织中安排特定的群体参加，实际上也就意味着在其后的规划过程中要考虑到其利益需求，并在规划中反映出来。虽然此类群体不一定参加规划编制与实施过程。

②规划组织主导地位的体系

由于规划体系的存在，因此规划组织的主导地位本身因为规划层级的不同而分属不同的群体。虽然在一个时期都由某一群体主导着规划决策（表现为对重大规划编制和审批权的掌握及其指导思想的界定），但规划若要切实地指导实际的城乡建设，必须逐级、分步地落实下去。因此，不同层级规划组织主导者之间目标取向的差异就对规划行为本身的操作方式及其对社区空间的作用产生了微妙的影响。在嘉定就表现为市—区（县）—镇（乡）—企业在规划中的目标取向并不一致。

例如 2000 年后，在嘉定的规划体系中，市政府希望将嘉定塑造成为上海新的制造业基地和经济增长点，因而要嘉定通过"三集中"等手段来为产业集聚和新城建设创造条件。区政府与市政府的目标基本一致，甚至能够希望尽快地完成这一进程（例如在 2005 年编制农民异地间房基地选址规划，加速推动全区的农民动迁工作，在各镇规划中均要求按照"三集中"的精神建设新型居住区和中心村）。而镇级政府和企业则更关注自身的利益，特别是在此过程中产生的经济效益和政绩。"三集中"对他们来说并非目的，而只是规划实施和社区建设中的一种方式。从 1950 年代以来嘉定规划的实际来看，由于规划参与者的不同，因此在整个规划体系中主导者的分化也不完全一样。除前文所述的 2000 年后的例子外，1950 年代规划组织的主导主体相对统一，大部分由市政府主导。在 1980 年代则分化为三个层次，即市政府—县政府—乡镇政府。

由于各主体目标的差异，因此在规划中就会通过相应的手段来确保其目标的实现，包括政策、行政命令、规划布局等，都是现实的手段之一，以在既定框架内实现自身的最大化。而不同的利益取向也就产生了不同的行为方式，并在社区空间改造过程中施加其影响。在嘉定的社会变迁过程中，社区空间首先是一种资源。规划决策在本质上属于其主导者对该资源的占有及利用，以实现其目标的主观意愿。规划组织中主导者之间的相互关系决定了规划原则的落实过程。从嘉定规划的发展历史来看，重要规划的组织始终是在政府的主导下进行的，特别是上海市政府。

6.2.2　规划编制过程的作用

规划编制是与规划组织与实施既有紧密关系，又存在其独立性的过程。规划编制在广义上也属于规划决策范畴，它是将规划推动者的意愿用一种确定的形式表达出来的过程，是由规划组织直接决定的（包括编制单位、任务书、时间、程序、成果等），而且将作为规划实施的依据。但规划编制又是传统观念上规划专业的核心领域，是具有独特技术属性的专业操作。因此规划编制的作用主要表现为两个方面：

①规划组织者意图的确保

规划编制是由规划组织直接决定的行为，因此其主要任务就是在法定文本中确保规划组织中主导和参与者意图的体现。因此选择由谁进行规划编制就显得尤为重要。除去专业水准的考虑，一个能和规划主导者方便地进行沟通，并能准确甚至顺从地反映其意图的编制单位是前者最乐意接受的。这也是为什么上海市在拥有嘉定重大规划审批权的同时，还要参加规划编制的主要原因。特别是 2000 年后，几乎所有的重大规划（包括法定规划和非法定规化），如嘉定区战略规划、2004 年区域总体规划纲要、2004 年新城主城区总体规划、国际汽车城、新城控制性编制单元规划等都有市级规划管理部门和设计部门的参与❶。规划组织者参与规划编制并选择编制单位，可以直接将其意图反映在文本上，并且通过法律的形式予以固定，从而确保其宏观决策难以被违反。当然，规划编制不仅要反映主导者的意图，也要体现其他参与者的利益。主要手段就是在编制过程中与各主体进行意见交流，直至最终的评审。

②编制的专业技术过程

规划编制与组织、实施过程的不同之处在于它有一部分是独立于其他参与者之外的技术行为，即由规划专业人员进行的方案设计过程。这一过程虽然受到规划推动者的影响，但必须得到技术标准的认可才能获得社会承认。而这一技术标准一直由专业人员控制，即便是规划主导部门也不能直接染指，以表明规划的技术理性和价值的公平。

通常的规划编制技术过程包括三个环节：调查—分析—规划，通过调查获取基础分析，通过分析确定规划的主要架构，再经过规划布局予以最终确定。通过规划编制

---

❶　由市规划院作为主要技术力量编制郊区的区域总体规划和新城规划是 2000 年后的一个主要特点。上海市规划院不同的科室负责不同地区。鉴于市规划院与规划局之间的密切联系，这一安排的用意也就十分明显了。

的演绎，规划决策从抽象的概念演化为可以切实操作的依据。

由于规划编制的技术过程是相对独立的，因此其对社区空间的影响并非是规划主体意图的直接延续。也就是说，规划编制的结果与社区发展的实际水平与趋势有可能契合，也有可能分离。城市规划采用的是归纳逻辑，即从个别性知识推导一般性知识，其理论成果也属于或然性推论，不属于必然性的结论。因此规划编制的结果需要经过实际的检验。规划编制是规划决策与实施的中间环节，也是规划实施所依赖的关键步骤。就社区空间而言，规划编制的成果决定了其建设的基本方向，即前文所说的"规划引导"。规划编制的内在逻辑决定了社区空间布局的科学性及其实现的可能性。

6.2.3　规划实施过程的作用

作为规划行为最后的步骤，规划实施是将前两个阶段的意图予以实现的过程。和规划决策与编制不同，规划实施的主要特征是依赖基层政府与经济组织。在 1950 年代是市县工业与科研管理部门；1980 年代是各镇（乡）政府和村委等，2000 年后则是镇级政府和企业。特别是在 2000 年后，由于市场经济体制的建立，规划，规划、决策与实施行为是分开的，即所谓的"政府主导，市场化运作"。市、区部门只负责战略的制定和政策保障，而具体的建设工作则由镇级政府和企业进行。例如居民集中动迁工作，就是以镇级行政单元为单位分别执行。由镇政府与企业负责制定动迁的政策、补偿办法、动迁房标准等。当然，这一过程和规划编制并非完全分离的，而是在后者的制订过程中有所反映。

规划实施的推动者通常与前两个阶段不同。虽然规划本身体系的存在和行政等级的垂直约束作用，使得基层政府和企业不可能完全背离战略层面规划的一些基本原则，但实施过程必须要满足自身的利益需求。因此可能在实施过程中通过各种手段来保证完成上级政府与规划的任务指派下自身利益的最大化。同时借助规划实施来从上级政府获得某些优惠条件，例如资金支持、用地指标等。由于规划实施是实现规划布局的直接手段，因此其对社区空间的影响最为直接，也是和社区及其居民关系最为密切的部分。规划实施的合理性将在很大程度上决定规划对社区空间影响，最终实现的程度及其行为本身在社区居民中的认同度。一方面，规划实施的行为取决于推动者所掌握的资源，包括财力、政策、法律等。另一方面，从社区发展的角度来看，如果规划实施行为不符合社区及其居民的切实需求，那么整个规划过程对社区空间的影响无论其初衷多么美好，都不可能获得能被社区和居民认同的结果。

综上所述，规划组织、编制、实施的各个过程都因为自身的行为基础而决定了其对社区空间的作用。当城市规划对社区空间进行具体的干预时，其背后隐含的是不同阶段各方意图的累积。各规划过程既相互独立，又存在密切的联系。这种联系不仅存在于各方的相互协商与利益交换中，也在法定的规划程序中被固定下来。规划过程的依次递进和各方利益关系的分与合，构成了规划行为的主要内容，并决定了对社区空间影响的目标与结果。

6.3 现阶段规划对社区空间影响所引发的问题

在绪论中就已经指出了嘉定目前社区发展中种种混乱的局面，而且在很多情况下空间干预成为引发混乱的直接起因，这其中就有城市规划的负面作用。对规划影响成因机制的阐述是为了在今后的规划行为中能够更好地对社区空间进行塑造。而这恰恰是当前嘉定的城市规划活动中所遭遇的一个困境，即在实际的社区空间建设过程中，规划所倡导的原则和采取的方法并没有带来其所设想的美好结果，反而在某种程度上造成了混乱与矛盾，即前文所说的"有意图举动的未预期后果"。

在2000年后新的规划战略推行的过程中，嘉定开始了以大规模人口与空间调整为主的社会变迁过程，规划对社区空间的负面作用也是社会变迁中各种复杂的利益冲突与矛盾的集中体现。对这些问题的发现和分析，也正是希望在对嘉定历史上各阶段规划影响的归纳总结的基础上，提出规划改进的思路与方向。

6.3.1 社区概念的混乱

社区概念的混乱是目前嘉定各类规划中存在的首要问题。虽然诸多规划都将"社区"作为空间布局的单元或是某种规划期望实现的目标，但似乎规划本身并不明确真正的社区究竟是什么。不同规划中对社区的定义差存在明显的差别。

"社区"一词在嘉定规划编制中的出现是在2000年后，这也是我国决定在城市地区大力推行社区建设的时期，几乎所有涉及到居住区布局的规划中都会出现"社区"一词。"社区"的概念在嘉定区各类规划中主要有以下几种（表6.1）：

①城镇体系中的一级单元。在2004年区域规划纲要中，确定了"新城—新市镇—居住社区"的三级城镇体系。居住社区是城镇体系中最低的一级，多为在行政区划调整中取消镇级编制的原镇区。

②居住用地的构成单元。在2004年嘉定新城主城区总体规划中，将社区定义为主城区内以居住和公共设施用地为主的空间单元，社区内划分控制性编制单元。在嘉定新城主城区控制性编制单元规划中，将总体规划确定的部分社区和控制性编制单元予以细化，规定了各项控制性指标。

③居住区和小区。一些居住区和小区规划中，将规划项目自称为"社区"，此类规划数量较多，不一一列举。基本上一个小区和居住区就成为一个社区。

④其他。在规划中对社区尚有其他一些定义，概念较为模糊，语焉不详，但都有"社区"的提法，所包括的内容和对象较为宽泛。

嘉定规划中"社区"概念及相关定义统计表　　　　　　　　　　表 6.1

	名称	定义	规模
2004 年嘉定区区域规划	居住社区	城镇体系中最低的一个层级，主要城镇周边的居住地域，以在新一轮行政区划调整中被归并的城镇镇区为主	—
2004 年嘉定新城主城区总体规划	社区	主城区内的空间单元，以居住用地为主，内含控制性编制单元	用地规模 5km^2 以上人口规模 5 万人以上
控制性编制单元详细规划	同上	同上	同上
2002 年安亭镇区总体规划	生态社区	总体规划的目标之一，具体定义较为含糊	用地规模 2km^{2}人口规模 5.5 万人
南翔 2000-2005 年所有详细规划	社区	居住区、小区	—

从表 6.1 中可以看出，仅名称就有"居住社区"、"社区"、"生态社区"等多种提法，而其定义和规模则更是相去甚远。在规划自身尚未就"社区"为何物达成一致的情况下，期望通过规划来推动社区建设当然只能是一句空话。社区概念混乱的直接后果就是使得社区在规划中仅仅作为一种称谓而存在，可以被应用于各种设计条件中，因此也就缺乏足够的约束力。不同规划可以根据自身的实际需求自行确定社区空间的位置和规模，客观上造成各类社区空间的重叠与矛盾，难以作为实施的依据。如果规划对"社区"有一个确切的定义，并在整个规划体系中加以贯彻，那么在很大程度上就能够避免这一局面。

从嘉定区各类规划对社区的表述来看，仍然将其作为一种空间单元，是按照空间规模和人口规模划定的用地，对聚集效益和规模效益的考虑要远远超过其应具有的社会意义，即"居住在一定地域范围的社会共同体"。规划关注的是对人口和用地的数字表述，而很少考虑其实际的构成。无论社区人口是城镇居民、农民还是外来人口，也无论他们是老人、劳力还是失业人口，都被纳入到几乎没有差别的空间框架中。因此在目前的规划中所谓的"社区"在很大程度上只是居住区的一种变体，规划只是改变了其称谓，而并未改变其本质。与社会学中的社区存在根本的区别。

6.3.2　与社区发展实际的脱节

社区的形成是一个自发的过程，任何外力对该进程只能施加一定程度的影响，而不可能从根本上主导这一进程。社区的形成既受其空间的影响，也与社会、经济发展的现实相关。社区规模就是非常明显的例子。在一定的社会经济发展水平下，社区规模通常会位于一定的区间之内。例如，嘉定及上海地区的自然村规模就在 50 户左右，而不可能形成超过 1000 户的自然村❶。当前的中国社会，由于依然存在人们对工作单

---

❶ 在尹钧科先生所著的《北京郊区村落发展史》中，就指出在北京的郊区存在规模超过 1000 户的自然村落，而其整体村落布局也和上海地区大相径庭。因为北京郊区的地理地貌以及生产方式和上海郊区完全不同，前者多为广阔的平原，加之历代帝王苑囿和驻军的存在，导致村落规模有可能扩大。而上海郊区则是河网密布，水田耕作是主要的生产方式，故其自然村规模不可能过大。

位的依赖、人口异质同处、生活方式和文化差异显著、家庭发挥的整合功能较强，以及社会关系水平一般停留在邻里之间，造成居民对空间范围过大的社区（如街道）的认同感较低（王邦佐，2002）。社区在很大程度上仍然是一个小型的居民共同体，如居委会就很少超过 1000 户（3000 人）。在国内各主要城市进行的社区管理改革中，其规模大体维持在这一水平。在改革前曾有过以街道还是居委为单位的争论，而占主流的意见认为街道的规模过大，通常达到 5 万人以上，在如此的规模和空间范围内，很难形成居民之间的心理认同，社区缺乏相应的社会基础。而居委会由于规模较小，负责处理辖区内居民的日常事务，和居民之间的直接联系较多，在居民中拥有较高的认同度。居民经居委会组织可以成为一个内部联系紧密，团结一致的共同体，具备社区的基础。但传统的居委会规模过小，仅 100 ~ 200 户，最大不过 600 人，难以支撑大型服务设施的运转。因此，大部分城市通过合并等手段扩大居委会规模，作为社区的组成单元，而且其最终结果惊人的一致（表 6.2）。

国内部分城市社区规模与嘉定镇级规划规模的对比　　　　　　　　表 6.2

	城市	户数（户）	人数（人）
国内部分城市社区管理改革后的规模	沈阳	1200	3600
	杭州	1500 ~ 2000（平均 1760）	4500 ~ 6000
	北京	1000	3000
	南京	1500	4500
	武汉	1200	3600
	青岛	1000 以上	3000 以上
	贵阳	同上	同上
	四平	同上	同上
	天津	1000 ~ 2000	3000 ~ 6000
	哈尔滨	1000 ~ 1500	3000 ~ 4500
	海口	700 ~ 1000	2100 ~ 3000
	厦门	同上	同上
嘉定部分规划中界定的社区规模	2004 年嘉定新城主城区总体规划	2 万户以上	6 万人以上
	2002 年安亭镇区总体规划	1 万户左右	3 万人
	2000 年外冈镇区总体规划	3000 ~ 5000	1 万 ~ 1.5 万
	2000 年外冈镇域总体规划 中心村	1000	2500-4000
	居民点	400	1200

资料来源：尹维真.中国城市基层管理体制创新 [M].北京：中国社会科学出版社，2004。张俊芳.中国城市社区的组织与管理 [M].南京：东南大学出版社，2004。

从我国社会发展的现状水平来看，由于行政主导的强势地位依然存在，社会自治程度较低，各类社会工作和服务也处于初期发展阶段，居民自我管理的意识不强，加之制度建设的不完善，过大的人口规模肯定不利于社区的形成，而在较小的范围内则有利于培育共同意识。笔者通过对嘉定居民和居委会进行的问卷调查和访谈发现，居民对社区的认知则更接近于"小区"，其规模甚至要小于居委会的规模。据笔者的调查，在嘉定城镇居民中，95% 以上的人认为"社区"的概念就是小区，而认为"社区"是居委的人寥寥无几。认为业主委员会更能代表自身权益的占45%❶，而 60% 以上的人认为，社区空间应该是有围墙的小区。这样的环境更有安全感和归属感（表 6.3）。

嘉定城镇与"社区"相关概念的统计				表 6.3
嘉定居民认为的"社区"概念（%）	小区	居委	不知道	—
	95.3	2.0	2.7	
嘉定居民认为的社区空间概念（%）	有围墙	有花园	有会所	有各类健身、文化设施
	60.7	44.3	31.2	35.4
嘉定居民认为能够代表自身利益机构的统计（%）	居委	物业公司	业主委员会	不知道
	21.1	16.2	45.7	17.0

注：最后一项为多选项，因此调查对象的回答有重叠。

无论从国内一些城市的社区改革实践还是嘉定居民的心理认同来看，在可预见的将来，嘉定合理的社区空间和人口规模都将维持在一个较小的水平。而反观嘉定镇级规划中对社区的界定都大大超过了上述规模（表 6.2）。这样的社区只能在规划方案中存在，而不能在社会现实中实现。如果完全按照规划原则加以实施，则结果只能是有社区之"名"，而无社区之"实"。从规划角度提出的社区概念，反映的是一种根深蒂固的由上至下的垂直思维过程，基于宏大理想的城市布局模式，而不是出于对社区本质的理解❷。

6.3.3　与民政部门社区管理的脱节

在当前的行政管理体制中，社区事务是由民政部门主管。如居委会及嘉定各地新成立的社区组织。包括居委会选举、社工站的组建都是由民政部门负责组织的。在我国逐步推进城市社区建设的大背景下，社区将作为基层的居民自治组织而存在，拥有

---

❶　这一结论也出现在近年来国内社会学界进行的一些社会调查中。一些社会学者认为业主委员会等组织的兴起，给传统的居委会管理制度带来了挑战。前者已经成为城市住区中一种非常普遍的居民自治组织，在住区日常管理中扮演着越来越重要的角色。

❷　在《嘉定区社区划分和公共设施配套研究》中，曾提出嘉定社区的规模不宜超过 2 万人，这已经是考虑到社区服务设施运转和房地产开发的现实因素。而在《嘉定新城中心区控制性详细单元规划》中，单元平均规模达到了 2.4 万人，最大规模 3.7 万人，已经超过了《嘉定区社区划分和公共设施配套研究》的建议值。而由单元构成的综合社区规模为 7 万人以上，更是远远超出。

自己的空间范围和管理体系,并由民政部门负责管理。而城市规划则提出了自己的"社区",从社区范围、人口规模到公共设施配置都有明文规定，和现实的社区大相径庭，存在着相互矛盾的情况。事实上嘉定不可能同时推进两套社区建设体系。随着社区管理体制改革的深入，未来在社区范围内，将承担起多种社会服务和保障职能。因此社区空间规划从范围界定、空间布局到设施配置都必须和未来社区所具备的职能相结合。这就需要规划部门在规划编制之前与民政部门的沟通。

以公共设施配置为例，目前的规划仍然是按照《城市居住区规划设计规范》标准进行配置，无论其内容还是标准都已不合时宜。第一，居住区规范中规定了商业服务、金融邮电等经营性设施，并有详细的面积指标，而今后社区将逐步负担起基层公益性设施的建设，如社区医院、社区学校等，其他一些非公益性设施，如商店、银行等则完全交由市场配置。第二，规划在进行设施配置时，是按照当地人口，也就是户籍人口计算的，而对嘉定而言，由于外来人口数量众多，仅依本地人口数量计算则远远不能满足实际需求。而根据我国目前社会发展的情况看，随着公众对外来人口生存权利愈发关注，相关法律法规的修改有可能在不远的将来进行。以长远视角安排城市发展的规划编制，完全有必要在现阶段就和民政部门就相关问题进行探讨，以便能及早应对将来可能产生的变动。

在《嘉定社区划分及公共设施配套研究》中，与嘉定区规划局的交流使笔者感到，规划管理部门对社区的理解并不清晰。一方面，此项研究是由区委组织部发起，其背景是在建设和谐社会的发展过程中需要对社区建设更加重视，因此研究必须冠以社区的名称。另一方面，长久以来的规划工作经验使得居住区的概念在规划工作人员心中根深蒂固，时常将社区等同于居住区和居住小区，这也能够解释目前规划编制中所谓的"社区"只是一种居住用地布局的方式而已。

由于社区物质和社会的双重属性，在事关嘉定区未来整体发展方向与框架的规划编制之前，规划部门和民政部门必须就今后社区组织的基本模式进行充分的沟通，确定社区空间单元的空间范围及其布局方式，才能使得规划提出的"社区"设想具有可行性。特别是在新一轮的系列规划中，社区空间已经普遍突破行政界域的限制，势必会引发相应的行政区划调整及社区管理部门的设立等行为，民政部门在此过程中的参与是必要的，也是必需的。但实际上目前规划中社区空间布局与发展的设想是在没有民政部门参与的情况下提出的，空间设计也没有考虑到社区管理等因素。而目前部门之间的割裂使得这种沟通难以进行。从而造成两种社区"各说各话"，不利于实际操作。在笔者对嘉定基层社区工作人员的调查中，均表示不知道新的规划对社区空间的调整，也认为目前社区的规模已经超过其工作能力的范围，难以进一步扩大（案例6.1）。

案例 6.1　社区工作人员对社区规模界定的看法

在笔者对菊园新区嘉宁居委、嘉富居委、工业区汇朱居委、三街坊居委的走访中，工作人员都不知道规划提出了"社区"的概念并进行空间界定，因为社区事务一直是由民政部门管理。而当得知新社区的规模后，第一反应是相当吃惊，其后均表示以目前社区的工作方式不可能实现对如此规模的有效管理。例如对嘉宁居委工作人员的访谈如下：

问：居委会一共有几个工作人员？

答：一共 5 个。

问：全职还是兼职？

答：都是全职的。工资是菊园新区发的。

问：平时工作忙吗？

答：忙。什么事都要管。要组织居民活动，比如义务医疗，社区服务会、联欢会。街道经常还要检查工作。

问：工作有什么困难？

答：主要是人少，忙不过来。我们社区有近 2000 人，动迁户比较多，平时工作比较复杂。还有很多外来人口，要给他们办证，登记。工作很多的，人手又少。

问：你们觉得现在社区规模太大了？

答：有点大。现在都比以前大了。我们社区是 2002 年成立的，一开始就这么大。像嘉定镇里面很多居委会都是原来老居委合并的，规模比以前大多了，但工作人员都没增加，有的还减少了。工作当然很忙。

问：规模大了对你们工作还有什么影响？

答：除了忙不过来以外，就是管理难度也增加了。社区太大，居民互相都不认识，平时要组织个活动就很麻烦。要我们跑来跑去的。就算人都来了，不熟悉，总归活动的气氛不大好。

问：你们一个居委内部的居民互相都不熟悉？

答：是呀，大家也就是跟自己小区里面，甚至就楼道里面的邻居算熟悉。现在人们在小区的时间也少，都忙工作呢。不像以前居委小，大家都很熟。像我们嘉宁居委就有嘉宁坊、嘉华居、新城风景好几个小区。我们居委都是动迁农民，还好一点。其他一些商品房小区就更差了。

问：现在不是还有社工站吗？他们也要协助你们工作吧？

答：社工站是政府办的，跟我们不一样。我们都是居民选的。说实话，我们也不清楚社工站到底负责什么。我们是以前干什么工作，现在还干什么，只会比以前多，不会少。

问：其他居委会也跟你们一样？

答：都一样。整个菊园新区的居委人员编制、工作内容都跟我们一样，没什么区别的。

问：我们从嘉定区的一些规划中得知，以后的社区要有5万多人，你们知道这个情况吗？

答：不知道。什么规划？规划局说的？社区的事应该不归规划局管呀。

问：2004年的规划，现在还没实施。如果是这样，你们觉得可行吗？

答：5万人以上？那怎么管呀？现在的居委会肯定管不了。5万人都快赶上街道的规模了，就现在居委的人手，还有经费，肯定不行的。我们还没听说要这么改，要这样的话就改大了，规划局有这个权吗？

问：只是规划设想，我们也不是很清楚。

答：5万人肯定多了，管不过来。人都不认识。我们也不可能去认识那么多户人家，就别说居民自己了。上海市区社区也没这么多人，郊区就更不行了。还有那么多外来人口。除非居委会也跟着改。

6.3.4 对社区邻里结构的破坏

主要有两种表现形式：

①规划对原有社区空间的割裂

主要是规划范围的选择及其后的实施行为对原有社区空间的破坏。以南翔镇为例，现状社区空间在镇区多以城市小区和居委会为单元，在农村地区以自然村落和村委为主。其空间的形成是基于历史上的血缘和地缘认同、农业生产等多种因素。而大部分规划界限仅将现状社区空间视为一种物质对象来处理，其结果就是规划对社区空间的分割与破坏，在农村地区和城乡接合部表现得尤为明显。例如规划道路线路主要是依据地质、地形、距离等经济技术条件确定，致使大量道路横穿部分社区中央，将原有社区一分为二。而依据规划道路确定的规划范围无疑将这一结果继承下来，造成对现状社区空间的直接破坏。而依据地理分隔界限确定的规划范围也存在这一问题，因为很多自然村落是跨河两岸的，河道两侧的居民点实际上同属一个社区。而部分以河道为界限的详细规划就割裂了原社区空间。例如南翔镇蓝天分区规划范围对印北村空间界域的影响（图6.2）。

由于不同规划实施的主体不同，因此在实际的规划选址和实施过程中就会产生这样的现象：开发者只对其规划范围内涉及到的居民安置、动迁补偿等问题负责，而不会为剩余居民考虑。一些社区中的部分住户因为开发活动而搬迁，而未被开发包括在内的剩余住户则继续留在原地（案例6.3）。新建项目的硬性介入，致使原有社区的内在肌理荡然无存，甚至基础设施也遭到破坏，而且又很难和新开发的项目实现资源共享，导致社区内部逐渐衰败。由于社区内部的人口结构被打破，其既有的人际关系网络和组织体系也不复存在（案例6.2）。

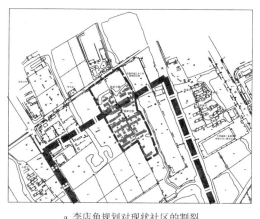 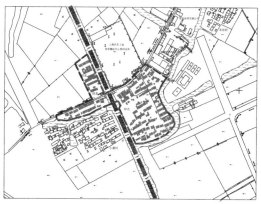

a 李店角规划对现状社区的割裂　　　　　　b 工业园区规划对滨河社区空间的割裂

图例 ▬▬▬ 原有社区空间范围　▬▬▬ 规划界限　▭▭▭ 民宅　▨▨▨ 水域

图6.2　南翔部分详细规划对原有社区空间的破坏

案例6.2　开发活动对原有社区的割裂——南翔镇桃源池村

　　南翔镇曙光村委的桃园池村，就是被开发活动分割的典型实例。桃园池村本是一个自然村落，被静唐路分为南北两部分。原有建筑十分破旧。在2005年，桃园池村静唐路以北部分被改造为动迁别墅区，用以安置南翔镇部分工业开发的动迁居民和桃园池村原居民，而静唐路以南部分则仍保持原有状态。其建筑未被改造，居民也未搬入动迁别墅区内。在动迁住宅区建成后，桃园池村南北两片形成了强烈的反差。一边是按照现代小区标准建设的低层住宅区，配套齐全，环境优良；而一边则是明显衰败的破旧村落。虽然都是桃园池村的一个组成部分，但北部片区和南部片区却是完全不同的两个世界。在动迁住宅区建设完成之后，和所有其他的现代小区一样，封起了围墙，入口处有门卫看守，非内部居民不能随便入内。

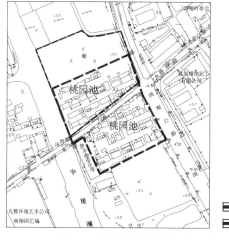

图例

▬▬▬ 桃园池村空间范围

▬▬▬ 动迁住宅区范围

图6.3　桃源池村范围与动迁别墅区范围示意

a 北部别墅区外观　　　　　b 南部旧村落外观

图 6.4　桃源池村北部别墅区与南部旧村落的对比

桃园池村位于南翔绿洲新城地段范围内，北部片区的动迁住宅区建设也是为了满足绿洲新城其他地区开发动迁的需要。不仅有原桃园池村的居民，也有动迁而来的其他地区的居民。而桃园池村南部片区则未被纳入规划改造的范围。随着北部片区新型住宅区的建成，两者在居住环境、居民构成上的差别明显加大，因此实际上已不属于同一社区。虽然绿洲新城规划覆盖了整个桃园池村地域，但由于实际操作的先后之分，以及不同开发项目对原有居民动迁安排的不同，造成对现状自然村落社区的割裂。

②规划布局及动迁模式对邻里结构的影响

由规划引发的人口迁移是嘉定现阶段发展的一个重要特征，特别是农民的迁移。例如工业区农民的整体动迁，嘉定新城主城区农民的动迁等。它是规划集中原则的体现，也是对社区空间影响的主要方面。但在此过程中，众多现有社区的内在邻里结构遭到破坏，在一定程度上影响到了社区的稳定。

当前嘉定区的居民集中动迁，存在以下几种模式：

①政府统一规划（通常以镇级政府为主），同村村民集体动迁，居民为原村民，只有少部分其他村村民，主要发生在少数经济发达地区的富裕村委，如马陆镇的樊家村、印村等。例如樊家村建设的新村，距离老村庄不远，包括原村内1/4的村民组，约300户，主要为别墅和复式住宅，目前已成为嘉定区中心村之一。

②政府统一集中动迁。以工业区北区的农民动迁最为典型。由政府统一发起，将各村村民动迁到集中居民点。其原则是同一村委的居民安置到同一居民点，而一个居民点则包括了几个村的村民。例如工业区的海伦小区。

③以规划项目为单位动迁。即以各个规划建设为单位，分别将规划范围内涉及到的居民动迁。因项目的不同，动迁的目的地也不同。这一模式在嘉定区各地普遍存在，例如工业区南区的建国村，南翔镇的桃园池村等。

除少数发达地区外，嘉定区的居民动迁模式基本以2、3类为主，而正是在这两种模式的主导下，原有社区内部的邻里结构不复存在。在这种硬性的集中手段下，不仅打乱了原有社区业已存在的社会结构，也产生了诸多其他矛盾。

首先，以同姓氏为主的农村社区在今天的嘉定仍然占据绝对主导地位，而在居民集中之后，新的社区内便不可能再以某一姓氏为主导建构社区内部的组织管理体系。新社区内往往包括了原来几个自然村、村委（或居委）的居民，或是同一社区的居民被分散安置（见表6.4、表6.5），使得基于血缘和地缘认同的社区管理体制难以继续奏效。原有的以单个村委为单位的社区管理层和管理制度都将面临重新洗牌，社区管理架构必须完全推倒重来，以适应社区内部人口构成的变化。在此过程中难免会出现不同村落居民之间的博弈现象。例如居委会主任、书记的选举等。这些都是非常现实的问题，但规划本身对此完全没有涉及。

工业区海伦小区社区动迁分配表　　　　　　　　　　　　　　表 6.4

所属居委	所属地块	地址	原属村委
维也纳	2	朱戴路 328 弄（1-48 号）	灯塔
	3	朱戴路 56 弄（1-156 号）	竹桥、三里
	4	朱戴路 51 弄（1-130 号）	同上
	5	朱戴路 325 弄（1-48 号）	灯塔
	7	新宝路 558 弄（1-177 号）	竹桥、三里
		嘉朱路 1399 弄（13-246 号）	
	6	新宝路 555 弄（1-201 号）	灯塔、雨化、竹桥
	8	汇善路 1551 弄（1-22 号）	白墙
威尼斯	10	新宝路 365 弄（1-54 号）	雨化、竹桥
	14	新宝路 185 弄（1-36 号）	娄西
	15	新宝路 99 弄（1-130 号）	娄西、朱桥、黎明
	9	嘉朱路 1315 弄（1-144 号）	娄西、三里、竹桥、雨化
		新宝路 368 弄（1-100 号）	
	13	汇旺路 81 弄（1-14 号）	白墙
	16	新宝路 88 弄（153-220 号）	娄西、朱桥、黎明
		嘉朱路 1125 弄（1-192 号）	
	11	新宝路 225 弄（1-118 号）	娄西、三里
	12	新宝路 228 弄（1-142 号）	娄西、黎明
		嘉朱路 1255 弄（1-146 号）	
卢浮	21	汇善路 1322 弄（1-178 号）	朱桥、娄塘
	22	汇善路 1000 弄（1-217 号）	朱桥、娄西
	18	汇旺路 1055 弄（1-285 号）	娄塘、白墙
	17	汇旺路 1295 弄（1-240 号）	白墙、朱桥、黎明

马陆居民集中动迁居民分配情况 表6.5

动迁住宅区	动迁居民原属村委
育苑小区	马陆、包桥、李介、北管、陆介、石岗、樊家、戬浜
包桥小区	包桥
樊家小区	樊家
沥苑小区	马陆、石岗
彭赵小区	彭赵
嘉新小区	戬浜、新翔、立新、大裕
仓新小区	众芳、新联、仓场、彭赵

其次，在住宅的分配过程中，由于规划并未提出相应的原则，导致原有的社区结构被打乱。目前嘉定区对于动迁居民的住宅分配没有统一的方法，各地根据自身实际推出种种策略。影响住宅分配的首要因素是面积，即根据住户原有住宅面积的大小，决定其分配住宅的面积和套型，确定之后，再决定其具体住宅分配，方法主要有两种。

①以村为单位，同一村的人居住在同一片区，然后再抽签决定其具体住房。

②全部按照抽签的办法决定其具体住房。

在这两种方法中，后者完全打乱了原有社区的内在结构。居民根本不知道自己的邻居会是谁（很有可能是来自其他村，完全陌生的居民），而和自己的邻人抽到一起的可能性极其微小。前者相对较好，因为能够保证同村的人可以居住在一起，但居民仍然不能选择自己的邻居。而无论何种方法，经济因素的考量均占首位，原有社区中业已存在的邻里联系均遭到一定程度的割裂，维系社区居民认同感的行为规范和价值观念难以实行，居民之间的认同感下降，邻里关系淡薄，互助精神缺乏，社会责任感缺失，从而使社区有名无实。这是目前嘉定社区业已存在的现实。根据笔者对嘉定新建社区居民的访谈和问卷调查，认为邻里关系比以前要差的占92%，愿意主动帮助其他居民的仅有44%，70%以上的居民希望未来住区内的邻里关系仅保持在"见面打招呼"的水平。而愿意所在住区形成一个自我组织、自我管理、居民互相帮助的社区的仅有30%。而且因住宅分配产生的纠纷和不满也司空见惯（案例6.3）。

案例6.3 动迁住房分配中的矛盾

笔者在对社区的实地调查过程中，为了了解动迁住房分配中发生的矛盾，有时会在居委和村委干部不在场的情况下，随机路遇一些居民进行访谈，以期获得真实的资料（有时访谈对象是村干部找来的居民，在这种情况下也难以听到真话）。在马陆镇包桥村新村，笔者路遇的一位村民，其言谈就能很典型的反映目前动迁过程中出现的矛盾。

问：搬过来多久了？

答：半年了。

问：您家房子多大？

答：200m² 多吧。我们这里户型有好几种，有大套、小套。像那边那个就是大套，240m² 多。那个最大了。我家的算中套。那边是小套的，180m²，还有更小的，才 160m² 多。

问：拆迁政策怎样？

答：农村拆迁政策很土的。谁家跟村干部关系好，是他亲戚，谁就分大套。其他人只好分小套。还要分儿子女儿，有的人家女婿上门的，就不好分。有的人家两个儿子，就好分 2 套。拆迁很麻烦的，好多矛盾都出来了。因为拆迁，就要分家。农村跟城里两样的，一分家，什么矛盾都有了，自家兄弟姐妹关系都要变差。

问：那你现在是什么户口？

答：农业户。现在搞城镇户口不划算的。村里面的钱，是城镇户口就不能分红了。像我们拆迁，城镇户口不好分房的。我儿子上学时候给他搞了个城镇户口，就不能分房。

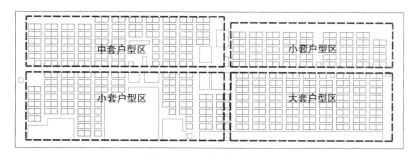

图 6.5　包桥新村平面图

从包桥村平面图中可以看到，整个小区按照套型面积的不同分为 3 个片区，而动迁居民的住房分配则是首先按照补偿面积的大小确定其所属片区，再抽签选择住宅。下图中，左边即为中套住宅，面积为 180m² ~ 200m²，右边为小套，面积为 160m²（图 6.6）。

图 6.6　包桥新村景观

6.3.5　空间布局难以促进心理认同

在目前新社区空间布局中，居住小区已经成为主导的模式。除各类面向市场的小区开发外，大部分按照集中住宅区标准建设的新小区，其空间布局模式不利于促进居民的心理认同，因为规划基础是各项动拆迁的规定和单体建设标准的改善，却缺乏对居民生活的了解。根据笔者对目前已建成的一些具有代表性的集中型居民点的调查，包括樊家村、印村、海伦小区、马陆新村、安亭翔方公路集中住宅区等，发现其布局模式基本相同，其特点是：

①以面积为基础的住宅分区。即根据套型面积的不同，将住区分为若干片区，各片区由完全相同的住宅构成，不同片区除套型差别外，其余均相同。

②单一的行列式布局。动迁住宅区最主要的特征就是其行列式布局，方格式路网，道路均为直线型。整个住宅区被分割成一个个微小的单元。空间处理极为机械和单调。动迁住宅区内的建筑从整体外观到局部，如材质、色彩、室外铺装等都完全一致。

在这种布局模式下，社区空间的建设存在两个主要问题：

第一，居民对住宅的选择将根据套型面积的不同而确定在大体的区域，这实际上是与前文所述的住宅分配方式是一致的。毫无疑问，这种经过精简的标准化布局模式与原有社区内复杂多元的社会结构和邻里关系是不相适应的，长期以来形成的邻里关系和社区组织在新社区中不复存在。在一些大型居民点中，其居民来自多个村。无论是自然村落还村委社区，都是拥有一定地域边界的人口聚落，居民对其居住地域拥有极强的认同感，构成了社区形成的心理基础。而在新的住区中，单一的行列式布局打破了原有社区的空间构成模式。由于社区空间边界的消失，居民对原有社区的认同感也随之消失（这其中也有前文所述的居民住宅由抽签决定，邻里关系被打乱的因素）。

第二，空间环境设计与居民生活习惯不相适应。新的居住环境引发了居民生活方式的变化，而规划布局对此明显估计不足，空间设计难以适应居民需求。例如住宅院落的存废就是典型。在新的居住区中，由于居民生活习惯的改变，院落成为承载邻里交往的重要空间形式。早期的一些集中居住区每户尚有属于自己的院落，邻里交往得到了最低程度的保存。而之后建设的集中居住区，随着用地标准的降低，住宅逐渐由别墅向多层转化，以尽量压缩用地面积，院落也随之取消，邻里生活的载体消失，邻里交往也就难得见到（见案例6.4）图6.7。

案例6.4　前院的消失对居民生活的影响

前院在动迁住宅区居民交往中的作用也是笔者在社区实地调查中发现的。因为在新的居住区中，居民生活习惯已经和以前不同。在笔者对印村、樊家村一些动迁户的访谈中，居民有以下的解释。

问：和原来相比，现在社区生活怎么样？

答：环境当然好多了，住的房子，绿化都好了。邻里关系也跟以前一样，没什么区别。就是生活习惯有时候跟以前不大一样。好比现在串门少了，因为到人家家里都要换鞋子，不大方便。人家家里装修都很好，弄脏了也不好意思，这个以前在农村就两样了，那时候串门都很随便的。

问：那现在不串门了吗？

答：有时候也去，不过就在院子里坐坐，一般不进到房子里。下午在院子里聊天、打牌也是常有的。

正因为不能随便串门，所以居民一般都在前院里聊聊天，打打麻将，聚在一起干干活。新的居住区形成了新的生活习惯，客观上突出了前院在居民交往中的作用。实际上在传统的农村村落中，家家户户都是有前院的。而新的动迁政策为了节约土地，不再新建别墅，以多层住宅为主，由于没有了院子，因此就没有户外活动，也就没有邻里交往了。在印村动迁住宅区中，既有别墅区，又有多层住宅区。笔者特地选择了下午2～4点居民户外活动比较集中的时间前去走访。从下图的对比中就能够发现两者的不同。

a 别墅区住宅前院　　　　　　　b 住宅前院中的邻里生活

c 多层住宅区

图6.7 同一时间段不同住宅区中的邻里生活的对比

从图中可以看出，在别墅区，居民可以在院子里干家务，同时串串门，室外活动较多。而多层住宅区中此类活动很少。同时由于每单元都有统一安装的防盗门，住宅之间也相互隔绝，和别墅区相对开放的环境形成了鲜明的对比。

6.3.6 服务设施不符合居民需求

首先是部分公益性设施无人提供。公共设施是社区中实现居民互动的载体，是社区空间的重要组成部分。在嘉定近年来编制的一系列区域及镇级的规划中，所谓的社区都是居住用地和社区中心等公共设施的组合，社区空间取得了理论上的内容完整与形式统一。但详细规划中，由于大部分规划转化为企业的理性行为。在自由的市场竞争条件下，部分公共物品无人提供。这就形成了个体项目内部设施完善与公共设施缺乏的强烈对比，使得形式上的社区空间失去了存在的意义。

根据笔者对南翔 2000-2005 年进行的小区和居住区规划的统计，在此类规划中的主要配套设施见表 6.6。

目前小区规划设施配置统计表　　　　　　　　　　　表 6.6

序号	设施名称	拥有该设施的规划项目数
1	会所	9
2	居委会	7
3	物业管理	6
4	商业设施（超市、餐厅、银行等）	6
5	康体中心（游泳池、健身馆等）	5
6	文化中心	5
7	青少年文化活动室	3
8	老年康复活动室	3
9	幼儿园	3

注：在服务设施中，尚有医院、邮电局、中小学、托老所、福利院等。其中医院、邮电局、中小学是按照南翔镇全镇统一规划设置，托老所只有 2 处，福利院只有 1 处。

从表中可以看出，小区会所、健身设施是近年来小区规划中的普遍选择。而且近年来小区开发存在高档化的趋势，设施设置也趋于豪华，成为消费者购房时的评价条件之一，也满足了社区居民的部分需求。而相形之下，一些社会普遍需求的公共设施，如社区图书馆、社区学校等却无人提供。而此类设施是不可能通过个体居住小区开发获得的。即便某些小区拥有可以共享的设施，也因为其封闭式管理和过高的准入门槛而将普通大众拒之门外。

公共物品的缺乏，使得在既有的空间范围内，社区居民的实际需求得不到满足，社区难以实现其对居民进行教育、帮助的功能，也降低了居民对社区的认同感，社区空间也就失去了其应有的意义。实际上这一问题已经引起了规划管理部门的高度重视。前文中介绍的《嘉定社区划分及公共设施配套研究》的目的之一就是希望能够根据社区居民的实际需求而非居住区配套规范来规定社区中应设置的公共设施，并明确政府在公共设施配套中的作用。通过公共干预来实现社区中公共设施的供需平衡。这恰恰反映了在当前的局部地段规划编制的背景下，经济人的理性行为导致的公共物品缺乏的严峻局面。

其次是公共设施配置与居民实际需求的脱节。作为城市近郊，嘉定的城市化进程具有一定的特殊性，例如外来人口集中、农民动迁现象普遍等。这就需要详细规划在公共设施配置时进行相应的考虑。但实际上由于对社区居民的实际构成及其需求缺乏了解，规划公共设施的配置时常成为居民意见较大的方面。以农民集中动迁住宅区为例，根据笔者对嘉定区重点建设的一些案例的调查，了解到其居民构成的实际需求存在以下几个特点：

①社区老龄化水平高。嘉定全区已进入老龄化社会。据 2004 年的统计资料显示，嘉定已有 80% 以上的社区步入老龄化的行列。农村社区中 95% 为老龄化社区，城市社区中此项比例为 60%。在农民动迁住宅区中，老龄化水平要较实际的统计数字更甚。由于年轻人大多外出工作和求学，小区内多为老龄空巢户。以海伦小区为例，其老龄化水平达到了 22%。因此动迁住宅区对以老龄人为对象的休闲、室外活动设施的需求十分迫切。

②失业人口多。农民在动迁后，由于丧失了土地，也就失去了生活来源。失地农民再就业也是动迁工作的一项重点内容。但农民受自身教育水平、生活习惯等多种因素的限制，再就业难度较大。例如在工业区农民宅基地置换规划实施后，至 2005 年，仍有 1/3 的年轻人未予安排工作。在海伦小区，2004 年共安排 2700 人就业，只占劳力总数的 43%。因此，在新的社区中，服务于农民的就业培训、咨询、文教设施就有较大需求。

③外来人口多。嘉定 2000 年外来人口为 25 万，占总人口 34%，而 2004 年则达到了 46 万，占 47%，和本地人口（51 万）基本持平，年均增长 5.25 万人。和 2000 年的 25 万相比，总量增长了 84%，年均增幅达到 16.8%。1990-2000 年，外来人口年均增长 2.2 万，而 2000-2004 年年均增长 5.3 万人，是前者的 2 倍还多。江桥镇、菊园新区和马陆镇有超过一半的居委或村委中的外来人口数量超过了当地人口，南翔镇和徐行镇的该项比例也已经超过了 30%（表 6.7）。而且出于增加收入的考虑，很多农民在获得动迁住房后，往往将一些多余的房间出租给外来人员。以海伦小区为例，在 2005 年初，入住户数为 148 户，就有 47 户将住宅出租给外来人员，占总数的 32%。受其自身素质和信息的局限，和失地农民一样，外来人员对就业培训、咨询和文化教育设施的需求也非常大。

各镇外来人占总人口比例 >50% 的村和居委数量　　　　　　　　　　表 6.7

镇名	外来人口数比例 >50% 的村委或居委数量（个）	占各镇村委和居委数量比例
南翔镇	6	46.2%
安亭镇	1	4.0%
江桥镇	16	64.0%
马陆镇	10	58.8%
徐行镇	4	33.3%
华亭镇	0	—
外冈镇	0	—
新成路街道	0	—

续表

镇名	外来人口数比例>50%的村委或居委数量（个）	占各镇村委和居委数量比例
真新新村委街道	4	6.3%
菊园新区	1	66.7%
工业区	0	

资料来源：根据嘉定社区调查资料整理。

案例6.5　外来人口在农村社区中的集中

南翔镇曙光村委的汤湾自然村，是典型的外来人口较为集中的农村地区。村民不仅将许多自用住宅出租给外来人口，还加建了许多建筑供外来人口居住。如图6.9所示，在原有住宅的对面，加建了许多一层的住宅，每户大约15m²左右，配有自来水，是专门出租给外来人口的简易住房。

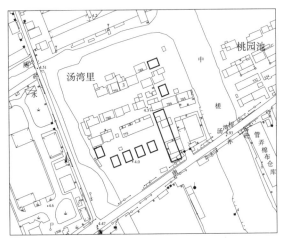

图6.8　汤湾里村现状图

图6.9　汤湾里村修建的出租屋

汤湾村的21户当地居民，每家都有房间租给外来人口，有的人家房子大，甚至租了七、八间房给外地人，靠租房收入就足以支撑生活开销。汤湾目前老龄化趋势明显，村里 60 岁以上人口居多，年轻人由于工作和学习的需要，都已外出，大部分在嘉定城区，新房也大多买在嘉定，只有 1 个本地年轻人留在当地。外来人口已经超过本地人口。当地的农田也租给外来人口耕种。像汤湾这样的村落，在南翔、马陆这样的经济较为发达的农村地区非常普遍。

而根据笔者对农民集中动迁住宅区的调查，其公共设施见表 6.8。

集中动迁住宅区公共设施配置统计 表 6.8

集中动迁住宅区名称	公共设施种类
樊家村新村	物业管理、老年活动室、卫生室、集体餐厅、菜市场、停车场、小型活动场
印村新村	物业管理、老年活动室、卫生室、社区学校
包桥村新村	物业管理、老年活动室、卫生室、集体餐厅、大型运动场
安亭翔方公路集中动迁住宅区	物业管理、老年活动室、卫生室、小型活动场
海伦小区	商业门面、会所、民俗事务用房、停车场、嘉朱路商贸一条街

从表中可以看出，各动迁住宅区公共设施的配置基本相同，主要是老年活动室、棋牌室、医务室等，而相关的就业培训、文教设施等则相当缺乏。即便是已有的设施，从实地走访的情况来看，大多情况下也只是提供了一间房间而已，无论是其规模还是活动内容都难以满足居民的实际需求，也是居民意见最大的地方（案例 6.6）。

案例 6.6 社区公共设施配置的问题

在笔者对动迁居民的访谈中，居民虽然普遍认为居住环境总体质量得以改善，但服务设施却与实际需求有较大差距。例如对马陆印村动迁的老年人大都认为新居住区里没有考虑到他们生活的需要，缺少花园，使他们感到生活不便，而且文教设施和活动都很少，不利于居民素质的提高。

问：现在对老年人有什么组织活动和服务吗？

答：医疗有的，小区里有医务室，以前是村里的。也有老年人活动室，在里面可以打打麻将，看看书。

问：现在感觉生活有什么不方便的地方？

答：都还可以，就是没有很方便的活动的地方。我们老人早上起来，想找个公园散散步，聊聊天，也不要太大，很小一块就可以。冬天在那里晒晒太阳，老朋友下下棋，打打牌，蛮好的。现在就是没有这样一个场地，公园有，马陆镇、嘉定镇都有，但是太远了，人老了跑不动，老年人活动室下午才开门，4 点就关门，时间也不够呀。当然工作人员也要回去烧饭，我们也理解。所以现在就是想要一个室外小公园，就在社区里面。

问：现在您一天都干些什么？都在那里活动呀？

答：早上起来，总要出来散散步，所以就说没地方散步，要个公园。然后就是回去烧烧饭，帮帮儿子媳妇。下午有时候出来，串串门。我经常回到原来村子里的，现在住的地方离这里骑自行车15分钟，但是我还是每天都过来，老朋友、邻居，关系总归还是很好的。

问：小区里面都有什么设施？平时买东西都在哪里？

答：小东西，油盐酱醋小区里面都有，其他大一点的，高级一点的都在外面，买菜也很近。活动设施很少的，跟农村没什么区别。

问：动迁中有矛盾吗？

答：有。什么新房面积比人家小了，肯定有矛盾的。动迁后家务矛盾多了。老人老了，肯定麻烦一点，脏一点，年轻一代就不高兴，怕把自己装修的房子弄得不好看，只要一讨媳妇，这种矛盾多得很。不少人家里，父母吃饭还要给钱，恨不得把老人每月460块钱都拿过来，不孝敬父母，这种事情很多。

问：对社区建设有什么意见？

答：现在要加强教育。对年轻人不孝敬父母、不讲卫生、破坏环境的事就是要教育。农民素质总是低一点，现在住进新小区，总归有点跟不上。现在这种教育活动没有了，什么集体学习、义务宣传都很少，社区里也没有地方，以前都是露天学习，现在露天就没人来了。还要扫盲，50多岁文盲的很多。解放初期有扫盲班，每个村都有，现在没有了。新中国成立前放风筝、灯会，到1970年代还有，现在都没了。想看书，上个课也没地方，也没人组织。公共生活很少，大家接触面少，缺少教育。

而在对部分外来人口的访谈中，了解到他们普遍需要一些能够看书、学习的地方，因为自己有这方面的需求，而社区里则缺乏此类设施。例如樊家村的外来人员的看法就很有代表性。

问：平时村里组织你们参加过什么文化活动没有？

答：没有。

问：村里面有什么公共设施？

答：没有，农村设施少。

问：希望有这样的活动吗？如果村里组织活动，愿意参加吗？

答：希望有，比如看看书，学习学习，肯定很好的。就算收费，如果合理，我肯定还是愿意参加的，现在就是没有这样的活动。也没地方。我们没读多少书，文化低，当然想学习。可是村里没这样的地方，也没人学习，都在打牌。如果组织这样的活动，让我参加和帮忙，我肯定愿意的，能提高一点总是好的。

从上述实地调查中可以看出，动迁住宅区在规划中对公共设施配置的类型、数量与居民的实际需求存在较大差距。

而值得注意的是，针对上述特殊人群需求的服务设施，嘉定一些地方的社区已经自己行动起来，利用村级资产来提供在当前政策和制度约束下所不能提供的公共物品，例如江桥镇太平村由村委出资建造了一个村百姓学校和 8 个分校（活动室，面积约 100～200m² ）组成，包括报刊阅读（阅览室）、DVD（音像室）、棋牌（室）、室外健身（点）、门球（场）、各类培训（教室）主要针对本村中老年人。马陆镇樊家村村委集资开发建设了一个外来人口居住中心，可容纳 5000 人，并配有相应的管理服务中心。村委还计划修建一个外来人口幼儿园。这些举措收到了群众的普遍欢迎，也似乎更符合"和谐社会"的理念。基层社区之所以能够这么做，一方面是拥有资源，江桥镇太平村和马陆镇樊家村都是经济实力较强的村委；另一方面，现行法律法规体系没有禁止此类行为，作为拥有集体资产的居民自治组织，社区拥有比政府更为灵活的行为能力。当然，开展此类行为要冒一定风险，因为毕竟没有得到任何法律法规的正式许可 ❶。

但从上述行为本身可以看出，由于利益取向的差异，不同利益群体面对现实社会生活中问题时的态度是存在明显区别的。具体到上述案例，拿外来人口来说，他们对于社区的建设具有重要的意义，如果能够为外来人口提供服务，就能更好地调动其积极性，增进其对社区的归属感，从根本上对社区发展有利。而此类需求对于镇、区政府来说，除去体制因素的束缚外，只是一个被简化为数字的个案，并不触及其根本利益，因而也就缺乏主动解决矛盾的动力。

6.3.7　对居民生活的不利影响

在集中过程中，嘉定居民，特别是农民的生活受到了很大的影响。"三集中"政策的突出目的就是对土地资源的强化利用。通过农民集中动迁安置，并转化为市民，提供城镇户口，加入镇保等手段，将原有社区空间，包括农田、宅基地等转化为城市用地，为城市发展和工业开发提供支撑。与此同时，农民却丧失了赖以生存的资源保障。由于不能从土地转让中获得持久的利益分成，大部分农民只能依靠镇保和政府安排工作。但在笔者的调查中，以工业区为例，虽然区政府负责给每个农民提供工作，但多为门卫、环卫工人等，收入低，在农民心中也不甚体面的工作。如果农民拒绝，只有一次再介绍工作的机会，此后工业区就不再负责。而纳入镇保的农民，每月生活费仅有 460 元，

---

❶ 例如给外来人员使用的住宅和幼儿园，能否收费，收费标准是什么，能否作为商品房出售在目前都没有确定的说法，因为其土地是集体的，并未进入一级市场，其性质尚属于农业用地。而以农业用地为基础的建设都和城市用地开发不同。

尚不及上海市最低工资标准。

丧失了土地的农民，由于自身素质低下，竞争力不强，在城市化后逐渐被边缘化，成为新一批的城市贫民。以海伦社区为例，共有 78 个贫困户，占总户数的 2.4%。由于收入低下，又不能获得足够的保障，大部分居民为增加收入，只得将住房出租给外来人员。此类经营性行为的产生，在一定程度上改变了社区内部的人口构成，对社区内其他居民的生活构成了干扰。在目前本地人口与外来人口关系紧张的大背景下，无疑给社区的形成带来了相当的困难。

问题的关键在于，第一，规划提出集中的设想是高于城市经济社会发展的现实水平的终极蓝图式的理想。从 1988 年规划失效的例子就可以看出，依靠规模经济和聚集效益的自发推动，是不可能在短期内实现规划中的集中状态的，因此必须依赖外力的促进，采取空间上的硬性集中。但由此却引发另外一个问题，即第二点，对人口和空间的硬性推动缺乏相关配套手段的支持。如就业、社会保障、职业培训等，将居民的集中简化为一种空间行为，而无视其内在的社会经济基础。不仅造成居民生活上的困难，也引发了规划师所始料未及的居住方式的变化。当居民的生活质量因集中行为而受到根本性的不利影响时，是不可能指望仅仅依靠新的小区环境来获得其对社区的支持的，相反只会引发不满与对立情绪，以及一系列受迫于生活困境而采取的措施（案例6.7）。在这种环境下，社区的形成只能是一种奢望。

案例6.7　社区空间集中过程中的矛盾——工业区建国村

建国村位于嘉定工业区南区，截至 2004 年底，总人口为 885 人，264 户。建国村是嘉定区在工业开发和城市建设大潮下农民动迁安置的典型。目前建国村村民已经全部动迁，村委界域内实际上已无居民居住，成为一个空壳村。居民被安置到工业南区的三街坊和五街坊等居住小区内。

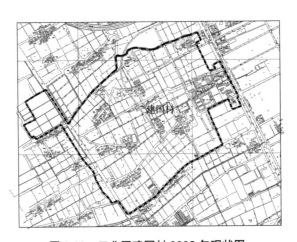

图6.10　工业区建国村2002年现状图

建国村的动迁是根据城市市政建设和工业开发项目的不同分批动迁的，原居民也被安置在不同的居委社区中。由于在实际动迁过程中政策的变化、居民安置的分散化，导致原有的村委社区已名存实亡，并引发了诸多矛盾，而居民在新的居委社区中，又因为种种原因难以融入，在很大程度上仍然依赖原村委社区，使社区建设面临重重现实的困难。在对建国村委会干部的访谈中，笔者就体会到他们对此的矛盾与无奈。

问：建国村村民现在动迁情况如何？

答：现在村民已经全部动迁了。整个动迁过程分3次。2002年第一次，动迁了150户，当时的政策是货币化补偿，1200块/m²。2003年为了建嘉靖高速公路，动迁了10户，2004年动迁了104户，全部迁到赛车场东边的五街坊。

问：现在村委主要负责什么工作？

答：主要负责调解村民矛盾，传达上级政策，进行宣传、教育，经营村级资产。

问：现在村民是怎么管理？

答：双重管理。他们住的地方的居委会也管，我们也管。我们主要进行一些福利补贴，因为居委会没有钱。比如今年我们组织老年人旅游，一个人发了300块，吃住都包的。重阳节给每个老人发了200块。对100岁以上老人进行走访，发补品。从2005年开始，村里260户人，每户一人，村里出钱旅游。我们有30户村民代表，38个党员，每人包干负责3～4户村民。还组织代表外出参观，考察。村里900多人，每人一年补贴200块，一年给村民的福利、补贴就有50～60万。

问：村民们现在有什么社会保障措施吗？

答：有一部分村民参加镇保，一部分参加社保。镇保是308人，社保是167人。

问：村民就业怎样？

答：就业现在基本满足。现在不种地了，工作都是工业区负责找，基本上都是环卫、门卫、保安之类的工作。当然也有些懒的，嫌这个工作不好，那个不好，给他介绍也不去。这种人也有，也没办法。

问：现在既然已经没有村民，那村委会还有存在的必要吗？

答：现在村委会要管理村里的资产。土地转为国有之后，进入拍卖市场，现在我们办了一个联营企业，负责经营，刚刚开始。生产队从1958年开始成立，一直到现在。生产队资产在土地拍卖之后，40%分给农民。全村的资产还要再分。从我个人来看，村委会不会一直存在，把这些事情处理好之后，村委会肯定要取消，要么改制，经营公司，改成股份制。据我所知，工业区南区所有的村都动迁了，和我们一样，也是一个村民都没了，他们也都是采用保留资本经营的手段。如果资产全分了，也就不能升值了，有点像杀鸡取卵，事实上对村民利益不利。但是如果村民都要分，我们也没办法。农村事情很难做的，村里人以为你村干部捞了好处，隔个2、3天就要来看一下，整天吵着要分钱，实在没办法。

问：村民在动迁过程中有什么矛盾？

答：矛盾很大，主要是动迁政策不统一，居民意见大。像2002年动迁550人左右，每户补偿了40～45万，当时的房价大概是2400～2500元/m²。大套房135m²就要35～38万，这点钱只能买这样的房子，有的人家一家三代，这样的家庭在农村很多的，这样房子就不够住，矛盾很大。2003年动迁70户左右，每户一套130～180m²，另外每平方再补贴90块。2004年政策又变了，是拆三还二，另补偿1380元/m²。这样一来，2002年动迁的居民意见就比较大，有的闹着要上访，因为人多，房子实在没办法住。我们村干部只能一个个地劝。本来工业区准备每户再补偿150元/m²，但是区里领导不同意，怕引起连锁反应。还规定我们必须教育村民，不让他们上访。其实也难怪他们，当初政策不合理，实在也没办法。你们来调研，也希望你们反映一下。

而在笔者对嘉定社区的实地走访中，可以明显感觉到上级政府与社区居民在动迁政策合理性上态度的差异。例如工业区组织部负责社区事务的干部就认为，按老房等面积置换新房，差额按1700元/m²补偿，每户还有储藏间和车库，已经是很好的条件。而为失业农民提供2次就业机会已经足够，若不愿就业就是"挑三拣四"。而居民则认为补偿标准过低，因为当时嘉定城镇地区的房价已普遍达到3000～4000元/m²，甚至6000元/m²以上。而工业区负责介绍的工作就只有门卫、环卫工人，实在不能算是体面的解决方案。

6.4　相关问题的规划动因分析

在嘉定新社区建设中各类问题的产生，虽然并不能完全归因于规划的作用，但至少都能在规划行为的相应环节上找到部分动因。当城市规划作为一项政府手中经常使用的工具来参加到对区域发展的干预时，既帮助嘉定描绘了宏伟的蓝图，也必定要为相关问题承担一定的责任。如果将新社区建设的决策、实施等行为纳入到规划过程中进行考察，就会发现由于实际的社会地位差异，因此政府、企业、社区、居民在社区建设中很难拥有相近的价值认同，其所采取的行动均是按照各自的利益取向来进行。政府通过集中获得社区资源，而居民则通过房屋租赁、出售等获得收入 ❶，也包括上访、拒绝搬迁等抗议行为，以争取更多的利益。规划作为不同利益群体追求自身利益的工具，在客观上推动了问题的产生。

---

❶　尽管大部分农民动迁补偿用房是不能出售的，但农民私下里卖房（即现在很受关注的小产权房）并不是什么新鲜事，也是公开的秘密，但此类交易是不受法律保护的，风险很大。至于租赁就更普遍了，甚至还有很多群租现象。

6.4.1　规划组织过程的因素

作为整个规划行为的初始阶段，规划组织对参与者和主导者的确定，奠定了规划决策最基本的价值取向。因此很多问题的产生都根源于组织过程。在规划组织中，有两个关键因素导致了对社区空间的干预与社区实际的脱节。

①参与者的局限

在规划组织中，首先要予以确定的是规划对象以及参与者，以便在规划中可以对相关各方的利益进行协调。在现实的社会生活中，社区不仅仅是一种空间单元，也是一级生活和管理单元，特别是在我国目前的体制下，社区已经并且将承担多种社会职能，如治安、就业、医疗等。因此，社区空间的健康发展不只是空间设计问题，而且涉及到众多群众的利益需求，这就要求规划在触及到社区空间时，需要一种开放的思维来听取多方意见，并加以综合权衡，以确保规划布局的合理性。而事实是目前规划组织过程对参与者的界定存在很大的局限性，从而杜绝了这种可能。

目前嘉定大部分重要规划，特别是重大区级和新城的规划，由市政府和相关部门发起，区政府和部门、镇政府、企业参与，属于精英阶层之间的互动行为，排除了普通社区和居民参加的可能性。而在参加规划的政府部门中，也以与城市物质环境建设直接相关的如规划、交通、房地、国土、园林、市政等为主，而与城市建设关系不那么紧密的如社保、教育等部门则很少被包括进来。特别是主管社区事务的民政部门并不在大部分规划的参与者之列。这也就可以理解为什么大部分社区管理人员并不知道规划对社区空间的界定，而规划社区空间规模又在社区工作人员看来是不可能实现的。规划设计人员要实现的是政府和开发商的设想，而评审人员大多是从规划专业的角度论证其是否合理。既然与社区建设相关的政府部门和社区本身无法参与此过程，因此其利益和需求的被忽略就是必然。虽然目前部分规划也有所谓的公示活动，但都处于初步的"告知"阶段，居民虽然能够反映意见，但这些意见是否能被接受就无从得知了 ❶。

规划参与者的局限，实际上是有意将规划行为限制在市、区政府及相关部门及企业之间的利益协商行为，而排除了其他群体的利益需求，造成规划目标的有限性，从而与基层社区和居民拉开距离。

②价值取向的偏差

在参与者和主导者确定之后，实际上规划的价值取向就已经被决定，而这是整个城市规划行为中的关键环节。城市规划作为一种城市发展动力的机制，以多种作用方式对动力主体土地使用之利益进行协调，以实现规划目标。城市规划行为的过程实际

❶ 在社区调查中，很多管理人员和居民都说曾经接待过很多来参观调查的政府部门的人，规划部门也来过，他们也反映过意见，希望政府能够解决，但都如石沉大海，杳无音信。以至于他们也把笔者和其他同济大学的同学与老师当作替政府来调查的，既希望反映意见，同时也对意见能够得到解决不抱希望。

上是规划选择价值和维护价值的过程。因此，认识规划的价值，则是研究城市规划作用机制的重要基点（张兵，1998）。

由于嘉定城市规划经历了一个集权—分权—再集权的过程，因此其相应的价值取向也存在同样的转折。在1950年代，以上海市的目标为主导，嘉定县推动地方工业化的目标次之。到了1980年代，上海市、嘉定县、镇（乡）、村的要求在规划中均有所表达。而在2000年后，上海市的目标又开始占据主导地位，基层政府和社区则被边缘化。规划首先要满足上海市的设想，再体现嘉定区政府的要求。而镇级政府在丧失了规划编制权后，和企业在规划推进过程中结成了一定程度上的利益共同体。即在战略性规划层面，规划的利益选择以上海市政府为先导，其主要目的是为了大城市发展和提升竞争力的需要。社区空间的改造成为支持这种需要的资源获取手段。而在实施性规划层面，规划是为了企业的经营目标服务，基层政府不仅无法对其实施监督，甚至在某种程度上与之结盟。

这种转变过程和我国社会制度转型与社会分层结构的变迁轨迹是基本吻合的。在新中国成立后，建立了一个生产资料公有制为基础的、本质上不同于资本主义的制度，并希望以此制度结构去推动实现现代化的意识形态目标。形成了以再分配机制为核心的一系列制度规定，通过它们确定不同社会群体的不同社会权力，解决不同社会群体的社会资源的占有和分配（李路路，2003）。再分配经济在本质上是一种行政性的"命令经济"，国家的权力，特别是政治权力在资源分配和地位获得过程中是决定性的因素。全面排斥市场机制的资源调动制度、资源配置制度和企业经营制度能够保证国家对关系全局的重大经济活动进行有效的控制。这一进程实际上一直持续到1970年代末。工业化采取的是以国家为主体，以高度集中的计划经济体制为保障，依靠农业积累和政府对资源的强大动员能力，以财政对农业剩余的转换为枢纽，以重工业自我积累、自我循环为核心的道路（邹兵，2003）。而城市发展政策也完全服务于国家工业化战略，依赖于工业化的布局安排。因此，在改革开放前，行政权力占据规划价值取向的主导地位，并且依据行政等级的大小先后反映出来。而在1980年代之后，国家垄断社会资源的格局被打破，市场机制开始在社会主义经济体制的边缘部分被引入，带来机会结构的改变，打破了再分配体制下的社会不平等，具有一定的平等化效应。社会群体在市场经济社会中的地位，取决于其"市场状况"和"市场能力"，或者取决于其在生产关系中的地位，政治权力对阶级阶层的干预较之再分配体制相对降低。原有体制下的下层群体成为改革初期主要的推进者并从中获利。因此这时的规划开始反映不同层级政府及基层社区的需求。而从1984年中共中央十二届三中全会开始，市场化改革从农村和城市社会的边缘推进到国家经济体系的核心——国有单位。国家市场化过程和市场机制在社会中开始占据越来越重要的地位。导致市场、国有单位和政府开始逐渐结合。那些在市场中占有垄断地位或优势地位的阶级阶层，依仗其有利地位来迫使不占优势的阶级阶层服从它们的意志和权力，但这种服从或依赖建立在一定的礼仪表达和社会选择的基础之上。而且这种优势地位并不通过一个再分配中心的命令机制，而是越来越多的通过谈判、妥协、交换、合同等方式来实现，即在形式上是"平等"和"自由"的（李路路，2003）。这样一来，市场机制和再分配机制所造成的不平等是并存的，即所谓的"双重不平等体制"（林南，1996）。

国家主导的社会变迁和制度转型过程为政治—市场的同进化创造了条件。在此背景下，规划作为政府行为，借助其法理权威，便成为政府实现其行政意志的工具。而且这一趋势有愈演愈烈之势。相比之下，社区与居民在政府主导的转型过程中则被"双重不平等体制"所边缘化。而且应该看到，在本文所分析的所有时期，即便是1980年代相对民主化的阶段，居民都不是规划中具有重要地位的主体，而是规划结果的被动接受者。

嘉定在由传统的农业社会向现代工业型郊区转型的过程中，随着产业基础的变化和城市化水平的提高，农业人口向城镇流动，社区空间发生变化是一种必然现象。它是社会变迁的表现形式之一。但问题在于，从社区健康发展的角度出发，这一变化应由社区及其居民主导，而不是在外力的强力干预之下的被动改变。如果说1950年代规划对社区空间的干预较小，1980年代规划较为贴近基层需求，那么2000年后的规划则明显表现出将市政府和区政府的价值取向强加于基层社区的倾向，并引发了诸多问题。例如前文所述的在动迁之中的矛盾、居民生活所受的不利影响等。

由于规划组织过程将社区与居民排除在参与者之外，造成规划价值取向的偏离。事实上上述问题不仅证明规划设想与社区发展实际的脱节，也显示出决策方与实施方之间价值取向的不同。上海市和嘉定区政府希望宏观层面的集中能创造更多的集聚与规模效益，而镇级政府和企业则更注重操作过程中的利益，因此才会出现补偿标准的不统一，进而引发居民的不满。当然这种利益取向的不统一所造成的后果远不止此。例如嘉定区民政局在调查中发现，一部分原来的农民虽然脱离了土地，居住空间发生了巨大变化，生活方式也几近城市居民，然而，在管理模式、价值观念上依然和原来的农村体制不能脱离。村民委员会的管理模式仍然占据优势，作为城市居民的自治组织和基层社区民主建设的主要载体——城市居民委员会仍然不成气候，不少农民集中居住小区对于实行居委会管理模式有很大的惰性。很大原因在于土地集中起来或者建成工业开发区，直接的受益者之一当然就是基层的镇政府，所以其谋利的倾向和行为抉择自然十分明显。但是，土地被征用以后，原来的村民由分散居住变为集中安置，这就产生了公共居住社区所必需的管理机构和管理成本，在原来的农村小区管理模式下，这个管理成本自然由土地被征用以后的另一个受益者——村委会承担，而镇政府无需担责。当村委会转变为居委会以后，根据国家法律规定，镇政府则需要担负居委会的日常开支费用（按嘉定区目前情况，一个居委会的这项开支一年基本上都在30万元以上）。目前，嘉定区农民集中居住小区出现的管委会这种折中的管理方式，是镇政府对利益和成本开支权衡的结果，也可以看作是镇政府与区政府博弈的结果，显然，这样做镇政府为此付出的成本要比居委会管理模式低得多。虽然区政府是村委会转变为居委会的制度变迁的主角和主要推动者。但是态度和行为的主动与积极并不代表在推进农村城市化过程的优势地位，因为政策落实和目标实现还要受到制度变迁过程中其他主体及其力量的牵制，从区政府在推进城市化进程中受到的阻力可以说明这一点。这一切，又为后续的社区管理改革制造了阻力。

由此可以看出，规划组织对于参与者和主导者的选择决定了规划的价值取向的取舍及其等级序列，也影响到规划的空间布局及其操作方式。1980年代规划的有限成功说明规划价值取向的地方化是其得到基层社区与居民支持并得以贯彻的保证。而丧失了这一基础，尽管规划布局由于政府的强力干预及其财力保证可以成为现实，但并不意味着这一局面是符合居民现实需求的，也不意味着它一定是持久的。因为城市规划本质上是对利益关系的调节，而一旦因价值取向的偏差导致利益的均衡格局被打破，则必然意味着新一轮利益调节的开始，那么规划的本质意义也就丧失了。

③决策目标的意识形态化

从2000年后规划对社区空间和人口规模的界定来看，都无一例外地呈现出一种"巨型化"和"规则化"的趋势。在规模上是现状社区规模的数倍以上，在形态上则表现出高度理性规则的布局排列。虽然在现阶段，笔者并不敢断言这样的设想不能成为现实，但至少可以从中看出规划决策者所显露出来的意识形态化的思维模式。在本质上，这种思想和"极端现代主义"是非常接近的。只是后者源于对科学与技术进步的强烈自信，认为随着科学地掌握自然规律，人们可以理性地涉及社会的秩序（斯科特，2004）。而前者则出自对地方经济增长的信心，并极力推崇规模效益和集聚效益。

当然，这种思想在理论上和历史发展中都有其渊源。一方面，空间聚集性是城市经济的本质特征。城市因空间聚集产生聚集效应，这是城市独特的经济现象，也是制约城市经济运行与城市发展的决定性力量。促使城市形成的市场力量首先来源于比较利益和生产的内部规模经济。比较利益的存在，促进社会分工的发展，而分工的深化和生产的内部规模经济的存在则为非农经济的空间聚集创造了条件，从而导致城市的形成。另一方面，嘉定作为郊区，历史上小农经济时期和乡镇企业时代都是以分散式发展为主要特征。特别是从1980年代开始的乡镇企业大发展，虽然为地区经济的繁荣作出了一定的贡献，但也带来了资源浪费、环境污染、生产力水平低下等弊端，并一直被学术界所诟病（陈秉钊，2003）。在规划界对于集中式发展和大城市的推崇一直存在，并与国家政策长期相左❶。随着我国经济告别短缺时代，乡镇企业风光不再。以国际资

---

❶ 虽然国家的城市化政策自新中国成立以来一直是以小城镇为中心，但学术界却一直认为大城市的发展效率比小城镇更高，从而对国家政策持否定态度，并批评与之相适应的城乡隔离制度等。但似乎目前地方政府突然之间认识水平"提高了"，对大城市发展的热情走过头了。

本为主导的大规模工业化开始在大城市近郊迅速取代乡镇企业的地位。在这种背景下，"做大做强"开始普遍成为地方政府的新目标。这一方面符合国家宏观政策调整的态势，另一方面也似乎和规划界在城市发展中的一贯主张相一致。

既然政府主导了规划组织行为，那么就有条件将自身对"做大做强"的目标体现到规划中去，而且拥有充足的"理论"依据。实际上规划中所提出的主张和"极端现代主义"并没有什么不同，因为其合理性必须依据科学和技术的合法性，即科学地分析、推理，但在规划过程中并没有看到这种基于科学事实的逻辑推理，在对社区空间进行界定的同时并未提出相应的依据，无论是历史的还是现实的。对集中的盲目推崇成为影响后续规划行为的主要意识形态教条。

6.4.2　规划编制过程的因素

减少不确定性和推进决策理性化被认为是规划的两个主要目标。作为人类试图改善城市发展的社会行动。城市规划至少在意图上是一种理性行为。韦伯曾指出，社会行动理性分为两类：一是价值理性，即强调目的、意识和价值的合理性；一种是工具理性，即强调手段的合适性和有效性。工具理性是城市规划得以存在的技术基础。非人性的、职业性的"技术知识"的动员和利用构成了西方文明世界规则形成的主导逻辑，它对于现代国家的运作非常重要，而只要规则被认为与技术知识相结合，其合法性就得到了加强（Burns，2004）。规划法规体系得以建立的前提就是社会认可城市规划技术的正确性，即城市是可以被规划的，而规划空间布局是科学的，是可以解决城市问题的。城市规划作为一项工具被承认和其作为一种价值理念被接纳基本上是同步的。而规划编制则是体现其工具理性的主要过程。

前文已经指出，虽然规划编制受到规划组织过程的影响（即指定编制单位并下达规划任务、提出规划指标），但规划编制因其技术属性而较为独立。城市规划首先是一种知识性或分析性的活动，规划师把存在于环境中的价值与目标转译为技术语汇的过程，对于外界而言是"深不可测"的，于是大为减少了其他政府部门、各种城市经济组织、政治组织以及居民个人直接进入规划制定过程的可能性（张兵，1998）。因此，在规划编制自身的范围，其技术操作正确与否也将影响到社区空间建构的理性程度。前文已经分析了规划组织中参与者及其主导地位对社区空间的影响（可视为对价值理性的分析），本节将专门从规划编制技术的角度来探讨（可视为对工具理性的分析）。

2000 年后，城市规划真正开始作为法理权威并大规模干预社区空间的建设是在通过区域—新城（镇）—详细规划的系统干预来促使嘉定社区空间的组织与分布，按照规划的意志来执行，形成社区—中心村的基本格局。在规划的技术环节中，其工具理性的确保是依靠一套系统的工作程序，即调查—分析—规划。但结合规划对社区空间影响的历史来看，目前嘉定规划编制中社区空间概念的形成无疑存在很多非理性的环节。使规划的推进从一开始就建立在错误的平台之上，从而引发了很多问题。

①理性的客观困境——信息不完全

规划编制所面临的第一个问题就是由于信息不完全而造成对社区空间干预中理性的有限性。所谓的信息不完全就是在微观的社区发展中存在着大量难以被精确统计和考察的因素，例如社区中的邻里关系、村委资产的运作、居民的个人家庭状况等等，甚至传统的文化与习惯也会在社区改造中成为直接的障碍❶。上述因素都是和社区空间直接相关并有待妥善解决的，但也正是难以被完全掌握的。不仅规划调查不可能全盘摸清，就连地方政府也难以全面了解。因为上述内在关系并非成文的、静态的，而是隐藏在错综复杂的利益格局之下，并且时刻都在发展。如果说自然世界的原始形式不管在人们使用过程中如何被重新塑造都不能完全被人类管理所操纵，那么人类与自然相互作用的真实社会形态在其原始状态下也不能被理解，除非经过巨大的抽象和简化过程，否则任何管理系统都没有能力描述任何现实存在的社会团体（斯科特，2004）。社区也同样如此。实际上除了本社区的居民外，几乎没有人可以完全掌握社区内部的社会生活和家庭状况的全部❷。虽然规划师时常抱怨在规划编制时收集的资料太多，包括了城市历史沿革、自然、地理、文化、社会经济发展等各个方面，远远超过了规划师的消化能力，但同时也必须看到再多的资料也无法全面反映个体社区的实际状况。而此类信息则是在对社区空间进行干预时所必需的。这就形成了一个无法解决的悖论，也是规划设想与社区建设之间存在明显脱节的主要原因之一。

②理性的主观缺失——规划调查的局限

而规划编制所面临的第二个问题就是受规划技术工作操作方式的局限，规划人员并未主动地去调查社区发展的相关信息，虽然完全掌握这些信息非常困难。

在传统的规划操作方式下，规划调查的对象主要集中于对规划用地内地形、现状建设、交通、产业、人口等物质空间和经济数据的收集，例如建筑年代、新旧程度、开发强度、人口总量等，却没有相关的社会调查，例如居民构成、生活状况、习俗及需求等。而且调查一般限于规划师对现场的参观，时间很少超过一周，方式也多为拍摄现场照片，绘制现状图等，通常不会进行对当地居民的访谈、规划涉及对象的咨询等。因此也难以了解诸如社区居民的实际构成、各类居民群体对设施的需求、居民的生活习惯、原有社区的邻里格局等信息，单纯的空间规划也很难对社区发展起到积极的推动作用。一方面，规划师受限于职业背景，缺乏相关社会调查的训练，如访谈、抽样问卷、实地观察等。而规划编制过程对其他专业和部门人员的排斥使得社会学研究人

---

❶ 例如通过前文的案例就可以看出，在农村部分地区，上门女婿是不能够参与分房的，女儿也不能分，只有儿子可以。传统上的"重男轻女"和家族观念在 21 世纪的农村社会生活中仍然具有强大的力量。

❷ 就像前文的案例所显示的，规划人员怎么可能知道谁家有上门女婿，谁家生了女儿或是儿子。在统计资料里只有数字，没有具体的人。同样，规划人员也不能知道谁家跟邻居关系好，希望新房能分到一起。

员很难参与进来，无法提供研究方法和设计思路的支撑；另一方面，规划师在主观上也缺乏相应的意愿。在有限的编制时间内，规划师对此根本无暇顾及。特别是在目前与社区建设直接相关的详细规划由企业负责编制的条件下，对社区现状和上述需求的忽视更显得理所当然。如果说客观困难在所难免，对规划理性基础的主观忽视则完全属于规划工作人员自身的责任。调查对象及方法的局限，实际上导致了规划师对规划对象实际需求的了解极度欠缺。

③规划编制中的简单化逻辑

除了主客观原因中造成的基础信息的缺失外，规划编制过程中的简单化逻辑也是目前编制成果与社区空间良性建构的需求并不完全吻合的主要原因。

现代国家机器的基本特征就是简单化。而清晰性则是简单化控制的前提。一个不清晰的社会阻碍国家的有效干预。在这一背景下，现代国家所推行的社会运动和项目存在着不同程度的不准确、缺失、各种各样的错误、伪造、疏忽、有意地歪曲等（斯科特，2004）。而从嘉定规划工作的发展历程来看，规划中对社区空间的界定则越来越呈现出这种"简单化"的特征。

首先是规划对社区空间的定义。从 1980 年代初的小区至 1980 年代末的居住组团，到 2000 年后规划中的居住社区、社区等，呈现出一条明显的线性发展态势，即规模越来越大，界限越来越清晰。在这里，规划方案似乎也表现出一种明显的"路径依赖"现象，规划无法超脱空间限定和公共设施配置的框架，而所能做的只是在数字上的变动。综合嘉定各级规划编制中社区空间的塑造手法来看，主要以空间边界的划定和相应的社区公共设施配置为主。例如在 2004 年嘉定新城主城区总体规划中，明确了社区的范围，并为每个社区配置了相应的公共活动中心，规定要形成社区级的公共设施，包括商业、文化娱乐中心、体育设施等，结合各社区中心布局。其他涉及"社区"概念的规划也大体包括上述内容。通过有形的社区界限，建设社区活动中心和各类公共设施，来营造社区的公共意识，以此形成社区是目前嘉定区各类规划的标准手法。

实际上，这一规划方式在 1960 年代之前的西方国家也是通行的做法。自佩里的邻里单位理论面世之后，"通过在不同外观的社区里布置住宅，并配以小商店、休闲空间、小学等，就能使它发展成为更具'社会性'的邻里社区是战后的普遍认识"（泰勒，2006）。英国的许多新城，如密尔顿·凯恩斯就是依此方式建设的。但从西方城市发展的经验来看，这一做法在实践领域遭到了失败，在理论界也受到了诸多批判。1960 年代以来对其的质疑之声不绝于耳，其根本原因在于规划师"将城镇规划限定于物质化的概念中……只会用物质空间（和美学）的视角看待城镇和城镇问题……他们的规划理论使他们脱离了真正的社会问题"（泰勒，2006）。而在社会学家的眼中，决定社会生活素质的根本因素是社会性的，而非物质环境的，社区也是如此。这一编制方法的实际结果就是社区空间被简化为一种数字表述，其效益也由数字化的结果来评判。因为数字结果可以汇总，更重要的是可以比较。而不同类型的社区最大的不同就在于数字上的区别（其反映的实际上是规模）。这种过于简单、静态和公式化的安排显然无法公正地代表其所试图改造的对象。因为制约特定社区及其内部居民的物质和社会生活的结构系统仍然是不透明的。

其次是规划内容的单一，即规划方案最终只涉及社区空间的布局、形态等物质层面的构想，而缺乏对实施方式及其他相关事务的考虑。前文中曾提到，在嘉定社区空间的变迁过程中，影响到了多方利益，特别是农村地区。因此在实际的操作中，住区建设只是其中的一个环节，甚至是最简单的环节。而其他事务，如居民就业、住房分配等才是工作推进的难点。在笔者的走访过程中，这方面村干部及上级政府感到棘手，群众也不满意。问题在于，规划师一般将此类事务视为专业以外的操作问题，而绝少将其纳入规划编制的众多影响因素之中，因此国内的规划几乎没有提出此类事务的解决方案，如就业岗位的提供、住宅分配方式等。如果规划内容实现拓展，那么最终的规划布局也将不同于目前的模式。例如前文提到的集中式住宅区的布局就是和以面积标准分配住房的方式相适应的。

规划内容的单一是目前以物质空间布局为主的规划编制的主要特点，也是其弊端之一。它使得规划师将规划对象视作一个理想的空间单位，而排除了其内在社会利益关系，因此社区空间布局在推进过程中难免会产生各类矛盾。对于规划编制内容缺陷的批判，近年来在规划界也是热点之一，如忽略实施条件（孙施文，2003），目标与过程的偏离（杨保军，2003）。在嘉定社区空间的相关规划中，这一弊端得到了突出的体现。事实上，规划师在规划编制中的任务不仅仅是提出目标，而必须同时研究实现目标的途径（张兵，2001），才能使规划具备实施的可能性。从西方规划理论及实践发展的历程来看，在 1960 年代之后，主张规划师在进行专业的规划设计工作之外，积极参与到各方利益协调、谈判等事物，并以此为基础进行规划布局改进的理论日益增多，如倡导性规划、协调式规划等。此类理论的兴起，实际上说明在普通阶层利益日益受到重视的情况下，规划师不能以自身的价值观代替居民的利益诉求，而"规划"工作已不再局限于单纯的设计、绘图之类的案头工作，以实施为目标的在各利益群体之间的穿梭与协调，本身就已成为规划工作的一部分，并将最终影响到最后的规划方案。在社区空间的相关规划中，嘉定区已有此方面的现实需求。

如果规划内容仅限于空间环境设计，在目前的条件下规划编制本身就将不可避免地因为其最初的目标导向和利益基础被简约为建筑指标的确定（例如住宅的大、中、小套）。而这事实会带来一些规划师在方案设计过程中所意料不到的后果。例如在住宅分配中需要抽签，并伴随着诸多矛盾，居民也会将住宅改作他用。越是严格计划的经济就越会伴随着大规模的"地下的、灰色的、非正规的"经济❶，它们以千万种方式提

---

❶ 这种灰色的经济在我国长期的计划经济体制中一直存在。例如农产品的私下交换，粮票买卖，外汇黑市等。而在市场开放之后，所有的灰色经济就丧失了存在的空间，反而很快消失了。

供正规经济所不能满足的需求（斯科特，2004）。正是因为规划编制没有考虑到居住在社区中的"人"，才会造成居民在动迁之余，不得不想尽办法解决因动迁而产生的问题。虽然此类问题的产生并非完全由规划引起，但如果规划能够提供一些解决的思路，则至少有助于矛盾的缓解而不是加剧。

6.4.3　规划实施过程的因素

规划实施的直接依据是规划编制的成果，而其指导思想则是规划组织确定的。它是特定群体利用其掌握的资源将前两个过程的成果转化为现实的过程。一方面要体现前两个过程的基本情况，另一方面也会根据实际情况而建立一套切合自身利益的程序与标准。因而在规划实施过程中也会因为其行为的特殊性对社区空间造成相应的影响。笔者认为，前文中部分问题在规划实施中可以归因于以下几个主要因素：

①实施目标的市场化

在目前的社区空间建设中，因社区属性的不同而分为两种模式。一种是城镇小区开发，和一般城市地区无异。另一种就是以农村居民动迁为基础的大型集中式住宅区建设，也是目前嘉定城市化过程中具有代表性的现象❶，是本文分析的重点。后者主要由系列规划予以推动。正如第 5 章所指出的，在区域—新城（镇）—详细规划的整个规划体系中，对此类社区空间的建设均有所定义。但在具体的实施环节中都存在一种目标的市场化倾向。笔者所收集到的 11 项此类规划布局模式几乎完全相同，即单一的行列式布局。而实施方式也没有太大区别，都是以补偿面积为基础的住宅分配（当然，补偿标准因不同项目而异）。只是住宅建造或由开发企业完成，或由其提供图纸，居民自行建造。

在这种模式下，新社区空间的建设实际上已经被简约为一种经济关系。对于开发企业来说，按照补偿标准为居民提供住宅是其任务的全部。行列式的机械空间布局无论设计成本和建设成本都是最低的。空间形态的美观与完善根本无需考虑，更不用说邻里关系的维护、化解居民在动迁过程中的矛盾了（或者说这是民政部门的事务）。而对于动迁居民来说，能获得多少补偿是其首先要考虑的问题，对于其他则无暇顾及。因为在目前的环境下，毕竟居民并没有多少发言权。

经济标准在目前新社区空间建设中的主导地位，使得最为基本的物质环境成为规划推动者唯一关注的对象。对于企业和基层政府而言，完成了上级政府和规划制定的任务。而对于市、区两级政府来说，则实现了居民集中和获得了土地资源的目标。但也正是这种物质环境建设的模式成为规划专业人员所诟病的对象。如果从城市规划的角度来评价，农民动迁住宅区的设计水准无疑是相当低下的，甚至不符合最基本的设计准则，无非是对一个基本单元的机械复制而已。任何一本规划教科书都不会赞同这

---

❶　如果按照涉及到的人口来看，大型集中动迁住宅区的建设无疑是嘉定在今后相当长的一段时期内最突出的人口迁移和住区建设活动。

种毫无创意的布局形态。当然，这种布局模式不仅仅在嘉定，在其他地区也同样存在。陈秉钊先生对江苏某地农村住宅新区的评价就代表了规划师经典的职业认知："几百幢新独立住宅整齐划一，连分组分团都没有……，对规划结构，建筑空间艺术的处理几乎毫无知识"（陈秉钊，2003）。但实际上就笔者走访的此类住区来看，一些由开发企业提供图纸，居民自行建造住宅的小区，尽管其套型完全一样，但每户居民仍会根据自身的喜好来增加一些变化，如檐口的装饰，西洋柱式，院落环境等（图 6.11）。也就是说，规划人员所赞美的多样性在居民大众的心目中始终存在，只是目前规划实施的条件使这种审美情趣无法走得更远。

a 居民自建的住宅　　　　　　　　b 统一建设的住宅

图 6.11　集中动迁居住区中居民自建住宅与统一建设住宅的对比

虽然机械单一的住区环境的形成也有规划编制的因素（因为是按照规划方案建设的），但更主要的原因应归结于规划实施对经济利益的追求，而此类方案的设计也大多是在实施群体的授意下进行的。市场化的目标取向是当前规划实施体制的必然结果，甚至在某种程度上也反过来影响到规划编制乃至规划组织过程。由于社区和居民不再是规划实施所依赖的群体，因此也只能接受市场化目标下规划实施所带来的结果。

②与社区和居民的隔绝

作为与社区和居民直接相关的环节，规划实施应该是在听取和吸收社区管理人员和居民意见的基础上予以推进，这样才能最大限度地满足社区的实际需求，并防止相关矛盾的产生。但实际上，实施过程与社区及居民基本上是隔绝的。居民只是会被要求提供原住房的面积和家庭情况，以决定其补偿标准，并在最终的住宅分配中参与抽签。而其他一切事务均没有社区和居民的参加。例如标准的制定、集中地区的选择乃至建筑套型等，一般都由开发企业和镇级政府协商，再由政府告知居民（有时也会与居民谈判）。作为规划的主要实施方，开发企业很少直接与居民接触，即便是在动拆迁项目中也是如此❶。而如果在动迁过程中产生矛盾，上级政府甚至会要求社区管理层压制居

---

❶　在笔者所访问的房产开发人员中，均表示从规划到最终建设的全过程中，他们从未与当地居民有过接触，只是与地方政府，主要是镇政府打交道。

民的声音（如工业区建国村），而不是按照社区和居民的意愿进行调整。

规划实施过程与居民的隔绝，往往会在社区空间建设过程中加深居民对实施者和政府的猜忌，质疑规划的公平性。虽然这并非由规划本身决定。但在居民眼里，规划都是由开发商和政府操控的，在本质上没有什么不同。而社区管理层（村委、居委）在其中颇为尴尬，因为在笔者所走访的社区中，管理人员在规划实施过程中同样也是被排除在外的，但却被很多居民认为社区干部在其中捞到好处，使其在居民心中的地位大不如前，其直接后果就是社区管理工作难以继续得到居民的支持。

综上所述，2000 年后规划对社区空间的系列设想与实际改造行动都是在上海市政府主导下的产物，是市、区两级政府为实现规模效益和集聚效益，并获得土地资源为主要目的而进行的行政主导的社会变迁过程，而并非嘉定社区及居民的主观意愿。在此过程中，社区及居民被排除在规划各个环节之外，而且由于战略性规划和实施性规划在推动群体上的不同及其利益取向的差异，规划的推进产生了一些其本身意料之外的后果。这种行动结果与行动初衷的差异目前只是刚刚表露出来。规划无论价值理性还是工具理性都与嘉定社区良性发展的需要存在一定的偏差，并通过整个规划过程予以固化。规划试图建立一套适应新的产业基础和城市化水平的社区空间体系。在被规划定居点上的人口集中可能并没有带来政府所期望的结果，但是它却组织或破坏了原有的社区。这些社区的凝聚力往往是非行政化的。传统社区拥有自己的历史、社会纽带和集体行动的能力。按照逻辑推断，政府推动形成的新社区也要从建立自己的凝聚力和集体行动开始，但它也就意味着原有社区的解散，而且新社区更容易受到上级和外来力量的控制。

第7章 结论

通过不同时期嘉定规划行为社区空间作用的分析，可以看到规划中各个过程都对现实中社区空间地塑造产生了影响，规划中所涉及的利益群体互动是影响产生的内在机制。2000 年后嘉定在由规划为先导推动的新型社区空间建设中所引发的诸多问题与矛盾都可以在规划过程中找到其部分根源。虽然规划本身不以社区发展为目的，但对社区空间的强力干预已经在事实上对空间建设乃至社区发展的其他方面带来了部分负面影响。从社区良性发展的角度来探讨嘉定规划行为的改良方法也正是本书的最终目标，而这种角度正是以往单纯以物质空间为主的各类规划所忽略的。

7.1 上海近郊规划行为对社区空间发展影响的特点

作为上海近郊的典型代表，嘉定城市规划对社区空间的影响反映了近郊地区此类行为的一般特征。从嘉定的实际来看，自 1950 年代以来，规划对社区空间的影响就一直存在，只是在不同的历史阶段其影响内容和重点有所区别。其特点主要有以下几个方面：

7.1.1 市政府主导下的干预过程

市政府主导下的干预过程是近郊规划对社区空间影响的首要特点。即规划影响主要是出于市政府的需要，从全市经济社会发展和提升城市竞争力的角度，在规划中对社区空间进行不同程度的利用与安排。以嘉定的案例来看，除 1980 年代的短暂时期内市政府的主导色彩略有减退外，1950 年代和 2000 年后两个城市规划行为的高峰期内，嘉定城市规划都是以市政府的意志与需求为主要指导原则的，无论是卫星城建设，还是郊区制造业基地和新城，都是由市政府提出，在嘉定付诸实施的。在不同的规划目标下，规划行为对社区空间的干预方式也有所区别。从个体项目开发对局部社区空间的占用到大规模主动的空间与人口集中行为，都只是应对市政府发展目标的不同策略手段。即便是在 1980 年代相对民主化的时期，市政府的需求也在规划中得到优先反映，如汽车和科研项目建设、农副产品供应等，只是在实际操作过程中嘉定地方部门选择了机会成本较小的方式，而并未完全按照规划予以执行。

行政上的隶属关系以及我国行政主导的政治体制，决定了大城市近郊的发展并非是一个自发组织过程，而是在市政府的行政干预下，以服务于全市整体目标为前提的被动轨迹。目前嘉定城市规划对社区空间的影响，是快速城市化中"被动城市化"的典型表现，其核心特征是居民（主要是农民）受各种客观原因的影响，不得不放弃农业生产和乡村生活方式，最终被融入城市（章光日，顾朝林，2006）。居民在社区变迁中，包括社区空间建设、管理等方面不具备主导权，而是在政府的主导下完成了社区地域的迁移和生活方式的变化。前文所述的各类问题，实际上都与"被动城市化"这一基本属性相关。而规划无疑是"被动城市化"的推动者。这也是大城市近郊与一般城市和农村地区的根本区别所在。在这种发展模式下，从一开始就决定了近郊城市规划的根本目标并非是地方化的，因而规划对社区空间的影响也并非是以社区实际发展水平和社区居民的需求为基础的。政府政策在对问题指认的过程中，并不依赖纯粹的统计分析，决策者凭借意愿或者遵守某种事先确定的原则去分析事态是问题指认的常见方式（张兵，1998）。在某种程度上，规划对社区空间的干预并不符合其内在发展规律，并从空间维度扩展到其他方面，开始影响到社区的良性发展。特别是近郊地区在目前大城市中心城区城市化水平提高，城市的产业和人口逐步向周边郊区扩散的背景下，其社区首当其冲地受到城市建设大潮的冲击，开始加速走向一条在历史上从未出现，结果也难以预料的道路。

7.1.2 多方利益交织下的推行方式

虽然在近郊地区，城市规划行为对社区空间的影响是在大城市政府的主导下进行的，以服务大城市为根本目标，但由于近郊区本身也是一个独立的行政单元，并包含有下级的行政建制单位，其城市规划又根据行政级别的不同而划分为不同的等级，而规划的组织、编制和其后的实施工作又分别由不同的行政部门或经济组织推动，因此，尽管按照规划法规的要求，近郊城市规划形成了市级—区级—镇级—详细规划的主导思想、目标、原则一致并逐级继承的体系，但真正落实到具体行动时，其行为主导者的根本目的并非是为了实现宏观战略性规划中的美好理想，而是以自身利益为出发点选择实施方式的。从历史的经验来看，在整个规划体系内，各级规划主导者的利益通常不是一致的，因而导致在具体的实施过程中，对社区空间的干预并非是按照在理论上具有统摄力的市级规划和区级规划的意图进行的。虽然在规划中市、区政府会提出一些基于宏大理想的社区空间改造方案，但基层政府、企业组织、社区和居民在面对这些设想时，由于利益取向的差异，往往会采取不同的态度与应对措施。从而使规划的推行有可能带来其始料未及的后果。例如在 2000 年后的嘉定，尽管规划权限得到重新集中，但规划的实施仍然要依赖于镇级政府和企业，而后者在规划实施中采取了种种使自身利益最大化的行为。但对社区空间建设和居民而言，这些行为的效果并非完全是积极的。

7.1.3 动态发展的区域性影响

自从被纳入到城市的发展轨道之后，近郊就开始了由传统农村地区向现代城市转化的社会变迁过程，而且由于城市力量的介入和毗邻中心城区的区位优势，近郊地区具有一般农村地区乃至中小城市都不具备的政策、资源和地缘优势，因此其社会变迁的速度一般要更快。1990年代以来近郊发展的动态性表现得尤为突出，各类开发行为的急剧增多以及个体开发活动的不确定性都加剧了这种动态性，特别是在空间环境建设上这种动态性表现得尤为明显。一个完整的村庄有可能在几天之内就被夷为平地，而正在建设的项目会由于各种原因而突然停顿或更改，这和中心城区的成熟与稳定形成了鲜明的反差。

因此，近郊城市规划也就成为在动态的大背景下，维护区域整体发展的最优化，降低市场失效的风险。对于社区空间的界定并非局限于详细规划层面，而是从区级规划开始就试图塑造一种新的形态，将其作为全区空间结构中的一个基本单元，以适应产业结构调整和用地开发的需要。例如在嘉定，从1988年区域综合发展规划对农民集中的初步设想开始，到2000年后对新型社区空间的再定义更是在各级规划中得到了系统的、一贯的体现。因为在近郊，传统的村落社区是一种既有的社会和空间现象，在城市介入后的社会变迁过程中，针对社区空间的改造实际上是在新的社会经济基础上对原有社区的重塑，而且这一进程是超前于社区本身发展规律的。因此规划要系统地对新型社区空间进行重新界定的目的也就不难理解了。在这种界定中表现出忽视地区差异，只强调社区的空间规模、边界与设施配置等特点也表明规划并非是依据各地社区发展实际来做出这一安排的，能够迅速、平稳地实现社区空间的重构，并作为区域产业结构调整和经济发展的基础才是其最终目的。

7.2 规划影响的内在缺陷

在城市主导的前提下，近郊城市规划行为从主观意愿到实际的规划过程都存在一种由上至下的思维倾向，其对社区空间的影响也因为这种制度基础而表现出诸多先天不足的缺点。从前文论述的嘉定区社区空间建设的实际问题来看，其原因主要可以归结为以下几个方面：

7.2.1 规划过程的非地方化

这是市政府主导下的城市规划行为所带来的不可避免的后果。不仅规划组织由大城市主导，体现其价值取向，规划编制也由市级部门组织进行，并拥有审批权，规划权力高度集中。特别是在2000年后，城市对郊区规划的干预达到了前所未有的程度。郊区被进一步纳入到大城市的发展轨道中，按照后者的指令来进行相关建设。而地方社区和居民的诉求在规划中很少能够得到反映。城市规划以大城市的价值取向作为普遍的理想，取代了郊区各地的实际情况和对多样性的追求。一般的"最优"规则系统必须适应其实施的具体行动背景，也就是特定的当地环境（Burns，2004），但这一基本前提在目前近郊区的规划中却无法找到。

规划过程的非地方化也就为规划编制和实施行为的简单化打开了方便之门。因为来自上级政府的约束往往比基层社区和居民的愿望更为重要。对效率和利益的追求压倒了其他一切要素。大城市战略意图的优势地位和规划权力的高度集中带来的是一种彻底的单一，社区及其空间形态被简约为最简单的图示和数字，而全然不顾其原有的相互关系和结构。而它所引发的，至少从历史的事实来看，是基层社区与民众自发的、不规范的实践活动（如 1980、1990 年代购买外地蔬菜完成上海市的指标、出租和自建房屋给外地人口、自行开办外来人口幼儿园等）。尽管这些灰色的经济活动要冒一定的风险，但它却能为居民带来正式的指令中所没有的利益。这也正是规划过程"非地方化"中的一部分。因为非地方化的规划目标下的社区和社区空间只是一种资源，规划只关注其产出，而不顾其中人的需求。而规划目标与居民实际需求之间的差距只能靠居民自身的主动行为去弥补。

7.2.2　弱势的公民社会

弱势的公民社会使居民无法抵制上级政府实现其意志的行动。在等级社会的规划下，行政权力拥有开展大规模社会工程的决定权和行动能力，并且不需要得到居民的同意。而我国目前混合经济体制下的"双重不平等机制"成为社会不平等的根源。一方面是行政权力带来的不平等，另一方面是市场机制本身的不平等。

弱势的公民社会主要表现在社区与居民被排除在规划的全过程之外，从组织到实施都缺少发言权。既不能将自身的需求作为规划考虑的基础，也无法根据自身的利益对规划结果进行更改。规划中的"公众参与"虽然在学术界已呼吁多年，但在目前，无论是法律基础还是具体操作都相当缺乏。Sherry Arnstein 曾指出了城市规划中公众参与的 8 个阶段（Sherry Arnstein，1969）❶。根据其定义，嘉定目前规划的公众参与仅仅为 Informing（告知）阶段，即主管部门告知居民规划编制的基本情况，而居民无法真正参与到规划决策过程中，该阶段也被 Sherry Arnstein 称之为 Tokenism（装点门面的），仅具备象征意义。当社区居民被纳入到新的社会秩序中时，又没有足够多的资源来帮助自己适应这一改变，反而演变成居民是依赖政府的帮助才实现这一具有"进步性"的变化。本末倒置的荒唐逻辑成为规划对社区空间影响的理由，原本应是社区及其土地资源主人的居民反而成为被塑造的对象。

❶ 包括无参与（Manipulation，Therapy）、装点门面（Informing，Consultation，Placation）、和公民占主导（Partnership，Delegated Power，Citizen Control）3 个主要层次和 8 个阶段。

7.2.3　僵化单向的规划过程

任何生产过程都依赖于许多非正式的和随机的活动，没有这些非正式的过程，正式项目既不能产生，也不能存在。这意味着城市规划的过程应该是灵活、多维的，以便能够及时获得已经变化的社会信息。从理论上说，作为社会转型期间的公共政策和社会行动，城市规划本身的动态性应该被着重强调。规划不仅要试图去获取动态的社会信息，更要有对其自身实施效果的反馈与评价机制，这样才能保证后续规划能够进行有效的改进。然而事实上是目前的规划过程是单向的线性机制，在社区居民接受规划所带来的影响之后，这一进程便终结。没有下情上传的渠道，现实中所产生的问题并不能被规划决策者所得到。因此规划的改进也就无从谈起。虽然在目前的行政体制下并不能保证政府在获得此类信息后就会作出积极的反应，但这是反应的必要前提。从社会变迁的脚步看，小步走、鼓励可逆性、为以外情况作计划、为人类创造力做计划是社会行动所必备的素质（斯科特，2004）。特别是大城市近郊本身固有的地区发展的非均质性和动态性更加要求规划做出灵活的应对。而从本文的案例来看，近郊城市规划均是一种单向的线性过程，从市政府决策开始，到社区居民接受规划所带来的影响之后，这一进程便终结。政府与规划编制人员协商，勘察现场，讨论方案，再报批是规划中的通行规则，这当然也是与当前规划体制相适应的。决策者没有主动了解规划实施后所造成的后果，并从中吸取经验教训以供今后的改进。事实上也没有这种下情上传的渠道，现实中所产生的问题并不能被规划决策者所得到。因此规划的改进也就无从谈起。这不仅是行政体制和利益取向的问题，也有规划技术操作的原因。

僵化单向的规划过程构成了其作为现代社会公共工程的一大悖论，即与现代性的经验格格不入。社会的突出特征是在流动，现代社会尤其如此。现代性的经验（文学、艺术、工业、交通和流行文化）首先是令人眩晕的速度、运动和变化的经验。实际上现代主义提出"形式服从功能"的口号本身就蕴含了动态性的意义，因为客观世界是在不断变化的，那么功能肯定会随之改变，因此主观的设计必须适应这一变化。而目前规划本身似乎自绝于这一经验之外。当规划从技术活动上升为政府公共政策和行为，并经过法制化和规范化的塑造后，规划行为被自身的体系所束缚而越来越上层化和精英化。法定的规划程序、长时间的编制过程、复杂的指标体系都似乎使得僵化单向的规划过程成为某种必然，而规划参与者中的任何一方（如政府和企业）都不会主动去试图来修改这一过程。不仅规划技术人员无法做到，政府也同样不能做到。

上述三个因素是造成城市近郊城市规划行为与社区空间乃至社区发展实际脱节的主要原因。当然，这些缺陷在其他地区，如中心城区也同样存在，但是由于近郊地区城市化进程的快速性和复杂性，规划的这种内在缺陷所造成的危害往往更为严重。值得注意的是，无论何种因素都不是规划推动者或技术人员在实际操作过程中的失误，实际上在表面形式上它们都是合法的。例如就规划组织而言，规划法规只是要求各级政府（或其他团体）负责组织相应的规划工作，却并没有明确政府应该将谁纳入到规划过程中 ❶。而规划技术人员在规划编制中的行为也是合乎要求的。没有对社区内部的调查和信息反馈，在现阶段并不违规。因此可以看出，如果要对上述缺陷做出有意义的改进，仅仅要求规划方案合乎理性是完全不够的。缺乏对整个规划操作行为的系统改造，将使得任何方案设计都将延续目前与社区发展实际脱节的现实。

7.3　社区空间良性发展视角下的规划行为改进方法

在城市近郊，由规划为先导的社区空间改造工作已经开始，而且预计可以在不远的将来完成。但作为一项大规模的社会改造行动，我们不仅要意识到行政权力拥有通过简单化行为改变现实世界的能力，也要看到社会在修改、扰乱、阻碍甚至颠覆外界强加的各种条款的能力（斯科特，2004）。因为从嘉定区已有的案例来看，居民不仅通过上访、拒绝搬迁等行动来抗议，更会通过非正式的行动来为自己谋利。而且由于笔者实地走访社区的数量有限，可以肯定类似的行为绝不在少数，手段也会更多。在面对上述情况时，规划工作者要做的应该是在自身的职能范围内寻求改进之道，现实中存在的种种混乱局面本来就是规划所力图避免和消灭的。

从前文的分析可以看出，近郊地区规划对社区空间影响的产生在本质上是由于其行政隶属关系造成的。近郊的发展要为整个大城市服务，这一基本定位在可预见的将来不会得到改变，从而决定了在我国一些大城市普遍将今后的发展重心定位在郊区的背景下，其原有社会与空间结构必将持续得到重组以适应新的功能安排。因此，规划对社区空间的影响将在原有历史累积的基础上，通过人为的推动来加速实现这一历史性的转型过程。因为近郊地区从历史上延续下来的社区空间结构与布局是以小农经济为基础的，与现代以工业化大生产为主的产业结构存在根本的冲突，也不符合郊区以大城市为目标的发展理想。从这个角度来看，近郊地区规划对社区空间的影响不会因为现有矛盾的产生而停止，反而会加速推进下去。不仅政府的政治意愿如此，市场资本的涌入也会造成相同的结果。

但另一方面，随着市场经济体制的建立与完善，原有以行政权力为基础的资源划分与分配模式的空间必将得到压缩，附属在这一制度上的行政管理体制、城乡二元制

❶　例如在《城市规划法》中，只规定了各级政府的规划编制与审批权限，没有明确要求谁参加规划工作，而个人和单位对城市规划只能服从（第四章第三十四条）。在《城市规划编制办法》中，只是笼统地规定"编制城市规划应当进行多方案比较和经济技术论证，并广泛征求有关部门和当地居民的意见"，并未给入任何具体操作的程序，因此在实际中根本没有得到严格的遵守。

度等在今天的城市规划中表现得非常明显的制度性因素也会得到某种程度上的改善。特别是社会力量的兴起已经成为当前我国发展的一大特征（俞可平）。作为影响城市发展的三种基本力量（政治力，市场力，社会力）之一，社会力（包括各类群众团体、非政府组织、社区、居民等）将会发挥越来越大的作用。虽然规划对社区空间的影响仍然存在，但其具体方式将会因为受到社会力量的制约而更贴近社区及居民的实际需求。规划界已经针对社会力量兴起背景下的规划改革之路进行了大量的探讨，例如社区规划的编制，公众参与研究等，而在此方面最能反映规划根本观念转变的当属即将实施的《城乡规划法》。

和现行的《城市规划法》相比，《城乡规划法》存在几个大的转变，即从城市本位向城乡统筹的转变，强调对于基本民生的重视，由国家本位向民众本位的转化，以及落实法律责任等。其中与社区及居民发展关系比较密切的就是公众地位的提高，包括制定公众参与的制度框架、部门参与及监督机制等。提出了规划公开的原则规定，确立了公众知情权以及公众表达意见的途径，强调了按照公众意愿进行规划的要求。例如第十八条规定："城乡规划、村庄规划应当从农村实际出发，尊重村民意愿，体现地方和农村特色"。第二十六条规定："城乡规划报送审批前……采取论证会、听证会或者其他方式征求专家和公众的意见" ❶。

从《城乡规划法》的相关规定中可以看出，立法机关已经注意到由于相关条款的缺失而造成的对社会发展的不利影响，而试图对之加以改进。前文中所述的近郊规划行为对社区空间负面影响中的部分因素在该法中已有涉及，例如对规划实施情况的反馈，对公众与专家意见的收集，为外来人口服务的设施供给等，体现了法律对规划社会基础的重视，也符合今后我国城市规划工作的基本方向。但在该法的具体行文中，却又很难找到能够得以切实有效的执行手段。一方面，该法的规定多停留在"应当"等表述，只表达了价值倾向，而并未明确提出具体的方式。例如"尊重村民意愿"，到底怎样的方式才算尊重呢？另一方面，从本文的分析中可以看出，在整个规划过程的各个环节中，都存在特定的推动者，而各环节所起的作用并不完全相同。《城乡规划法》虽然提出了公众参与等思路，但却并未落实到具体的规划过程中，因而很难达到预期的效果。

因此，目前以《城乡规划法》为代表的规划改革，虽然提出了总体的发展方向，但缺乏具体的实施方法支撑。对于城市近郊这样的快速城市化地区，重视社会权利的规划价值观的确立固然重要，而方法的选择同样关键。因此，对规划行为的改进，必须是在根据规划影响和规划法规发展的趋势的基础上，通过对行动对象的界定，提出具体的规划行为改进方式。

---

❶ 其他强调公众权利的规定还有第八条、第九条、第四十三条、第四十六条、第四十八条、第五十条、第五十四条等。

7.3.1　以规划编制为主的改进对象

1. 规划行为改进的现实局限

前文的论述表明，规划的全过程，即从组织到实施的每个环节都因为其推动者的利益取向及具体的操作方式的局限而引发了相应的问题。但城市规划是由特定群体推动的社会行动的事实决定了规划并不是全知全能，某些领域是超出规划范畴之外而难以触及的，例如近郊区隶属城市的事实、市政府对空间集中的主动推动、地方政府对经济发展的追求、市场经济条件下规划的实施方式等。而且上述现状在可预见的将来都不可能得到改变，因为它们涉及整个国家的政治和经济体制。城市规划的一些做法只是上述体制在规划领域内的具体体现而已。诸如"改变城市规划的价值观"、"制止地方政府对经济增长的盲目推动"等等针对上层建筑的口号尽管在道德层面无可指摘，也是政府行为和城市规划发展的最终方向，但要想通过城市规划的改革来实现几乎是不可能的。

即便是规划领域内针对上层建筑的改进也会因为涉及到多方利益和体制问题而行动缓慢。例如《城乡规划法》的出台❶。一部规划领域内的法规尚且如此，更何况涉及到其他领域与行业的机制❷。因此规划只能从自身的专业领域着手，以技术层面为主而非道德价值的呼吁，通过职业技术的改良来促进整个规划过程理性的部分提高。

2. 规划编制改进的可操作性

在城市规划行为的全过程中，因为规划编制是专业人士可以直接染指的领域，也是狭义上城市规划行为的主要组成部分。针对规划编制的改进，可以以技术过程为重点，从而排除其他环节的干扰。而且规划行为的权威是以其技术理性为基础的。规划编制不仅是后续行为的直接依据，也是城市规划作为一项公共政策和社会行动获得公众接受的前提。如果规划编制的技术理性本身就不充分，则必将动摇整个城市规划的基础。因此，针对规划编制技术的改进不仅具备可操作性，也是整个城市规划行为所迫切需要的。

3. 规划编制与整个规划过程的内在联系

规划编制是技术部门主导的，相对独立的规划过程，但通过前文的论述可以发现，规划编制在方案分析过程中虽然由专业人员把持，但在其他事务的操作中却是和组织与实施过程紧密联系的。

---

❶ 早在 1997 年建设部城乡规划司就发出《城市规划法》修改的通知，至 2007 年由人大常委会审议通过，历时已 10 年。

❷ 例如在《嘉定社区划分及公共设施配套研究》的过程中，研究人员也曾就在社区调查中所发现的问题与规划局工作人员进行过讨论，比如动迁方式、住宅区设计等，后者表示虽然知道某些方式不太合理，但他们也无能为力，因为很多工作是镇政府主导的，而区规划局和镇政府在行政等级上是平级的。因此虽然区规划局负责全区的规划事务，但对镇政府不可能以一种居高临下的态度要求他们执行，而只能是协商的方式，即便如此，镇政府也不一定总是买账。

在当前的规划编制中，除调查—分析—规划的专业过程外，同时进行的还有意见交流—方案评价活动。具体就表现为技术人员与规划参与各方的讨论，收集各方的意见，编制方案，再和各方交流，进行修改，直至最终提交评审，根据评审意见进行最终的修改。所有这些活动都和调查、分析、规划的过程紧密结合（收集各方的意见也属于调查的一种，与各方交流后修改方案也是分析与规划的过程）。因此规划编制在具体的操作过程中就和规划组织与实施行为交织在一起。如果规划组织者有意限定参与者的范围，那么无疑技术人员在讨论中所收集的意见就相当有限。而如果部分群体期望规划实施要达到某种效果，也会在方案交流与评价过程中将其意图表达出来，从而影响规划编制。

反过来，如果对参与规划编制操作过程的群体与方式进行重新界定，那么不仅将对编制的技术成果施加影响，也会波及到规划组织与实施过程。特别是如果将这一要求通过法律的形式予以固定，势必会引发规划组织与实施的改革。这样就有可能在不触及现有体制的前提下，实现对整个规划过程的改良。例如，如果要求社区居民必须参加规划编制，那么在规划组织中就必须将社区和居民作为参与群体之一，或是技术人员必须征求前者的意见。

针对规划编制进行改进的根本涵义并不是要求技术人员在形而上的专业分析过程中实现规划方案理性的突破，而是希望通过对编制过程与程序的改进来实现编制基础的地方化和民主化，将社区和居民的需求真正反映在规划方案中，并以此带动整个规划过程的改良。这是在当前的城市近郊发展状况下，最有可能、也是最迫切的规划改进要求。

7.3.2 规划体系内全方位的改进

"社区规划"作为近年来出现的非法定规划门类，已不再是一个新鲜词汇，全国各地相继涌现了一些社区规划编制案例。在上海地区也有很多社区编制了此类规划，如宝山区通河社区规划、江宁路街道社区规划等。总体来看，目前的社区规划主要是以个体社区（街道、居委）为对象，强调多学科参与（城市规划、社会学等）与公众参与（学者、社区管理人员、社区居民共同参与），以社区发展和物质空间建设为主的规划，反映了在规划学科内对社区重视程度日益加深的趋势，以及对规划编制方法改革的思考。

但通过对嘉定城市规划编制对社区空间影响的分析，笔者认为，"社区规划"由于其对象的特殊性，应在整个规划体系内予以系统、综合的安排，单纯局限于微观层面的个体社区规划实际上难以解决社区发展中所面临的问题。超越社区的"社区规划"才能更有效地应用规划手段来为社区良性发展创造条件。

从本书的分析中可以看出，在嘉定的规划体系内，各级规划均与社区空间直接相关，社区空间受到各级规划全面、系统的影响。以嘉定区规划为例，虽然规划并不直接以单个社区为对象，但通过区域空间布局，已经大体确定社区的空间分布、规模，进而影响到社区内部实际的人口构成等其他关键要素。例如 2004 年区域总体规划、异地建房选址规划对社区和动迁基地界定等。在区级规划的指导下，个体社区从空间建设到社区管理组织的基本原则都已确定，而详细规划只不过是将上述原则予以具体落实而已。既然整个规划体系内所有层级的规划都对社区空间存在影响，那么在各级规划中均将社区作为考虑的主要因素之一就是规划能真正为社区发展服务的必要条件之一。而一旦宏观和中观层面规划与社区发展的脱节成为既成事实，微观层面的个体社区规划将处于一种先天不足的状态。不论社区规划进行何种大胆的创新与改革，也不论有多少学科和群体共同参与，都难以改变既定的错误格局，社区规划的目的也就很难达到。

因此，鉴于大城市近郊在转型期间社会发展的特殊性以及对社区建设的迫切需求，对于社区发展中种种并不属于规划学科范畴的社会课题，应该在全区域整个规划体系中予以统筹考虑和安排。社区规划不应局限于微观的个体社区空间范围内，而是从区级规划开始就要将社区发展作为规划的主要依据和目标之一，以此确定合理的空间布局结构，并由之下的各级规划加以贯彻实施。而社区规划中所采用的一些有别于传统城市规划编制的方法，如多学科参与，与社区管理者和居民的互动等，也应从区级规划开始就要投入应用，以改变目前各类战略性规划与社区发展脱节的状况。

7.3.3　开放动态的编制过程

即规划编制过程对整个社会的开放，将原属于规划部门的精英行动转化为其他部门和社会公众均可参与的协商协调行为。具体包括：

1. 统一的社区概念

这是规划编制的先决条件。即规划管理部门必须就未来嘉定社区的基本规模、组织模式、设施要求等关键性因素与民政、社保等与社区事务相关的部门进行充分的沟通，再提出社区空间的布局模式和具体的操作纲领，并将统一的社区概念及其空间构成贯彻到各层级规划中。实现居住区与社区的统一和城市规划与城市管理的结合，使未来社区空间建设有明确的推动主体，并和嘉定的社区管理制度相衔接，同时避免各规划中社区空间构成不统一的现象。

2. 社区社会调查的开展

除空间勘查外，社会调查必须成为规划基础调查中不可缺少的环节，包括对公众意见的收集，当地居民的访谈等。征集居民对规划的要求和期许，作为规划编制的基本依据。在条件允许的情况下，社会调查要有社会学者的参与和指导。

3. 明确公众参与方式

提高公众参与程度不仅是规划价值基础的调整，实际上也是完善规划技术行为的需要。因为仅凭当前的规划工作方式不可能获得能够得到理性结果的完备信息（见第6 章相关论述）。即便行动者具备这样的主观意愿，也不可能将微观社区中存在的复杂社会现象完全弄清楚，而这又是合理的城市规划所必须的。既然如此，将公众纳入到规划编制过程中就不仅是一种道德姿态，更将为规划提供足够的基础信息，使其具有充分的社会理性。例如套型设计、设施布局、住宅分配等，都会更符合社区居民的实际需求。技术合理的城市规划才具备拥有法理权威的条件。

但提高公众参与程度不应仅停留在口号阶段，而是应明确其参与方式，这样才具备切实的可操作性。特别是在大城市近郊的实际情况下，公众参与规划的形式应有其自身的特点，在不同的规划层级中予以具体体现。

①战略性规划。在战略性规划的编制中，社区管理人员及居民的代表应作为规划意见交流的参与者之一，并且应占有一定比例（例如不低于 25%）。在规划编制任务委托之前，应向社会公示，征集社会意见，作为规划编制的基础性文件之一。

②实施性规划。规划范围内涉及到的社区及居民应完整的参与规划方案设计的过程，负责提供基础信息，并对空间布局提出要求。而规划人员应在其中扮演技术支持的角色，通过专业手段将居民的要求反映在规划布局中。以弥补因信息不完全而带来的缺陷。

各类规划方案在提交评审之前，必须经过参与编制及讨论的居民或代表的同意。同时应进行相关的公示和民意咨询工作，居民满意度应成为方案评价的一个重要指标，交由评审委员参考。在规划方案的评审中，必须有社会人士参加，并且应占有一定比例（例如不低于 25%），拥有投票权。

4. 动态的编制过程

各类以居住区为主的实施性规划，特别是集中动迁住宅区的规划，在项目建成后应由区规划局开展居民调查工作，重点了解居民在实际生活中遇到的由规划所引发的问题，并征询居民对规划的评价，以此作为今后同类规划和战略性规划编制的依据。

5. 扩大的规划内容

规划方案中不仅要包括空间布局，也要对规划实施和社区管理中的具体行为提出执行办法，例如住房分配方法、动迁方式等，并得到社区内半数以上居民的同意，作为规划文本的正式组成部分。

上述改进措施应争取通过郊区人大通过，成为区级地方性法规，统一管理全区的建设活动。如果不能通过人大立法，则应争取成为由区政府制定的政府规章。

7.4　后续研究课题

本书从嘉定规划和社区发展的历史事实出发，分析了城市近郊规划对社区空间的实际影响及其成因机制，并提出了相应的改进建议。当然研究尚存在诸多局限。一方面嘉定区虽然是城市近郊的典型代表，但毕竟只是我国众多此类地区中的一个个案，不可能完全反映出所有问题；另一方面规划作为一门实践性很强的学科和专业，由于涉及到多方利益，因此任何针对现有体制的改动都会遇到不小的阻力。这也是为什么规划界对改革的呼吁年年都有，但在现实层面却一直未有大的突破的主要原因。

科学研究的过程是一个不断证伪的过程。一个观点的提出，必然要接受实践的检验及后续的证伪，这样才能不断完善而接近真理。对于本书所提出的研究方向，后续研究应根据不同大城市近郊地区的实际情况，在具体的规划操作中将本文的建议予以应用，检验其有效性。并根据实践的结果进行理论总结，将近郊规划行为改进的设想进一步完善，再度投入到实践中。这也是可持续发展的内涵之一。

参考文献

著作部分

[1]   David Harvey，Justice，Nature and the Geography of Difference. 2000

[2]   John A. Dutton，New American Urbanism：Re-forming the Suburban Metropolis. 2000

[3]   John Friedmann，Chnia's Urban Transition. 2005

[4]   John Friedmann，Planning in the Public Domain：From Knowledge to Action. 1987

[5]   Jonathan Barnett，Planning for A New Century. 2001

[6]   Philip Allmendinger，Planning Theory.New York：PALGRAVE，2002

[7]   Philip Allmendinger & Michael Chapman，Planning Beyond 2000. 1999

[8]   William H. Lucy&David L. Phillips，Tomorrow's Cities，Tomorrow's Sunurbs. Planners Press，2006

[9]   George Ritzer. D.J.Goodman，Mordern Sociological Theory. Peiking University Press，2004

[10]   Jonathan Barnett，Planning For A New Century. Island Press，2001

[11]   Michael Quinn Patton，Qualitative Evaluation And Research Methods. SAGE Publications，1990

[12]   John W.Creswell，Research Design：Qualitative & Quantitative Approaches. SAGE Publications，1994

[13]   潘小娟 . 中国基层社会重构：社区治理研究 [M]. 北京：中国法制出版社，2004.

[14]   田启波 . 吉登斯现代社会变迁思想研究 [M]. 北京：人民出版社，2007.

[15]   张兵 . 城市规划实效论 [M]. 北京：人民大学出版社，1998.

[16]   张京祥，罗震东，何建颐 . 体制转型与中国城市空间重构 [M]. 南京：东南大学出版社，2007.

[17]   张京祥 . 西方城市规划思想史纲 [M]. 南京：东南大学出版社，2005.

[18]   张彩丽 . 中国工业化与"三农"问题研究 [M]. 北京：人民出版社，2005.

[19]   詹姆斯·C·斯科特 . 弱者的武器 [M]. 南京：译林出版社，2007.

[20]   詹姆斯·C·斯科特 . 国家的视角——那些试图改善人类状况的项目是如何失败的 [M]. 北京：社会科学文献出版社，2004.

[21]   汤姆·R·伯恩斯 . 结构主体的视野——经济与社会的变迁 [M]. 北京：社会科学文献出版社，2000.

[22]   王义祥 . 当代中国社会变迁 [M]. 上海：华东师范大学出版社，2006.

[23]   孙立平 . 断裂——20 世纪 90 年代以来的中国社会 [M]. 北京：社会科学文献出版社，2003.

[24]   俞可平 . 中国公民社会的兴起与治理的变迁 [M]. 北京：社会科学文献出版社，2002.

[25]   李培林 . 另一只看不见的手——社会结构转型 [M]. 北京：社会科学文献出版社，2005.

[26] 俞克明.现代上海研究论丛 [M].上海:上海书店出版社,2006.

[27] 弗里德里希·冯·哈耶克.哈耶克文选 [M].南京:江苏人民出版社,2007.

[28] 弗里德里希·冯·哈耶克.个人主义与经济秩序 [M].北京:三联书店,2003.

[29] 熊月之,周武.上海——一座现代化都市的编年史 [M].上海:上海书店出版社,2007.

[30] 范伟达.全球化与浦东社会变迁 [M].北京:社会科学文献出版社,2004.

[31] 李路路.再生产的延续——制度转型与城市社会分层结构 [M].北京:中国人民大学出版社,2003.

[32] 洪璞.明代以来太湖南岸乡村社会的经济与社会变迁 [M].北京:中华书局,2005.

[33] 费孝通.乡土中国 生育制度 [M].北京:北京大学出版社,1998.

[34] 安东尼·吉登斯.社会理论与现代社会学 [M].北京:社会科学文献出版社,2003.

[35] 安东尼·吉登斯.资本主义与现代社会理论.北京:北京大学出版社,2006.

[36] 安东尼·吉登斯.批判的社会学导论.上海:上海世纪出版集团,2007.

[37] 安东尼·吉登斯.社会学.北京:北京大学出版社,2003.

[38] 卡尔·波兰尼.大转型:我们时代的政治与经济起源.杭州:浙江人民出版社,2007.

[39] 耿毓修.城市规划实施.上海:三联书店,2003.

[40] 耿毓修.城市规划管理与法规.南京:东南大学出版社,2004.

[41] 上海市城市规划管理局.上海城市规划管理实践——科学发展观统领下的城市规划管理探索.北京:中国建筑工业出版社,2007.

[42] 周建军等.制约下的实践——多样性城市特征下的规划务实研究.上海:同济大学出版社,2005.

[43] 李强,杨开忠.城市蔓延 [M].北京:机械工业出版社,2007.

[44] 陈秉钊等.上海郊区小城镇人居环境可持续发展研究 [M].北京:科学出版社,2001.

[45] 卢为民.大都市郊区住区的组织与发展——以上海为例 [M] 南京:东南大学出版社,2002.

[46] 赵民,赵蔚.社区发展规划——理论与实践 [M].北京:中国建筑工业出版社,2003.

[47] 王旭.美国城市化的历史解读 [M].长沙:岳麓书社,2003.

[48] 孙群郎.美国城市郊区化研究 [M].北京:商务印书馆,2005.

[49] 王志伟.现代西方经济学流派 [M].北京:北京大学出版社,2002.

[50] 于燕燕.2007 年北京社区发展报告 [M].北京:社会科学文献出版社,2007.

[51] 王邦佐等.居委会与社区治理 [M].上海:上海人民出版社,2003.

[52] 尹钧科.北京郊区村落发展史 [M].北京:北京大学出版社,2001.

[53] 艾尔·巴比.社会研究方法 [M].北京:华夏出版社,2005.

[54] 叶南客.都市社会的微观再造:中外城市社区比较新论 [M].南京:东南大学出版社,2003.

[55] 童明.政府视角的城市规划 [M].北京:中国建筑工业出版社,2005.

[56] 吴增基,吴鹏森,苏振芳.现代社会学 [M].上海:上海人民出版社,1997.

[57] 谢文蕙,邓卫.城市经济学 [M].北京:清华大学出版社,1996.

[58] 陈秉钊.现代城市规划导论 [M].北京:中国建筑工业出版社,2003.

[59] 尼格尔·泰勒.1945年后西方城市规划理论的流变[M].北京：中国建筑工业出版社，2006.

[60] 邹兵.小城镇的制度变迁与政策分析[M].北京：中国建筑工业出版社，2003.

[61] 沈磊.无限与平衡：快速城市化时期的城市规划[M].北京：中国建筑工业出版社，2003.

[62] 凯勒·伊斯特林.美国城镇规划：按时间顺序进行比较[M].北京：知识产权出版社，中国水利水电出版社，2003.

[63] （美）新都市主义协会.新都市主义宪章[M].天津：天津科学技术出版社，2004.

[64] 李志宏.上海郊区城市化"三个集中"模式系统研究——奉贤区推进城市化进程典型剖析：[D].上海：同济大学建筑与城市规划学院，2005.

[65] 杨贵庆.迅速城市化背景下我国城市社区规划的基础研究——以上海为例：[D].上海：同济大学建筑与城市规划学院，2003.

[66] 赵蔚.城市规划中的社会研究——从规划支持到规划本体的演进：[D].上海：同济大学建筑与城市规划学院，2004.

[67] 根特城市研究小组（荷）.城市状态：当代大都市的空间、社区和本质[M].北京：知识产权出版社，中国水利水电出版社，2005.

[68] 谢芳.美国社区[M].北京：中国社会出版社，2004.

[69] 张俊芳.中国城市社区的组织与管理[M].南京：东南大学出版社，2004.

[70] 尹维真.中国城市基层管理体制创新[M].北京：中国社会科学出版社，2004.

[71] 陈贵铺.嘉定城乡建设[M].上海：上海市嘉定县建筑设计公司，1983.

[72] 上海市嘉定县县志编纂委员会.嘉定县志[M].上海：上海人民出版社出版，1992.

[73] 倪所安.嘉定县续志[M].上海：上海交通大学出版社，1999.

[74] 李德华.城市规划原理（第三版）[M].北京：中国建筑工业出版社，2001.

[75] 上海市嘉定区统计局.嘉定统计年鉴（2000-2005）.

[76] 王学兰.大城市郊区社区划分研究——以上海嘉定区为例：[D].上海：同济大学建筑与城市规划学院，2006.

[77] 张彤燕.上海嘉定区马陆镇社区公共服务设施配套规划研究：[D].上海：同济大学建筑与城市规划学院，2006.

期刊论文及研究报告部分

[78] Dadid Harvey. Social Justice, Postemodernsim, and the City. The City Reader, 1996: 199-207

[79] Harvey R O, Clark W A V. The nature and economies of urban sprawl. A Quarterly Journal of Planning, 1965, （1）: 1-10

[80] Herbert J. Gans. Levittown and America. The City Reader, 1996: 63-68

[81] Lynne Mitchell, Elizabeth Burton & Shibu Raman. Dementia-friendly Cities: Designing Intelligible

Neighborhoods for Life. Journal of Urban Design，2004，Vol.9（2）：89～101

[82] Mark Deakin. Developing Sustainable Communities in Edinburgh's South East Wedge：The Settlement Model and Design Solution. Journal of Urban Design，2003，Vol.8（6）：137～148

[83] Ray Green. Top-up，Bottom-down：A Defining Moment in English Planning. Town & Country Planning，2003，（8）：211-212

[84] Robert Fishman. Beyond Suburbia：The Rise of the Technoburb. The City Reader，1996：77-86

[85] Sherry Arnstein. A Ladder of Citizen Participation. The City Reader，1996：240-252

[86] The Rt Hon. John Prescott MP，Creating Communities of the Future. Town & Country Planning，2004，（11）：349

[87] 上海市嘉定区民政局.嘉定城市化和农村社区管理模式变迁研究.2005.

[88] 同济大学建筑与城市规划学院.嘉定社区划分及公共设施配套研究.2006.

[89] 李健，宁越敏.1990年代以来上海人口空间变动与城市空间结构重构[J].城市规划学刊，2007，（2）：20-24.

[90] 王宏远，樊杰.北京的城市发展阶段对新城建设的影响[J].城市规划，2007，Vol.31（3）：20-24.

[91] 冯健，周一星.1990年代北京市人口空间分布的最新变化[J].城市规划，2003，Vol.27（5）：55-63.

[92] 高鹏.社区建设对城市规划的启示——关于住宅区规划建设的几个问题[J].城市规划,2001(2)：40-45.

[93] 胡伟.纽约市社区规划的现状评述[J].城市规划，2001，Vol.25（02）：52-54.

[94] 王彦辉."社区建筑师"制度：居住社区营造的新机制.城市规划，2003，Vol.27（5）：76-77.

[95] 何小娥,殷毅,柳少杰.论大城市规划区内小城镇总体规划的编制——从规划实施的角度谈起[J].城市规划，2005，Vol.29（10）：48-51.

[96] 温国明，程俊超.城市建设中农村集体土地补偿方式的新探索——以洛阳高新区2004年征地为例[J].城市规划，2006，Vol.30（9）：15-20.

[97] 杨贵庆.社区人口合理规模的假说[J].城市规划，2006，Vol.30（12）：49-56.

[98] 田洁，贾进.城乡统筹下的村庄布点规划方法探索——以济南市为例[J].城市规划，2007，Vol.31（4）：78-81.

[99] 徐一大.再论我国城市社区及其发展规划[J].城市规划，2004，Vol.28（12）：69-74.

[100] 李伟国，王艳玲.城市与市民关系的变化及城市规划的变革[J].城市规划，2005，Vol.29（7）：71-74.

[101] 张晓玲.对城市建设拆迁中土地制度的思考[J].城市规划，2006，Vol.30（2）：31-33.

[102] 姚凯.近代上海城市规划管理思想的形成及其影响[J].城市规划，2007，Vol.31（2）：77-83.

[103] 孙施文.城市总体规划实施的政府机构协同机制——以上海为例[J].城市规划，2002，Vol.26（1）：50-54.

[104] 刘君德 . 城市规划 行政区划 社区建设 [J]. 城市规划，2002，Vol.26（2）: 34-39.

[105] 石忆邵 . 中国农村小城镇发展若干认识误区辨析 [J]. 城市规划，2002，Vol.26（4）: 27-31.

[106] 吴效军 . 城市户籍制度改革与城市规划应对——大潮过后的思考 [J]. 城市规划，2002，Vol.26（06）: 35-39.

[107] 施源，陈贞 . 关于行政区经济格局下地方政府规划行为的思考 [J]. 城市规划学刊，2005，（02）: 45-49.

[108] 刘佳燕 . 面向当前社会需求发展趋势的规划方法 [J]. 城市规划学刊，2006（4）: 35-40.

[109] 石忆邵，胡建民 . 上海郊区建设中的若干问题 [J]. 城市规划学刊，2006（4）: 47-52.

[110] 汤海孺 . 不确定性视角下的规划失效与改进 [J]. 城市规划学刊，2007（3）: 25-29.

[111] 谭启宇，王仰麟等 . 快速城市化下集体土地国有化制度研究 [J]. 城市规划学刊，2006（1）: 98-101.

[112] 洪再生，杨玲 . 转型期我国特大城市规划编制体系的创新实践比较 [J]. 城市规划学刊，2006（06）: 79-82.

[113] 李海燕，李建伟，权东计 . 迁村并点实现区域空间整合——以长安子午镇规划为例 [J]. 城市规划，2005，Vol.29（05）: 41-44.

[114] 吴新纪,张伟等 . 快速城市化地区县级城市总体规划方法研究 [J]. 城市规划,2005,Vol.29（12）: 58-63.

[115] 唐燕 . 经济转型期城市规划决策及管理中的寻租分析 [J]. 城市规划，2005，Vol.29（1）: 25-29.

[116] 柳意云，闫小培 . 转型时期城市总体规划的思考 [J]. 城市规划，2004，Vol.28（11）: 35-41.

[117] 姜作培 . 农民市民化必须突破五大障碍 [J]. 城市规划，2003，Vol.27（12）: 68-71.

[118] 何兴华 . 空间秩序中的利益格局和权利结构 [J]. 城市规划，2003，Vol.27（10）: 6-12.

[119] 陈彦光 . 自组织和自组织城市 [J]. 城市规划，2003，Vol.27（10）: 17-21.

[120] 唐文跃 . 城市规划的社会化与公众参与 [J]. 城市规划，2002，Vol.26（9）: 25-27.

[121] 张水清，杜德斌 . 上海中心城区的职能转移与城市空间整合 [J]. 城市规划，2001，Vol.25（12）: 16-20.

[122] 赵之枫 . 城乡二元住房制度——城镇化进程中村镇住宅规划建设的瓶颈 [J]. 城市规划汇刊，2003，（5）: 73-76.

[123] 刘华钢 . 广州城郊大型住区的形成及其影响 [J]. 城市规划汇刊，2003（5）: 77-80.

[124] 王颖 . 上海城市社区实证研究——社区类型、区位结构及变化趋势 [J]. 城市规划汇刊，2002（6）: 33-40.

[125] 姜劲松，林炳耀 . 对我国城市社区规划建设理论、方法和制度的思考 [J]. 城市规划汇刊，2004（03）: 57-59.

[126] 徐少君，张旭昆 . 1990 年代以来我国小城镇研究综述 [J]. 城市规划汇刊，2004（3）: 79-83.

[127] 桑东升 . 珠江三角洲地区乡村——城市转型研究 [J]. 城市规划汇刊，2003（4）: 19-22.

[128] 谢涤湘，文吉，魏清泉 . "撤县（市）设区"行政区划调整与城市发展 [J]. 城市规划汇刊，
      2004（04）: 20-22.

[129] 范军勇 . 从"173"计划的实施看上海产业政策的调整对象 [J]. 城市规划汇刊，2004（2）: 17-22.

[130] 朱介鸣 . 市场经济下城市规划引导市场开发的经营 [J]. 城市规划汇刊，2004（6）: 11-15.

[131] 石忆邵 . 中国农村人口城市化及其政策取向 [J]. 城市规划汇刊，2002（5）: 29-31.

[132] 张京祥等 . 试论行政区划调整与推进城市化 [J]. 城市规划汇刊，2002（5）: 25-28.

[133] 赵燕菁 . 经济转型过程中的户籍制度改革 [J]. 城市规划汇刊，2003（1）: 16-20.

[134] 李志刚等 . 大都市郊县县域规划的探索——以南京市江宁县为例 [J]. 城市规划汇刊，2001（1）:
      31-34.

[135] 马鹏，李京生 . 城市规划中的社会研究——规划本体抑或规划支持 [J]. 山西建筑，2007，
      Vol.33（9）: 4-6.

[136] 张世明 . 对上海市郊卫星城镇建设的一些认识 [J]. 城市规划汇刊，1983（3）: 38-40.

[137] 郑正，宗林，宋小冬 . 关于上海卫星城镇建设方针政策的建议 [J]. 城市规划汇刊，1984，（2）:
      15-18.

[138] 张世明 . 浅议上海市郊小城镇的规划布局问题 [J]. 城市规划汇刊，1983，（5）: 16-19.

[139] 朱保良 . 上海农村居民点规划与农民住宅设计概说 [J]. 城市规划汇刊，1983，（2）: 37-40.

[140] 褚军 . 上海市卫星城发展趋势论 [J]. 城市规划汇刊，1988，（4）: 51-54.

[141] 周一星，孟延春 . 沈阳的郊区化: 兼论中西方郊区化的比较 [J]. 地理学报，1997，（4）: 289-299.

[142] 周一星，孟延春 . 中国大城市的郊区化趋势 [J]. 城市规划汇刊，1998，（3）: 22-27.

[143] 周一星，孟延春 . 北京的郊区化及其对策 [M]. 北京: 科学出版社，2000.

[144] 张文新 . 中国城市郊区化研究的评价与展望 [J]. 城市规划汇刊，2003，（1）: 55-58.

[145] 冯健，周一星 . 杭州市人口的空间变动与郊区化研究 [J]. 城市规划，2002，Vol.26（1）: 58-65.

[146] 刘君德 . 上海城市社区的发展与规划研究 [J]. 城市规划，2002，Vol.26（3）: 39-43.

[147] 阎小培 . 杭州市人口的空间变动与郊区化研究 [J]. 城市规划，2002，Vol.26（1）: 58-65.

[148] 梁进社，楚波 . 北京的城市扩展和空间依存发展——基于劳瑞模型的分析 [J]. 城市规划，
      2005，Vol.29（6）: 9-14.

[149] 陈蔚镇，郑炜 . 城市空间形态演化中的一种效应分析——以上海为例 [J]. 城市规划，2005，
      Vol.29（3）: 9-21.

[150] 杨上广 . 大城市社会空间结构演变研究——以上海为例 [J]. 城市规划学刊，2005，（5）: 17-22.

[151] 李云，唐子来 . 1982-2000 年上海郊区社会空间结构及其演化 [J]. 城市规划学刊，2005，（6）:
      27-36.

[152] 石忆邵，胡建民 . 上海郊区建设中若干问题探讨 [J]. 城市规划学刊，2006，（4）: 47-52.

[153] 张绍樑 . 上海与周边地区城市空间整合 [J]. 城市规划学刊，2005，（4）: 16-21.

[154] 张绍樑 . 上海进一步发展的城市空间结构探索 [J]. 城市规划学刊，2006，（5）: 22-29.

[155] 周婕，罗巧灵.大都市郊区化过程中郊区住区开发模式探讨 [J]. 城市规划，2007，Vol.31（3）：25-29.

[156] 姚凯.上海城市总体规划的发展及其演化进程 [J]. 城市规划学刊，2007，Vol.31（1）：101-106.

[157] 洪再生，杨玲.转型期我国特大城市规划编制体系的创新实践比较 [J]. 城市规划学刊，2006，Vol.30（6）：79-82.

[158] 马航.中国传统村落的延续与演变——传统聚落规划的再思考 [J]. 城市规划学刊，2006，Vol.30（1）：102-107.

[159] 章光日，顾朝林.快速城市化进程中的被动城市化问题研究 [J]. 城市规划，2006，Vol.30（5）：48-54.

[160] 魏立华，闫小培.大城市郊区化中社会空间的"非均衡破碎化"——以广州市为例 [J]. 城市规划，2006，Vol.30（5）：55-60.

[161] 周岚，叶斌，徐明尧.探索住区公共设施配套规划新思路——《南京城市新建地区配套公共设施规划指引》介绍 [J]. 城市规划，2006，Vol.30（4）：33-37.

[162] 张晓玲.对城市建设拆迁中土地制度的思考 [J]. 城市规划，2006，Vol.30（2）：31-33.

[163] 李郇，黎云.农村集体所有制与分散式农村城市化空间——以珠江三角洲为例 [J]. 城市规划，2005，Vol.29（7）：39-41.

[164] 张勇民.建住分离式的市场化改革——探索推进村镇住宅建设的有效之路 [J]. 城市规划，2005，Vol.29（5）：29-34.

[165] 应联行.论建立以社区为基本单元的城市规划新体系——以杭州市为例 [J]. 城市规划，2004，Vol.28（12）：63-68.

[166] 吕学昌.居民点重构——经济发达地区的一种城市化模式 [J]. 城市规划，2003，Vol.27（9）：71-73.

[167] 宁越敏，项鼎，魏兰.小城镇人居环境的研究——以上海市郊区三个小城镇为例 [J]. 城市规划，2002，Vol.26（10）：31-35.

[168] 庞永师.城市发展进程中周边小城镇规划建设研究——以广州市番禺区为例 [J]. 城市规划，2002，Vol.26（10）：44-47.

[169] 张庭伟.构筑规划师的工作平台——规划理论研究中的一个中心问题 [J]. 城市规划，2002，Vol.26（10）：18-23，2002，Vol.26（11）：16-19.

[170] 赵燕菁.制度变迁·小城镇发展·中国城市化 [J]. 城市规划，2001，Vol.25（8）：47-57.

[171] 张庭伟.1990年代中国城市空间结构的变化及其动力机制 [J]. 城市规划，2001，Vol.25（7）：7-14.

[172] 张兵.关于"概念规划"方法的初步研究——以"广州城市总体发展概念规划"实践为例 [J]. 城市规划，2001，Vol.25（3）：53-57.

[173] 赵燕菁.从城市管理走向城市经营 [J]. 城市规划，2002，Vol.26（11）：7-15.

[174] 张庭伟.对全球化的误解以及经营城市的误区 [J]. 城市规划，2003，Vol.27（8）：6-14.

[175] 赵民，林华.居住区公共服务设施配建指标体系研究 [J]. 城市规划，2002，Vol.26（12）：72-75.

[176] 陈贵镛，徐彩峰，徐雅珍.郊区城镇农民新村规划初探 [J]. 城市规划汇刊，1983，（2）：54-57.

[177] 张世明.浅议上海市郊小城镇的规划布局问题 [J]. 城市规划汇刊，1983，（5）：16-18.

[178] 朱保良.上海农村居民点规划与农民住宅设计概说 [J]. 城市规划汇刊，1983，（2）：37-41.

[179] 褚军.上海市卫星城发展趋势论 [J]. 城市规划汇刊，1988，（4）：51-53.

[180] 张世明.对上海市郊卫星城镇建设的一些认识 [J]. 城市规划汇刊，1983，（4）：38-41.

[181] 郑正，宗林，宋小冬.关于上海卫星城镇建设方针政策的建议 [J]. 城市规划汇刊，1984，（2）：15-17.

规划及规范部分

[182] 中华人民共和国城市规划法

[183] 城市规划编制办法

[184] 城市居住区规划设计规范（GB 50180-93）

[185] 上海市城市规划条例（2003 年修正）

[186] 中华人民共和国城乡规划法（全国人大常委会 2007 年 10 月 28 日通过，2008 年 1 月 1 日起施行）

[187] 上海市城市规划勘测设计院，华东师范大学，同济大学.嘉定县总体规划（1959-1962），1959

[188] 嘉定县县域综合发展规划办公室.上海市嘉定县县域综合发展规划（1988-2000）.上海：上海科学技术出版社，1992

[189] 上海市城市规划设计研究院，嘉定区城市规划设计研究所.嘉定区总体规划（1998-2010），1998

[190] 上海市城市规划设计研究院，嘉定区城市规划设计研究所.嘉定区区域总体规划（2004-2020），2004

[191] 嘉定区人民政府.嘉定新城总体规划（1999-2020），2000

[192] 上海市城市规划设计研究院，嘉定区城市规划设计研究所.嘉定新城主城区总体规划（2004-2020），2004

[193] 上海市城市规划设计院.嘉定总体规划（1959-1962），1959

[194] 上海市城市规划设计院，嘉定县规划所.嘉定总体规划（1982-2000），1982

[195] 上海市城市规划设计院.嘉定总体规划调整方案（1989-2000），1989

[196] 上海市城市规划勘测设计院.南翔卫星城镇规划（1958-1962），1958

[197] 上海市城市规划勘测设计院.安亭初步规划（1959-1962），1959

[198] 上海市城市规划勘测设计院.安亭工业区选址和轮廓规划，1958

[199] 上海市城市规划设计院.安亭总体规划（1982-2000），1982

[200] 上海市城市规划设计院.安亭卫星城总体规划纲要（1990-2000），1990

[201] 上海市嘉定规划设计院.嘉定区安亭老镇总体规划纲要（2002-2020），2002

[202] 上海市嘉定规划设计院.F1赛车场农民动迁配套用房居住点控制性详细规划，2002

[203] 上海市嘉定规划设计院.方泰老镇嘉松公路东块农民动迁基地修建性详细规划，2004

[204] 上海市嘉定规划设计院.戬浜镇农民城详细规划，2000

[205] 上海市嘉定规划设计院.徐行镇大石皮中心村详细规划，2000

[206] 上海市嘉定规划设计院.华亭佳苑农民动迁基地详细规划，2003

[207] 上海市嘉定规划设计院.马陆工业园区职工宿舍点（横苍路地块）修建性详细规划，2003

[208] 上海市嘉定规划设计院.马陆工业园区职工宿舍点（永盛路地块）修建性详细规划，2003

[209] 上海市嘉定规划设计院.嘉定区新外冈镇镇域规划（2000-2020），2000

[210] 上海市嘉定规划设计院.外冈镇镇区总体规划（2001-2020），2020

[211] 上海市嘉定规划设计院.嘉定区江桥新镇区控制性详细规划，2000

[212] 上海市嘉定规划设计院.嘉定区马陆镇马陆地区农民动迁基地控制性详细规划，2005

[213] 上海江南建筑设计院有限公司.上海金地格林春晓详细规划，2003

[214] 上海市嘉定规划设计院.嘉定区南翔镇绿洲古猗新苑修建性详细规划，2002

[215] 上海市嘉定规划设计院.金地格林风苑二期控制性详细规划，2004

[216] 上海市嘉定规划设计院.金地格林风苑居住小区控制性详细规划，2003

[217] 上海市嘉定规划设计院.金地格林风苑一期控制性详细规划，2004

[218] 上海市嘉定规划设计院.南翔老翔黄路北侧地块控制性详细规划，2001

[219] 上海市嘉定规划设计院.南翔老李店角地块控制性详细规划，2004

[220] 上海市嘉定规划设计院.南翔工业开发区浏翔分区控制性详细规划，2004

[221] 上海市嘉定规划设计院.南翔工业区浏翔分区5#地块修建性详细规划，2003

[222] 上海市嘉定规划设计院.上海绿洲新城结构规划，2003

[223] 上海市江南建筑设计院有限公司.南翔镇宏翔新村民住街路北基地修建性详细规划，2004

[224] 上海市嘉定规划设计院.上海嘉定工业区南翔高科技园区（蓝天分区）控制性详细规划，2002

[225] 上海市嘉定规划设计院.南翔高科技园区（永乐分区）控制性详细规划，2002

[226] 上海市嘉定规划设计院.南翔工业区（东）控制性详细规划，2002

[227] 上海市嘉定规划设计院.南翔新镇D地块（红翔村孙家窑地块）控制性详细规划调整，2004

[228] 上海市嘉定规划设计院.南翔台鼎工业园区修建性详细规划，2004

[229] 上海市嘉定规划设计院.南翔镇同盛花苑详细规划，2004

[230] 嘉定建筑设计院.银翔新村控制性详细规划，2001

[231] 上海市嘉定规划设计院.金地格林风苑城C、F、G地块修建性详细规划，2004